嗜好品カートとイエメン社会

القات في اليمن

大坪玲子
Otsubo Reiko

法政大学出版局

嗜好品カートとイエメン社会／目　次

第9章　商人、生産者、購入者の関係……247

結　論　ゆるやかな関係……277

凡例

一、アラビア文字のローマ文字転写方法は『岩波イスラーム辞典』（二〇〇二年）に拠る。

一、一般的なイスラーム関係用語は、正則アラビア語に近い発音をカタカナで示す。ただし現在イエメンで使われている単語は、サナアでの発音（サナア方言）を優先する。サナア方言の特徴は、*q* が日本語のガ行に近い濁音になり、*ẓ* は *ḍ* と同じ発音になる。また女性二人称の人称代名詞非分離形は *-ish* となる。カートは発音上ガートに近いが、カートと表記する。

一、実在した人名は通称をカタカナで表記し、初出の後にローマ字でアラビア語での名乗り方を記す。

例：サーレハ（*ʻAlī ʻAbd Allāh Ṣāliḥ*）

一、インフォーマント（情報提供者）はファーストネーム（あるいはニックネーム）だけ記し、氏をつける（コラムを除く）。アラビア語のローマ字転写は記さない。

例：マージド氏

一、単数形と複数形を表すときは／を使う。

例：弱い人々（*ḍaʻīf / ḍuʻafāʼ*）

一、暦は原則として西暦を用いるが、ヒジュラ暦（イスラーム暦）を併記する時は／を用い、ヒジュラ暦を先に、西暦を後に記す。

例：九五〇／一五四三年

一、【 】は巻末の資料の番号を示す。

一、［ ］の情報は巻末の参考文献に対応しており、数字は刊行年とページ数を示す。

イエメン共和国の位置

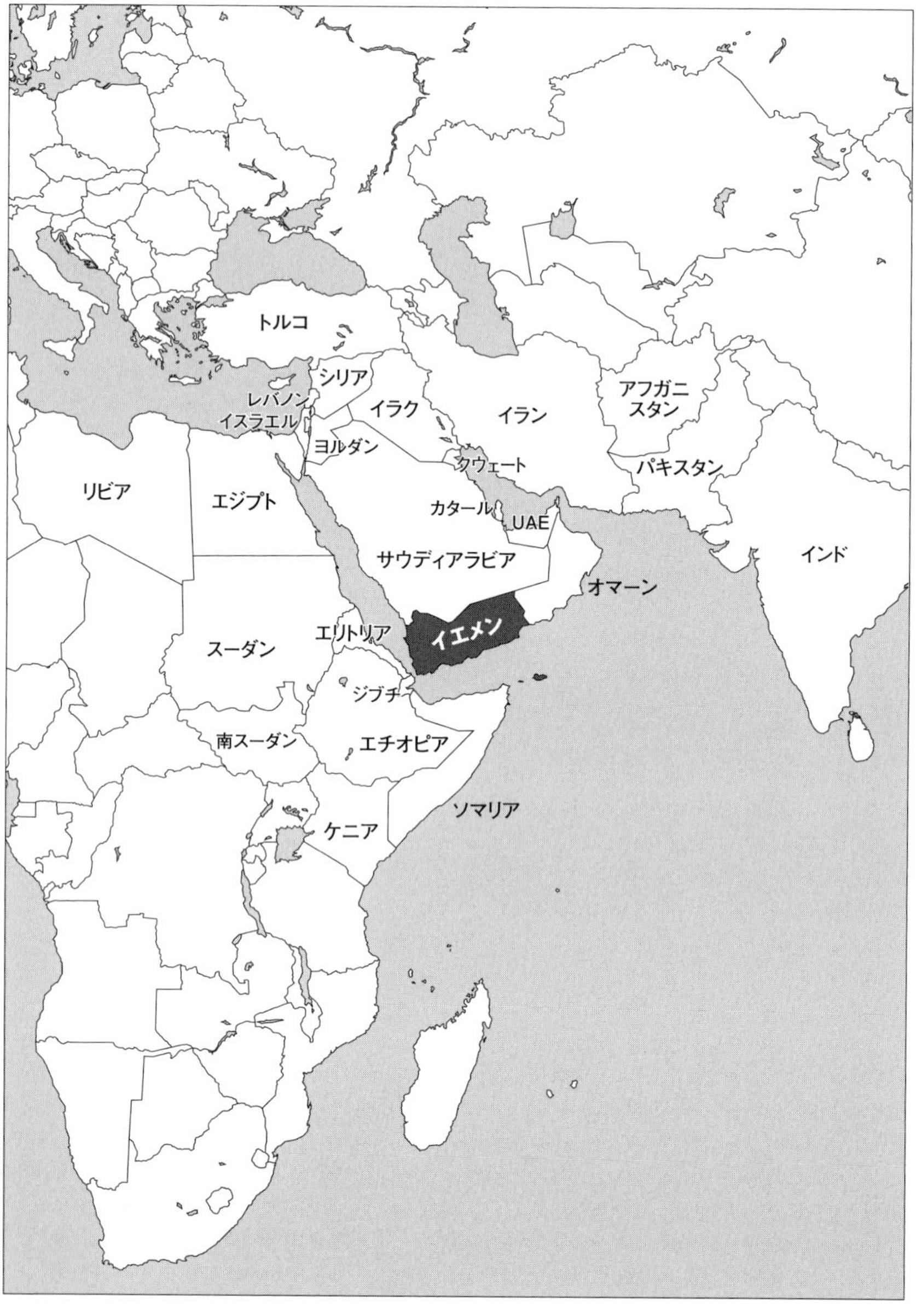
トルコ
シリア
レバノン
イスラエル
イラク
イラン
アフガニスタン
ヨルダン
クウェート
パキスタン
リビア
エジプト
カタール
UAE
サウディアラビア
インド
オマーン
イエメン
スーダン
エリトリア
ジブチ
南スーダン
エチオピア
ソマリア
ケニア

イエメン共和国地図

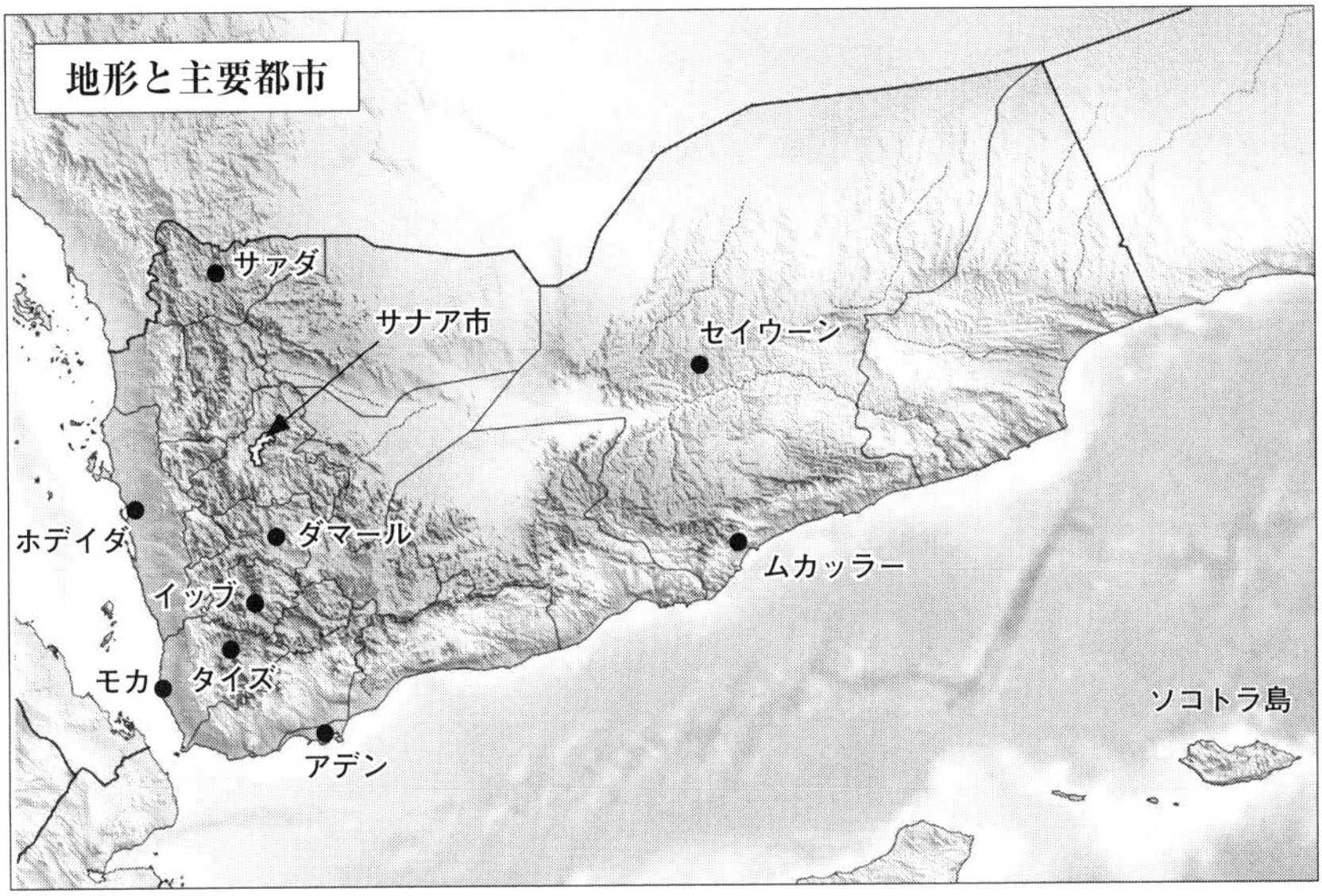

地形と主要都市
サァダ
サナア市
セイウーン
ホデイダ
ダマール
ムカッラー
イッブ
タイズ
モカ
アデン
ソコトラ島

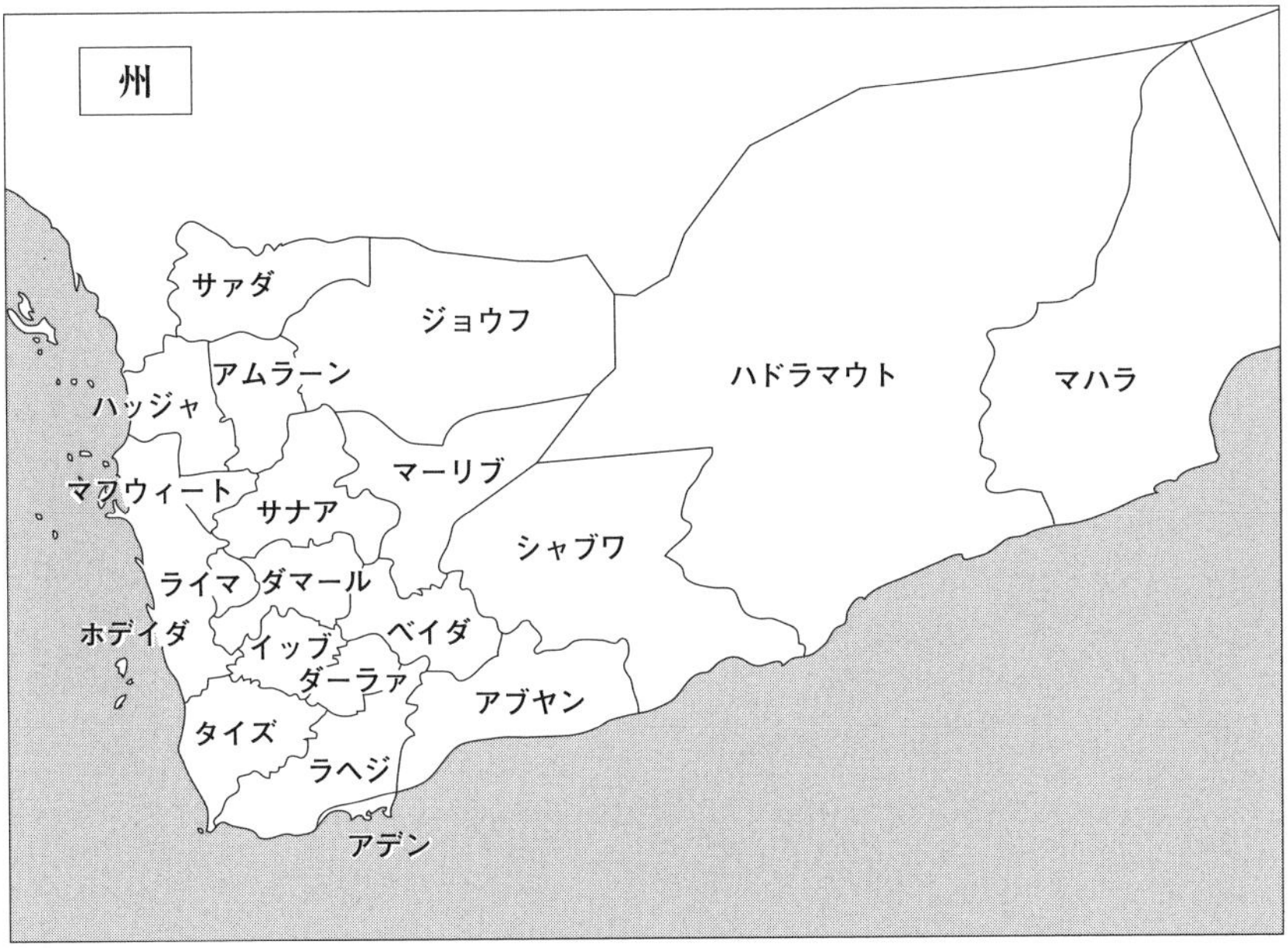

州
サァダ
ジョウフ
アムラーン
ハッジャ
ハドラマウト
マハラ
マーリブ
マフウィート
サナア
シャブワ
ライマ
ダマール
ホデイダ
ベイダ
イッブ
ダーラァ
アブヤン
タイズ
ラヘジ
アデン

序論

イエメン、カート、イスラーム

サナアの男性の正装。ソマータ（被り物），ザンナ（ワンピース），ジャンビーヤ（短剣），ジャケットを着用　（2006年撮影）

女性の「外出着」。左：リスマで顔を覆いシタ―ラを羽織ったスタイル。中央：リスマとシャルシャフ。右：ブルクァ（覆面）にマクラマ（スカーフ）にバールトー（コート）（2006年日本で撮影）

1　はじめに

イエメン共和国はアラビア半島の南端に位置する。日本人には馴染みの少ない国であるが、スポーツのアジア大会やアジア予選ではイエメンもアジア枠なので、ときどき日本の選手がイエメンに遠征したり、イエメンの選手が日本に遠征したりする。ヨーロッパまで船で行っていた時代はみなアデン港に寄っていったので、アデンを懐かしく感じる方もいるだろう。コーヒー好きの方なら、モカやモカ・マタリという言葉を聞いたことがあるだろう。どちらもイエメンの地名に由来する。シバの女王（旧約聖書ではシェバ、アラビア語ではサバ）という映画や軽音楽を知っている方もいるだろう。南アラビアではイスラーム勃興以前からシバなどいくつかの王朝が興亡した。当時建設されたダムは遺跡として残っているが、その近くにダムが再建されて、周囲では灌漑農業が行われている。砂漠のただなかで水を満々と湛えるマーリブ・ダムは、何度訪問しても不思議な光景である。アラビア半島にはサウディアラビアをはじめ豊かな産油国が多いが、イエメンは石油開発が一九八〇年代からと出遅れており、一応の産油国であるものの、途上国、資料によっては最貧国に位置づけられる。

本書はイエメン社会をイエメン人が大好きな嗜好品カートを通して描き出そうとするものである。カートの生産、流通、消費の場を追いながら、そこで見られる人々のつながり方がどのような特徴を持っているのかということを、現地での調査に基づいて述べていきたい。

カートもまた日本人には馴染みのない嗜好品である。カートは新鮮な葉を噛むと軽い覚醒作用が得られる。カートが原産地エチオピアからイエメンに伝来して数百年たつが、イエメンで消費量や生産量が急増したのは一九七〇年代になってからであり、その時期に人類学者たちによる調査研究が集中した。しかしその後いくつかの理由でカート研究は途絶えた。本書の第一の目的は、カート研究の止まった針を進めることである。一九七〇年代の生産、流通、消費の特徴を二〇〇〇年代のそれらと比較しながら議論を進めていく。そしてカートの生産、流通、消費を通して人々がどのようにつながっているのか、イエメン社会の特徴を描き出すことが第二の目的である。

この二つの目的は、筆者の抱えていた二つの違和感に基づいている。イエメンのカート市場に行くと、商人たちは自分の扱うカートの名称を叫んで売っている。これが一つめの違和感である。カートの名称は州の下の郡の名称に因んだものが多いが、郡の名称は部族の名称とも重なる。イエメンの部族は閉鎖的で保守的であることで有名であり、部族領土に無断で侵入する者は命を落とすとさえいわれる。しかしサナアのカート市場では、そのような土地で栽培されたカートが、部族の名称で堂々と叫ばれているのである。

二つめの違和感は最近のイスラーム復興の潮流のなかで、イスラーム教徒の日々の営みが隠されているというよりも無視されている現状である。イスラーム経済、つまりよりイスラーム的に正しい経済活動は最近確かに増えている。イスラーム銀行が無利子銀行であることは読者の方もご存じだろう。しかしイスラーム経済という言葉の意味するところが非常に狭いために、イスラーム教徒が圧倒的多数を占める国でイスラーム教徒が関わっている経済活動がイスラーム経済に含まれないという矛盾を抱えているのである。

この二つの違和感をより詳しく説明するために、まずイエメンの歴史を大急ぎで説明してから、一つめの違和感の背景となるイエメン社会とカートについて概観し、それから二つめの違和感の背景となるイスラーム主義とイスラーム経済について検討したい。

2　一つめの違和感——部族とカート

(1)　現代までの歴史

イエメンの正式名称はイエメン共和国といい、アラビア半島唯一の共和制国家である。イエメン共和国は、一九九〇年五月に南北イエメンが統合して成立した。統合以前には南北二つのイエメンが並立した時代があった（北イエメンの正式名称はイエメン・アラブ共和国、南イエメンの正式名称はイエメン人民民主共和国）。さらに遡ると、北イエメンはオスマン朝に、南イエメンはイギリスに支配されていた。さらにもっと遡ると、アラビア半島南端はイスラーム勃興以前から多くの勢力が興亡し、時には強大な勢力が現在のイエメン共和国をはるかに凌ぐ版図を築いたが、諸勢力が群雄割拠していた時期が長かった。

　諸勢力のなかで最長のものは、シーア派の一派であるザイド派イマーム勢力である。北イエメン[1]にはザイド派のイマーム（宗教最高指導者）が、九世紀の終わりから二〇世紀半ばまで存在した。初代イマームは部族紛争の調停のためにヒジャーズ地方からサァダに招かれ、その後サァダにとどまりイマームの宣言をした［al-ʻAlawī 1981］。ザイド派イマーム勢力は主としてサァダを拠点とし、勢力を持つと南下し、時には北上して版図を広げた。

　サナアとダマールとの間あたりを境に、北イエメンの北半分を上イエメン、南半分を下イエメンと呼ぶ［Dresch 1989: 14］。上イエメンは歴史的にザイド派イマーム勢力の影響力が強かった地域である。下イエメンにはさまざまな王朝が興亡した。アラビア半島といえば沙漠の遊牧民のイメージが強いが、上下イエメンともに歴史的に農業が行われてきた。上イエメンは降水量が少なく、生産量が少ない一方、下イエメンの特にイッブ州やタイズ州は降水量が多く、生産量が多い。このため下イエメンはザイド派イマーム勢力だけでなく、アイユーブ朝、オスマン朝など外来勢力からも搾取の対象となった。

　一六世紀にオスマン朝が南下し、現在のイエメンの一部を支配下に入れたが、ザイド派イマームは勢力を縮小させただけで、イマーム制自体が消滅することはなかった。地元の勢力（後述する部族である）を糾合し、オスマン朝を撤退させて成立したのがカーシム朝（一六―一九世紀）であり[2]、その後オスマン朝は再び南下したが、第一次世界大戦後のオスマン朝の撤退・崩壊に乗じて、北イエメンを支配下に置き、ムタワッキル王国と名乗ったのがハミードッディーン朝（一八九〇―一九六二）である。ムタワッキル王国のイマーム・ヤヒヤーは、アラブ地域が列強諸国に分割されていく様子を目の当たりにして、鎖国政策を敷いた。しかしこのため北イエメンの近代化は大きく遅れることになった。イマーム・ヤヒヤーの治世（一九〇四―四八）、国内のインフラ整備はほとんど行われなかった。舗装道路、通信設備、病院、銀行、電話、カリキュラムのある教育システムはなかった［Zabarah 1984: 77–78］。次のイマーム・アハマドの治世（一九四八―六二）に幹線道路の整備など近代化は進むものの、一九六二年の革命の段階で、庶民は電気のない生活を送っていた(3)。

一九六二年にイマーム制を打倒すべく共和政革命が起こり、イエメン・アラブ共和国が成立した。しかし最後のイマームは生き延び、共和派と王党派との間で内戦が始まった。エジプト、サウディアラビアや米ソの介入を受けた内戦は長期化し、一九七〇年にようやく停戦となった。北イエメンの「開国」は一九七〇年代にようやく始まった。

一方南イエメンでは一八三九年にイギリスがアデンを占領したことから、イギリスの支配が始まった。イギリスはインド航路の給炭港や食糧・水の補給地としてアデンを手に入れた［Lackner 1985: 5］。イギリス占領当時のアデンは人口六〇〇人の寒村で、うち二〇〇人がユダヤ教徒、五〇人がインド系だった［Serjeant 1988: 72］。イギリスの支配下でアデンは大きく発展し、二〇世紀半ばにはニューヨークに次ぐ世界的な港となった。アデンは世界中の人と船が集まる国際港となったが、イギリスが望んだのはアデン港だけであり、後背地はアデン港を守るために保護領にしたにすぎず、近代化はほとんど進まなかった。

北イエメンで一九六二年に革命が起こると、南イエメンでも独立の機運が高まり、独立闘争が始まった。そのなかで思想が左傾化し、一九六七年一〇月にイギリスが撤退し、翌月に独立を果たしたときに政権を握ったのは社会主義勢力だった。南イエメンはマルクス・レーニン主義を唱え、東側陣営の一員として歩み始めた(4)。

南北イエメン時代に国境紛争が一九七二年と七九年の二度起こったが、どちらも南北統合を盛り込んだ停戦協定が結ばれた。一つであるはずの国が二つに分かれているから国境紛争が起こるのだ、だから統合しようという発想である［Peterson 1982: 109, 125］。

南北イエメンの統合は一九九〇年に達成された。形式上は南北同等の統合であった（大統領は北イエメン、首相は南イエメン、閣僚ポストは南北イエメン同数に配分など）が、実際のところ南イエメンは政治的にも経済的にも破綻していたので、北イエメンが主導したといえる。南北統合直後から南イエメンの不満は高まり、一九九四年には再分離を図る戦争が起こった（アデン戦争）。南北統合維持を主張する統合イエメン軍が、「反政府軍」を破って統合は維持された。しかし南イエメンの不満はくすぶり続け、南部運動（*ḥirāk*）として展開している。南イエメンの不満は、首都機能をサナアに奪われたアデンが経済首都と位置づけられながらも開発が進まないこと、南イエメンにある油田の利益が首都に奪われていることなどが原因となっている。一方イエメン北部ではホーシー派（フーシー派とも、*al-Ḥūthīyūn*）を中心に反政府運動が展開し、二〇〇四年以降数度にわたって政府軍と衝突・和平を繰り返した（サァダ戦争）。

二〇一〇年にチュニジアで始まった「アラブの春」はイエメンにも波及し、三〇年以上独裁政権を維持したサーレハ大統領（*ʻAlī ʻAbd Allāh Ṣāliḥ*）の退陣を招いた。サーレハ大統領の副大統領を務めていたハーディー[5]（*ʻAbd Rabbuh Manṣūr Hādī*）が暫定政府の大統領となり、その後二〇一二年二月の大統領選挙を経て、正式に大統領に就任した。南部運動の不満解消策として、政府は二〇一四年一月に連邦制の導入を約束したが、国内の混乱は続き、二〇一四年秋にホーシー派が南下して首都を制圧した。ハーディーは自宅に軟禁されたが国外に逃亡し、サウディアラビアに支援を要求したため、二〇一五年三月からサウディアラビアや湾岸諸国によるイエメン空爆が始まった。前大統領のサーレハは、自分を支持する軍隊を率いてホーシー派につき、サウディアラビアなどが支持するハーディー政権側と戦っている。サウディアラビアが主導する空爆は、敵方の軍事施設を標的にしたものであるが、実際には多くの民間人や民間施設が被害に巻き込まれている。

(2) 民族と宗教

中東の三大民族はアラブ民族、ペルシア民族、トルコ民族で、それぞれアラビア語、ペルシア語、トルコ語を話す。民族の区別は言語に基づいており、宗教は問わない。イスラーム教徒（ムスリム）が多数を占めるが、アラビア語を喋ればキリスト教徒であってもアラブ民族である。イエメン人のほとんどはアラブ・ムスリム、つまりアラビア語を話すアラブ民族でなおかつイスラーム教徒である。

イエメン国内の宗派別の人口は公式に発表されていない。およその目安として、上イエメンはシーア派の一派であるザイド派、それ以外の地域（下イエメンと南イエメン）はスンナ派である[6]。

イエメンではスンナ派[7]とザイド派は同じモスクで礼拝することが可能である。日常生活で観察できる相違を指摘するなら以下のような点がある。礼拝の始めに両腕を前に組むのがスンナ派、体に添わせて伸ばす（いわゆる「気をつけ」の姿勢）のがザイド派である。ザイド派ではアザーン（礼拝の呼びかけ）に「仕事に来たれ（*Hayyā ʻalā al-ʻamal*）」の文言が入り、礼拝の最後に「アーミーン（アーメン）」といわない。葬式でモスクへ棺を運ぶ時に同行する男性たちが「アッラーフ・アクバル」などの文句を叫ぶが、ザイド派の地域では「アリー・ワリーユッラー（アリーはアッラーの友なり）」の文言も付け加えられる。このような相違が観察されるが、それほど際立った相違とはいえないだろう。

さらに付け加えると、イエメンでは他のイスラーム諸国で想定されがちなスンナ派とシーア派の対立はほとんど見られない。その理由の一つは、ザイド派はイスラーム初期に発達したため、後に発達した他のシーア派との共通点はほとんどなく［cf. Dresch 1989: 11］、むしろスンナ派に近い教義を持つということがいえるだろう[8]。イエメン史上、上イエメンにザイド派イマーム勢力があり、下イエメンにスンナ派の王朝（アイユーブ朝、ハーティム朝、ラスール朝、ターヒル朝、オスマン朝など）が興亡することが多かったというように、歴代の王朝を宗派別に分類することは可能であるが、それらが宗派ゆえに対立したわけではない。シーア派の一派であるイスマーイール派のスライフ朝（一〇三七—九八）が、同じシーア派のザイド派勢力と対立したり［al-Shamāhī 1985: 129］、ザイド派イマーム勢力とスンナ派のオスマン朝が手を結び、アシール地方で勢力を拡大してきたイドリース朝（一九〇八—三三）と戦ったりしたこともあった。(9)

近代以降もスンナ派とシーア派の対立は目立たない。一九四〇年代から反イマーム運動の中心となったズベイリー（*Muhammad Mahmūd al-Zubayrī*：一九一九—六五）とヌゥマーン（*Ahmad Nu'mān*：一九〇九—九六）は、前者がザイド派、後者がスンナ派である。(10)

一九六二年の革命以降の北イエメンおよび統合イエメンの歴代大統領(11)はサーレハ（北イエメンの大統領一九七八—九〇、統合イエメンの大統領一九九〇—二〇一二）までザイド派出身である。そのことからザイド派による支配と指摘することは可能であるが、そのことが政争の原因となったことはない。また主な政治家の宗派を、出身地と名前から特定することはそれほど難しいことではないが、宗派による派閥などの形成は表立っていない。サーレハは反政府勢力のホーシー派（ホーシーは中心となっている一族の名称であり、その宗派はザイド派であるが、ホーシー派自体が宗派となっているわけではない）と長く対立した。サーレハの副大統領を長く務めたハーディーはスンナ派である。ザイド派のホーシー派とサーレハが組んでそれをイランが支援し、スンナ派のハーディー大統領がサウディアラビアの支援を受けるというように、現状をシーア派とスンナ派の対立として捉えることは可能であるが、これは現状だけを説明しているにすぎない。

イエメンにはスンナ派とザイド派以外に、シーア派の一派のイスマーイール派と、ユダヤ教がごく少数存在する。イスマーイール派の布教者（*dā'ī*）はザイド派イマーム勢力の成立以前にイエメンに来ていた［Gochenour 1984: 11］。一一世紀にイスマーイール派のスライフ朝が興り、版図は南はアデン、北はメッカ、東はハドラマウトにまで及んだ［al-Shamāhī 1985: 130］。スライフ朝の崩壊後、イスマーイール派の勢力は弱まり、現在ではサナア州ハラーズ地方にごく少数居住している［Gerholm 1977: 34］。

ユダヤ教徒は一世紀にローマ軍にパレスチナを追われ、アラビア半島を南下してきたが、これがイエメンにおけるユダヤ教徒の居住の始まりである［蔀 1986］。一九四八年のイスラエル建国によってそのほとんどがイエメンを去った。現在イエメンに残っているユダヤ教徒は、主に上イエメンの農村やサァダ市に住んでいる(12)。

アジアやアフリカからの移民のなかにキリスト教徒は存在するが、現在アラブ民族のなかにキリスト教徒はいない(13)。アラブ・クリスチャンが多いシリアやレバノン、クルド民族を抱えるイラク、ベルベル民族を抱えるマグレブ諸国（チュニジア、アルジェリア、モロッコ）、移民が多いサウディアラビアや湾岸諸国に比べると、イエメンはアラブ諸国のなかでもアラブ・ムスリムの割合が多い。

(3) 部族

イエメンは部族社会だといわれる。部族を中心に議論したり、本書のように部族という項目や章が立てられたりする研究書は少なくない(14)。確かに歴史上、部族が勢力を持ち、イマーム軍を支えたり敵対したりし、近い歴史では内戦やアデン戦争において部族軍が活躍した。

しかし実際のところ、イエメン人がみなある部族に帰属意識を持っているわけではない。部族的な紐帯が強いといわれているのは上イエメンで、それ以外の地域の人々は「部族だなんてとんでもない」と否定する人も多い。上イエメン出身者でも、全員が部族意識を持っているわけではない。さらに政治や経済が特定の部族によって牛耳られているわけでもない。部族ごとに世襲のシャイフ（部族長）が存在するわけでもない。イエメンは部族社会であるというのは簡単であるが、それ以上何も説明していないし説明できないのである。

アラブ諸国に限らず、世界中の部族の画定（部族の名称や部族領土の固定化、部族長の世襲化まで含むことが多い）には植民地政府が大きく関与している［cf. Eickelman 1981: 128–129］。北イエメンは欧米列強諸国の植民地にならなかったので、植民地政府による部族の画定は行われなかった。部族領土は現在では州（*muḥāfaẓa*）の下の郡（*mudīrīya*）のレベルと一致することが多いが、これはオスマン朝の支配時代以降に設定されたものである。強大な部族を二分割したり、二つの部族をまとめて一つの郡として扱ったりなど、政治的な操作はみられる［Matsumoto 2003］。しかし欧米の植民地を経て形成された他の国の部族組織に比べると、上イエメンの部族組織は曖昧である。

部族的な紐帯の強いといわれる上イエメンにはハーシド（*Ḥāshid*）とバキール（*Bakīl*）という部族連合に属する部族が多いが、実際にどの部族がどちらの部族連合に属するかとなると、専門書でも意見が分かれる（【0–2】～【0–6】参照）。ハーシド、バキールの系譜はイスラーム以前にまで遡る（【0–1】）が、現在の部族を系譜を使って表すことは避けられる傾向にある（【0–4】～【0–6】。歴史上ハーシド、バキール以外の部族連合も存在したが、少なくとも現代史を語る上で注目を浴びなかった。上イエメンの部族領土で調査を行った人類学者ドレシュの二冊の著書［Dresch 1989 および 2000］でもハーシドとバキールに所属する部族が多少異なり、新しい著書では新たな部族連合が加わっている（【0–4】【0–5】）。上イエメンの部族の全体像がいまだに把握されず、しかも流動的であることを意味していると考えるべきであろう。

部族民

上イエメンの部族民は、自分の部族領土を守ることを誇りにしてきた。もし自分の部族領土の「自治」が侵されるような事態に陥ったら、軍事力を使ってもそれを阻止した［大坪 1995］。彼らは閉鎖的で保守的であると非難されてきた。

彼らの生業は農業である。遊牧民は定住農耕民を軽蔑する傾向にある［片倉 2002］が、ザイド派部族民は農業を誇るべき生業だと考えている［Dresch 1989: 13］。あまり豊かではない上イエメンで、部族民は自給自足に近い農業を行ってきた(15)。

遊牧民はその機動力を生かして商業と密接に関係するが、上イエメンの部族民にとって長い間商業は従事すべき生業とは考えなかった。彼らにとって、市場や、市場で売買をする行為や人も軽蔑する対象であった。そのような行為は他人（後述する「弱い人々」）に任せていた。この価値観が変化したのは一九七〇年代の「開国」以降であろう。オイルブームに沸くサウディアラビアへ出稼ぎに行き、現金収入を得、それを元手に地域の開発を行い、ある者は家を新築し、ある者は商売を始めた。農村部では人手不足から手間のかからないカートへの転作が進んだ。自給自足に近い農業を行っていた彼らは、カートによって現金収入の道を得た。商業に対する嫌悪感は消え去ったと断定はできないが、現金収入によって豊かな生活を送れるようになった。

シャイフ

部族の長はシャイフ（*shaykh*）と呼ばれる。シャイフに求められるのは、戦闘を率いる指導力だけでなく、紛争を調停する能力である。紛争当事者双方の話を聞き、双方に納得できる解決策を提案し、それを実行させる。そのような能力がシャイフに求められる［大坪 1994-a］。

シャイフを輩出する家系はある程度決まっているが、固定されていないし、実際にシャイフになるには部族民から承認されることが必要である。そのためどの部族にもシャイフがいるというわけではない。またハーシドにはアハマル（*'Abd Allāh b. Ḥusayn al-Aḥmar*）（一九三三―二〇〇七）という、ハーシドの諸部族を糾合するシャイフが長年存在し、革命前の北イエメンから統合イエメンまで、政治に表からも裏からも関与した。(16) しかしバキールには、部族レベルでのシャイフは数人存在するが、バキールの諸部族を糾合するシャイフは、少なくとも五〇年以上存在しない［Serjeant 1977 : 228–229; Dresch 1984-a : 37–38］。ハーシドもアハマルの死後、息子が後を継いだが、父親ほど影響力を及ぼしていない。

北イエメン時代、シャイフたちは公式にも非公式にも政府に圧力をかけた。それはシャイフが独自に軍事力を持っていたことが背景にある。(17) 軍事力は政府軍との直接対峙に使われるよりは、政府を牽制し、部族の「自治」を維持するために利用された。

一九九〇年の南北統合後の民主化の流れのなかで複数政党制が導入され、シャイフを含む地方の有力者は、国会議員として政治の表舞台に参加することが多くなった。アハマルは一九九三年にイエメン改革連合（通称*Iṣlāḥ*）の党首となり、統合イエメンの初代国会議長を務めた。

サーレハ元大統領の出身はハーシドのなかでは弱小の部族で、シャイフの家系でもない。彼は自分の力で一兵卒から大統領になった。しかし彼はシャイフを国会議員という形で政治に参加させることで、大統領とシャイフという関係ではなく、大統領と国会議員という関係を新たに作り出し、非公式に政府に圧力をかけてきたシャイフたちを、一政治家の地位に押しとどめることにある程度成功した［大坪 1994-a］。その一方で「自治」を維持するために政治家になることを拒否し、政府と一定の距離をとるシャイフとその部族も存在する。

開発政策と外国人誘拐事件

北イエメン政府は、国民に政府の威信を示す手段として、国中で開発を行った［Colton 2007 : 68］。出稼ぎ労働者の個人的な送金(18)と異なり、諸外国からの援助は政府を通してしか得られないことは、政府の威信を高める手段になった。その手段が有効であることは、皮肉なことに外国人誘拐事件によって明らかになった。

イエメンでは一九九〇年代から部族民による外国人誘拐事件が頻繁に起こるようになった。標的となるのはヨーロッパ人観光客、イエメン駐在の欧米の大使館員や国際機関の職員が多く、時にイエメン人要人の親族も被害にあった。人質は大切な「客人」であり、誘拐犯が人質に危害を加えたことはほとんどないが、誘拐犯と政府軍との銃撃戦などに人質が巻き込まれることはある。

誘拐犯は人質解放の条件として、政府や大統領に対して拘留中の部族民の釈放や、部族領土から発掘される資源の利益配分を要求することが多い。石油や天然ガスといった資源が部族領土から採掘されても、部族民は直接的な恩恵は与えられないため、誘拐事件によって利益配分だけでなく、時には雇用の機会も要求する。ほとんどの場合、誘拐犯との交渉の内容は明らかではなく、周辺のシャイフたちが調停に乗り出し、人質が無事に解放されたところで事件は幕を閉じる。救出が軍事的に強行されることはまれである。[19]

誘拐事件は、政府や大統領が部族を抑えきれないという弱体さを露呈することになるが、それと同時に「自治」を維持してきた部族が、政府や大統領の権威を認めていることも示している。誘拐は政府や大統領へ「直訴」する手段であり、周辺地域のシャイフたちを巻き込んだ伝統的な調停方法が、大統領、知事、国会議員、調停委員会など近代的な装いをまといながらも続けられているのである［大坪 1994-a］。

サナアーマーリブ道路で誘拐が多発するのは、サナア東部に唯一ある観光地へ向かう車を山腹から狙いやすく、そのうえ周辺に集落が少ないといった地理的な条件も影響しているが、誘拐事件を起こすのは、研究書などでは名称が出てこない弱小部族であり、そのシャイフが国会議員など中央政界に進出していないことが背景にある。[20]シャイフが政界入りし、ある程度政府とのパイプがあるような部族は、ほとんど誘拐事件を起こさない。サーレハ元大統領は二〇〇一年一〇月の国会での演説において、誘拐もテロの一つであると発言した［Yemen Times 2001-41］が、具体的な解決策は講じられていない。

非部族民

部族を考えるときに、部族民ではない人々の存在も忘れてはならないだろう。サイイド、カーディー、「弱い人々」である。サイイドは預言者ムハンマドの子孫であり、[21]カーディーは預言者の血は引いていないが、代々学問を修めてきた家系である。通常のアラビア語ではカーディーは裁判官を意味するが、上イエメンでは特別な意味を持つ。サイイドはその出自と知識のために、カーディーはその知識のために部族民たちから尊敬された。特にサイイドはザイド派イマーム制時代には一種の特権階級を形成していた。サイイドとカーディーはその知識を生かし紛争の調停を行い、最近まで多くが文盲であった部族民のために、相続や婚姻に関わる文書を作成した［大坪 1994-a : 13–14］。

「弱い人々」（*da'īf/ du'afā'*）は地域によって呼び方が異なる。(22) 彼らは部族民よりも低く見られ、部族民が軽蔑するサービス業、具体的には床屋、肉屋、割礼師、祭りのときのドラムの奏者、部族会議の伝令などに従事した。またカート販売を行う人（*muqawwit*）、コーヒー屋や小さな町で宿屋を経営する人（*muqahwī*）、菜園を経営し自身で作物を売る人（*qashshām*）も「弱い人々」とみなされた。部族民が直接市場で農作物を売ることは一九六〇年代まではしたない（*'ayb*）行為であり、「弱い人々」の仲介を通して売っていた［Dresch 1989 : 120］。

北イエメンでは一九六二年の革命以降、これらの社会階層は曖昧になった。かつてはサイイドやカーディーの男性は衣装で区別できたが、現在では伝統的な服装を着用するのは高齢者か、披露宴の花婿に限られる。(23) また数年前のサナア市長は「弱い人々」出身だった。そのことが指摘されるのは社会階層がいまだに意識されるということも意味するが、北イエメンの初代大統領がその出自から支持を得られなかったこと［Serjeant 1977 : 230］を考えると、少なくとも社会階層は曖昧になっているといえるだろう。とはいえサイイドやカーディーのなかには没落した家系もあるものの、(24) 政治家、軍人、商人などで名を馳せる家系も多い。名乗り方によって出自がかなり明らかになるため、内婚の傾向が消えたとはいいがたい。

ここまで上イエメンを中心とした話をしてきたが、都市部を含めたそれ以外の地域について、以下で述べよう。

部族的な紐帯の弱い地域

サナアも含め、都市では部族的な紐帯が弱まっている。(25) 部族領土に住む親族と交流の絶えた家族もいる。一部の親族がまだ部族領土に住み、出身地との交流も絶えていないサナア在住者も、日常的に自分が部族民であることを公言することはない。

サナアで自己紹介をし合うとき、答えるのはまず州レベルであり、同郷だとわかればさらに郡を尋ねるが、それは同郷であるか否かを確認しているだけ（すでに述べたように、部族領土は郡のレベルと一致することが多い）であり、部族民か否かを尋ねることではない。「部族民か?」あるいは「どこの部族出身か?」と直接尋ねることはまずない。

例えばバニー・マタル出身の「弱い人々」であっても、サナアで出身を尋ねられたときに「バニー・マタルだ」と答えることは嘘ではないし（正真正銘のサナア州バニー・マタル郡出身である）、「弱い人々」の出自を隠す方便となる（もちろん同郷者にはばれるだろうが、同郷者がそのような質問をするわけがない）［大坪 2015-b: 68］。

上イエメン以外の地域は、歴史のいずれかの時代に部族的な紐帯が弱まったといわれる。下イエメンはアイユーブ朝（一一七三―一二二九）、ラスール朝（一二二九―一四五四）支配下で部族的な組織が破壊され、一九六二年の革命に続く内戦のなかでさらに破壊が進んだ。社会的な組織としては村あるいは家族レベルが中心である［Stookey 1978; Swagman 1988］。紅海沿岸地方では二〇世紀前半に上イエメンの部族を率いるザイド派イマームによって部族的な組織は破壊された［Wenner 1967: 73–75; Perterson 1982: 51, 58］。南イエメンはイギリス支配下で部族の画定が進んだが［Lackner 1985: 12–14］、社会主義政権下(26)で部族的な組織は崩壊した［Serjeant 1977: 246; Lackner 1985: 106, 108］。

部族民化

部族的な紐帯は歴史的に弱まってきたといえるが、その一方で現在ではいくつかのレベルで部族民化が観察できる。かつて部族民は一人前の男性の象徴として、ジャンビーヤ（*janbīya*）と呼ばれる短剣を体の正面に差した。

一九六二年の革命以降に社会階層は曖昧になったが、衣装の上で部族民化が観察できる。

サナアの男性が金曜礼拝でモスクに行くときや披露宴に参加するときの服装は、白いワンピース（サナアではザンナ *zanna* と呼ばれる）を着て、ジャンビーヤを差し、ジャケットを羽織り、ソマータ（*sumāta*）を頭に巻いたり肩から掛けたりするものである（序論扉写真を参照）[27]。現在ではサイイドやカーディーの家系の者、「弱い人々」、自分たちは部族民ではないと主張する人々も、サナアではこの格好を（全員が毎日ではないにしても）する[28]。ジャンビーヤに殺傷能力はほとんどなく、実用性はない。子供用の小さなジャンビーヤも売られている。

また部族民とは特定の部族への帰属を問うものではなく、むしろ「武装している厄介者」という意味で使われることもある。部族的な紐帯が弱いと考えられる下イエメンで、例えば土地をめぐって、当事者がライフルや手榴弾などを使って武力衝突すると、それは「部族民」による争いとみなされる［Yemen Times 2004–749; 2004–773］。

現在では実際に部族や部族連合が再結成されている。南イエメンのハドラマウトでは、分離独立を求めるなかでハドラマウト部族連合が新たに結成され、政府と軍事対立したり、交渉したりしている。集団行動が必要となり、そこに軍事力が絡んでくると、部族と見なされるようである。「アラブの春」以降、部族的な紐帯の強弱を問わず、イエメン各地で部族や部族連合が結成され、実際に政府軍や反政府軍と衝突している[29]。

(4) カート

カートは紅海を挟んだ東アフリカとイエメンで主に栽培され、その新鮮な葉を嚙むと軽い覚醒作用が得られる嗜好品である。宗教上の理由でアルコール飲料がほとんど手に入らず、また娯楽施設が極端に少ないイエメンでは、気の合った友人とカートを嚙みながら過ごす午後の数時間は、老若男女の楽しみとなっている。

現在アラブ諸国や欧米諸国のなかには、カートを違法薬物と認定している国もある。嗜好品と薬物の関係は第Ⅱ部で論じるが、現在のところイエメンではカートは薬物として認定されていないので、本書では嗜好品として扱う。

日本語や英語ではカートを「噛む」と表現するが、イエメンではカートを「溜める」と表現する。それはカートの葉を噛んだらカスは飲み込まずに、片方の頬に溜めておくからである（溜めたカスは最後に吐き出す）。そのため頬がゴルフボールを口に含んだくらいに膨らむこともある。

カートはさまざまな方法で分類できる。最も使われるのは生産地による分類で、州の下の郡の名称で呼ばれることが多い。郡の名称は先に述べたように部族の名称でもある。サナアのカート市場ではカートの名称＝郡の名称＝部族の名称が大声で連呼される。

それは一九九二年にサナアを初めて訪問して以来、筆者にとって大きな驚きであり違和感であった。サナアで暮らしていても、実際に部族の名称を耳にしたり、部族民と名乗る人に会ったりすることはまったくない。しかしカート市場では閉鎖的で保守的で時には軍事力に訴える部族の名称が、大声で堂々と連呼されるのである。カートの生産地は部族領土に多いので、部族的な紐帯が利用されてカートは流通しているのではないかと想像したものである。このときの驚きがカート研究の出発点になった。

北イエメンではカートが広まったのは一九七〇年代であるが、イギリスの植民地になったアデンでは一九世紀半ばからカートが消費されていた。北イエメンでカート研究が盛んに行われた一九七〇年代は南北イエメン時代だったので、南イエメンのことは無視しても問題はなかった。一九九〇年に南北イエメンは統合されたので、それ以降の研究では南イエメンの状況を無視するわけにはいかない。本書では南イエメンの状況も合わせて述べていく。しかしカートの生産地は北イエメンに偏在していて（アデンではカート栽培は不可能であるからほぼすべて輸入していた）、生産量および消費量も北イエメンが多い。筆者もサナアとその近郊で調査を行ってきた。そのためどうしても北イエメン、北イエメンのうちの上イエメン中心の議論となることはここでお断りしておく。

イエメン人はカートが大好きである。カートの生産地から遠く、カートを噛み始めた時期がずっと遅れた地域の人々であっても、カートを噛みたがる。幹線道路の延びるところ、空路があるところ、カートが運ばれる。イエメンから遠く離れた異国でもカートを噛みたがる。カートの覚醒作用を求めて噛む人よりも、気の置けない仲間と歓談しながらカートを噛むのが楽しいのだと思う。その点で日本の酒に似ている。

カートは一九七〇年代まで北イエメンから近隣諸国に輸出されていたが、一九七〇年代以降は国内で生産、流通、消費されている。カートと生育条件の似ているコーヒーであれば、輸出して外貨を獲得できるのに、カートは外貨を獲得しないどころか、カートを噛むと働かないので家計やイエメン経済に悪い影響を与えるなど、カートは社会問題の根源と考えられている。しかし世界銀行によると、カートはGDPの六%を占め、イエメン人労働者の七人に一人はカートに関係する仕事についている。カートはイエメンの農地の一〇%を占めるにすぎないが、農業GDPの三分の一を占め、農業労働力の三分の一がカート生産に携わっている［World Bank 2007: 1］。

筆者の調査を付け加えると、カート生産者の多くは現金収入のほとんどをカートに依存していて、カート販売は頼りになる地縁血縁関係のない人にとっては少額の資金で始められる手軽な商売であり、消費者にとっては社交の場の潤滑油となっている。嗜好品は生命維持に積極的な効果はない［高田 2004-a: 4］からといって、撲滅すればよいという話ではない。もちろんイエメン人自らがカートを噛まないという選択をするのなら話は別である。そのような動きも近年見られる。しかしカートをやめるには、経済的な影響が非常に大きいことは、右の世界銀行の数値を見れば明らかである。

イエメン政府の統計年鑑によると、カートの作付面積や生産量だけが増加しているわけではなく、実はコーヒーの作付面積や生産量も増加している。コーヒー畑がカート畑に駆逐されているわけではないし、カートをコーヒーに転作すれば外貨が稼げるといった単純なことでもない。

カートの流通は非常に効率的に行われている。官民いずれかによる近代化も経ずに、零細な生産者と零細な商人が、新鮮なカートを消費者に届けたい一心で、早朝収穫されたカートが昼前にサナア市の市場に並び、その日の午後には消費される。前近代的な市場は「細くて長い」流通経路で、近代的な市場は「太くて短い」流通経路をたどるという経済学やバザール諸学の「常識」を覆す、「細くて短い」流通経路でカートは流通している。さらに付け加えておくと、イエメンのカートの流通は反社会的な組織が関与していない、健全なものでもある。

以上が一つめの違和感の背景である。次に二つめの違和感の背景を説明するために、イエメンも含めたイスラーム世界まで視野を広げよう。

3　二つめの違和感——イスラーム経済とカート

(1)　剝がされたヴェール

今日のイスラーム世界では生活のあらゆる側面をイスラームの教えに従って規律しようとする動向が強力な推進力を有している。その射程は政治に限定されるのではなく、経済・法律から服飾にまで及ぶ［両角 1997-a: 771］。本節で特に注目するのは服飾と経済である。

現在のイスラーム世界で見られる大きな潮流はイスラーム主義であるが、そのきっかけの一つは近代化の挫折であろう。一九六七年の第三次中東戦争のアラブ側の敗北により、それまでアラブ世界で人気のあったナセル主義は大きく後退し、一九七〇年代以降にイスラーム復興の機運が高まった。イランでも急激な近代化＝西洋化に歯止めをかけるイラン革命が一九七九年に起こった。象徴的な表現を使うのなら、近代化の過程で剝がされたヴェールを再度着用するのが、イスラーム復興である。それまでエジプトは洋装化が進んでおり、都市を中心に男女の区別なく洋服姿が増えていた［大塚和夫 1989: 273］が、一九七三年の第四次中東戦争の後にヴェールだけでなく、身体の線が露出しない、ゆったりとした長袖・マキシ丈のワンピース服を着用する女性が増加した。女性のヴェールの着用に対し、男性は衣類に関する変化は見られないが、あごひげを生やすようになった［大塚和夫

1989: 256]。

復興のレベルはイスラーム法の順守を求めたり実際に施行したりする国家レベルのものから、個人がよりイスラーム的なものを求めるといったレベルまでさまざまである。特に髪の毛を隠した女性の姿は、日本も含め世界各地で目立つようになった(30)。

その一方でトルコやチュニジアは世俗主義を進めてきた。イスラーム法で規定されている一夫多妻を民法で禁じたり、週末を西暦に合わせて日曜日にしたり(イスラーム暦では金曜日が週末にあたる)、断食を行わなかったりといった、さまざまな方策が実施されている。ただしイスラーム復興の機運の高いように見えるエジプトにも非常に世俗的な主張は存在し、また世俗主義が進んでいるトルコやチュニジアにおいても復興を思わせる動きが存在している(31)。

イエメンに目を転じてみると、二〇〇〇年一〇月一二日にアデン湾沖でアメリカのミサイル駆逐艦コールが、二〇〇二年一〇月六日にムカッラー沖でフランス船籍の石油タンカーが、小型船の自爆によって爆破された。いずれもアルカーイダのメンバーによるものである。二〇〇九年一二月二九日にサナアでアラビア語を学んだナイジェリア人が、ノースウェスト機爆破未遂事件を起こした。またハドラマウトは、二〇〇一年九月一一日に起こったアメリカ同時多発テロの首謀者ビン・ラーディン(一九五七―二〇一一)の故郷である。イエメン国内を歩けば女性はみな黒い衣装で全身を覆い、ひげを生やしている男性も多い。このような状況から推測すると、イエメンではイスラーム主義が盛んであるかのような印象を受けるかもしれない。しかしイエメンではイスラーム主義はそれほど人々を魅了していないし、政府がイスラーム主義を推し進めているわけでもない。しかしだからといって宗教を私的領域に限定するといった世俗主義が広がっているわけでもない。

(2) 剝がされなかったヴェール

第一次世界大戦後にオスマン朝の支配から脱し、北イエメンはアラブ世界で唯一の独立を勝ち得た。列強の植民地になる事態は避けられたが、イマーム・ヤヒヤーは鎖国政策を敷いたため、近代化が大きく遅れることとなったことはすでに述べた。ヴェールを剝がされる経験もないままに北イエメンは一九六二年に革命を迎え、現在に至る。

サナアの街を行く女性はみな黒い「外出着」[32]を着ている。表に出ているのは両手と両目ばかりである。知らない人が見ればイスラーム主義の蔓延に見えるだろう。しかし彼女たちには「剝がされた」経験はない。イスラーム主義の女性たちが「発明された伝統」としてヴェールを着用するのに対し、サナアの女性たちは「慣習的伝統」として「外出着」を着用しているのである［cf. 大塚和夫 1989 : 269］。

黒い「外出着」の中にシャルシャフ（*sharshaf*）と呼ばれるものがある。[33] もともとオスマン朝支配の時代に、上流の女性だけが着用していたもので、革命後にまず都市の女性に広まった［Mundy 1983 : 539］。一九九〇年代後半からシャルシャフは減り、黒い長袖・くるぶし丈のバールトー（*bāltū*）を着て、髪をマクラマ（*makrama*）と呼ばれる黒い長方形の布で覆い、顔を黒いブルクァ（*burqu'*）で目だけを出して覆うスタイルが流行している。[34]

下イエメンでは一九九〇年代前半にはバールトーを着て、スカーフ[35]で髪の毛を覆うだけで、顔を隠さない女性が多く、サナアでも彼女たちはこの格好をしていた。一九九〇年代後半に彼女たちもマクラマを着用するようになり、顔を隠す女性は増えた。しかし彼女たちも剝がされた経験はない点でサナアの女性と同じである。

一方南イエメンは事情が異なる。イギリス統治時代は女性は「外出着」を着用していたが、[36] 一九六七年の独立以降は社会主義体制が敷かれたため、ヴェールは文字通り剝がされた。アデンではヨーロッパ・スタイルの服装をしている女性が多かった［Lackner 1985 : 117］。一九九〇年の南北イエメンの統合によって、「外出着」は着用されることになった。顔はブルクァで覆わず、バールトーとマクラマを着用する女性が多い。

筆者の知る限り、髪の毛を覆わずに街中を歩くイエメン人女性はいない。しかし彼女たちはエジプトの女性のようにイスラームに覚醒して「外出着」を着用しているわけではない。一部のイスラーム諸国とは異なり、イエメン人女性は「外出着」を法的に強制されているわけでもない。彼女たちは曖昧な「慣習的伝統」と、曖昧な社会的圧力によって着用しているのである。

イエメン人男性はひげを生やしていることが多いが、これも女性の「外出着」同様に「慣習的」である場合が多い。高校生くらいになるとくちひげを生やす。あごひげを伸ばしている男性も多いが、ほとんどはイスラームに無自覚なままである。

南北イエメン統合後に複数政党制が導入される際に、イスラーム主義を標榜する政党が結成され、治安の悪化とともに過激派の存在感も増している。しかし女性の服装や男性のひげから、イエメンにおけるイスラーム主義の影響を語るのはあまりに表面的といえるだろう。

(3) イスラーム世界の経済活動

イスラーム経済は、一九七〇年代のいわゆるイスラーム主義運動の潮流のなかで生まれた現象を表す言葉であり、「歴史的にみて〝イスラーム経済〟として概念化できる経済システムがあったわけではない」［加藤博 2002-a: 133–134］。しかしイスラームは経済と密接に関係すると考えるのが加藤と小杉である。加藤は前近代の状況を、小杉は現在の状況を説明するのに、それぞれ「法に埋め込まれた経済」、「教経統合」という表現を用いている。

加藤は経済学者ポランニーの「社会に埋め込まれた経済」に倣って前近代のイスラーム世界を表現している。シャリーア（イスラーム法）は私的ならびに公的なイスラーム教徒の全生活領域を覆っており、そこから経済領域だけを取り出し、体系化するという考え方はない。その意味でイスラームの経済は「法あるいは宗教に埋め込まれた経済」ということができよう［加藤博 2005: 96–97］。加藤はしばしばワクフ[37]を論じている［加藤博 2002-b,

2005]が、ワクフは法と貨幣に支えられている［加藤博 2002-b: 134］からこそ、経済と法をつなぐ好例なのである。[38]

経済と宗教に密接な関係というよりも統合を見いだすのが小杉である。小杉は、イスラームにおいて宗教思想が経済をめぐる諸問題と密接に関係しているため、これを教経統合論と呼ぶことの正当性と意義を論じている。クルアーン（コーラン）の章句、ザカート（イスラーム教徒が行うべき五行の一つ。所有財産に課せられ、貧者の救済などに使われる）、所有権、利子とイスラーム銀行の問題を取り上げてから、正当性の理由として、宗教と経済の結びつきがイスラームの理念のなかでは最も基本的なものとみなされていること、イスラームが人間生活をすべてにおいて律することをめざすものであるならば、それは何よりも経済において発現すると主張する［小杉 2001: 90］。

加藤、小杉の両者とも、お互いの立場に距離を感じている［小杉 2001: 90; 加藤博 2003: 122–123］が、しかしどちらも宗教と経済とに密接な関係があるとみなし、経済を特別視する。

イスラーム世界の経済はそれほどまでにイスラームあるいはイスラーム法と密接な関係にあるのか、以下でリバー（利息）とイスラーム銀行を検討していきたい。

クルアーンはリバーの取得禁止にたびたび言及している。[39] リバーは加藤や小杉にとってイスラーム経済を語るときに欠かせない好例である。

加藤はリバーの抜け道として法学者自らが用意したヒヤル（奸計、策略）を紹介する。

Aはある本をBに売るが、その支払いは一年後の契約である。だがAはBから一〇〇ディルハムで本を買い戻す。だからAは本を手元に置いているわけであって、一〇〇ディルハムをBに与えて、一年後には一二〇ディルハムを受け取ることになるだろう。Aは利子をつけて貸したのではなく、単に売買したにすぎない。

［加藤博 1995: 177. ただしAとBという記号は引用者による］

ここで注目すべきは、リバーの取得禁止という法規範が、同じイスラーム法の土俵の上で正当化される［加藤博 1995: 177］ということではなく、加藤が実際に行われたリバー取得の事例をあげることができないということである。加藤はイスラーム経済を論じながら、経済に関するイスラーム法や法学者の見解を述べるにすぎない。[40] 例えばロダンソンは中世イスラーム世界で実際に行われた高利の事例を紹介している。[41] このなかには明らかに「イスラーム法の土俵の上で正当化され」ない事例も存在する。しかし加藤の議論では、前近代においてイスラーム法のうちにある経済しか扱っていないから、当然加藤は前近代のイスラーム世界を「法に埋め込まれた経済」と断言できるのである。

利息禁止は、各派の法学派がそれぞれの立場からさまざまな主張を行ったため、現実の適用面では有名無実となった［森本 1970: 72］。加藤はムスリムが高利貸をしていたことも「法に埋め込まれた経済」と呼ぶだろうか。呼ばないとしたら、「法に埋め込まれていない経済」はその存在を否定されてしまうのだろうか。

小杉もリバーを紹介し、利息の禁止は教経統合論の重要な側面を示していると述べている［小杉 2001: 88］。そして現在のイスラーム銀行に話が及ぶ。まずイスラーム銀行について説明を補足しておこう。

イスラーム銀行は利子を排除し、預金者と銀行、銀行と借入事業者との契約の締結に基づき、預金者は投資に伴うリスクを負うが、事業の結果として利益配分にあずかり、あるいは損失負担を行うという経営方法をとっている［清水 2002: 133］。無利子銀行は当初からうまくいったわけではなく、紆余曲折の末、オイルパワーに基づく資金を導入することで、安定した経営が可能となった。

最初の試みは一九五〇年代にパキスタンで行われたが失敗し、その後一九六三年にエジプトでアハマド・ナガルによって無利子を原則とするミトル・ガムス貯蓄銀行が設立された。アハマド・ナガルは当時のナセル大統領に訴え、国家資金をイスラーム銀行のために拠出する約束を取り付け、ナセル大統領の後を継いだサーダート大統領がこの約束を果たし、一九七二年アハマド・ナガルはカイロにナセル・ソシアル銀行を設立し、ミトル・ガムス貯蓄銀行を合併した。

公的資金の導入が大きな意味をもつという意味で、イスラーム銀行はその後もこの方針を受け継いだ。第一次石油危機（一九七三―七四）を経て、産油国が石油収入の急増で経済的力量を増したことを背景に、イスラームの教義に基づく金融企業の設立が本格的に始まった。現在イスラーム銀行は世界各地に設立され、設立はムスリムが多数を占めるイスラーム国家に限られていない。日本の金融界でも注目されている分野である［石田進1987；イスラム金融検討会2007；櫻井2008］。

小杉はイスラーム銀行が成功した理由の一つに、それまで銀行を嫌っていた人々が、イスラーム銀行に預金するようになったことをあげ、宗教倫理が経済活動を規制している点で、教経統合論と結びついていると指摘する［小杉2001：88］。

イスラーム銀行はイスラーム復興運動の一部として捉えられる。つまり法のイスラーム化の可否・程度、およびその具体的な態様・手順は、当該国家の政治状況に応じて異なってくるが、法のイスラーム化が主張される際に必ず言及される問題の一つが利息の禁止である［両角1997-a：772］。イスラーム銀行は、リバー禁止を無視して通常の銀行が導入された近代的な経済に、イスラーム法を「再適用」しようとするものである［小杉2001：89］。

イスラーム法を現代に適用しようとする発想がもとになっているのであるから、イスラーム銀行がイスラーム法に適合するのは当然であるし、結果教経統合となっているのも当然のことであり、イスラーム銀行をもって教経統合論を論じるのはトートロジーである。小杉も加藤と同様に、イスラーム法の適用されている経済行為を取り上げて、それを教経統合と呼んでいるにすぎないのである。

加藤も小杉もリバーをイスラーム経済の特徴として捉えているが、法学書を検討するとリバー＝利息という単純なものではない［両角 1997-a, b, c, d, 1998］。リバー＝利息という単純な関係になったのは、むしろ近代的な展開である。リバー＝利息の問題が中東で浮上したのは一九世紀以降、西洋列強の影響で世界資本主義に統合されていくなかで、外債問題や西洋の銀行の進出が契機となっている［小杉 1994：581］。無利子を標榜したイスラーム銀行が二〇世紀半ばまで生まれなかった(42)ということは、それ以前はイスラームが教経統合ではなかったことを意味するのではないだろうか。

イスラーム復興の流れのなかで教経統合をめざすようになってきたのなら、教経統合はそもそも歴史的なイスラームと経済のあり方ではなく、きわめて近代的な特徴といえる。そして前近代において法に埋め込まれた経済と見える部分は、当時の経済活動の一部にすぎなかったことはすでに紹介した通りである。

イスラーム法なくして経済活動はありえないという発想に立つと、無利子銀行がイスラーム経済を象徴する。現実には「有」利子銀行があるにもかかわらず、ヨーロッパから導入された商法があるにもかかわらず、あたかもイスラーム世界にはイスラーム法しかないかのような錯覚に陥る。しかしイスラーム世界にはイスラーム法と呼ばれるシャリーア（*sharī'a*）以外に、カーヌーン（*qānūn*）、ウルフ（*'urf*）が存在する。カーヌーンは世俗法あるいは行政法と呼ばれる法規群であり、ウルフは多くが不文法である慣習を指す。加藤はイスラーム法とイスラーム法体系を区別し、後者ではシャリーアだけでなくカーヌーン、ウルフも含めているが、彼の議論を読む限り、両者を厳密に区別せず、もっぱらシャリーアのみを想定している［加藤博 1995, 2005］。一方小杉［2001］はシャリーアのみを想定し、カーヌーンやウルフをまったく視野に入れていない。

しかしより問題なのは、両者ともイスラームとイスラーム法をほぼ同義に使っていることである。イスラームとイスラーム法は同義に扱えるものなのだろうか。イスラーム法はシャリーアの言い換えであるが、イスラームと言い換えることは不可能である。なぜならそれが可能だとすると、カーヌーンやウルフがイスラームではなくなってしまうからである。イスラーム法はイスラームの部分でしかありえないはずである。それをイスラームと同義に使うのはイスラーム法偏重の見方なのではないだろうか。

それは特に加藤の「法あるいは宗教に埋め込まれた経済」という表現に表れている。加藤はイスラーム法とイスラームを並立し、そこに経済が埋め込まれているという。イスラーム法をイスラームと同義で扱うのは小杉も同様である。彼は「イスラーム法がすべての分野を包摂する」［小杉 2001: 82］といっている。(43)

イスラームとその一部分であるイスラーム法を等しく扱うことは矛盾しているように思えるが、彼らにとって両者に違いはないかのようにみえる。しかし何より問題なのは、イスラーム法を参照しなければ、経済を語ることができないという考えである。イスラーム法至上主義の彼らにとって、経済を語りながらも実はイスラーム法を語ることでよしとしてしまうのは、当然のことである。イスラーム法というフィルターを通してしか、経済活動が見られていない。そしてイスラーム法至上主義の彼らの語るイスラーム経済は商人を必要としないのである。

加藤も小杉も、イスラーム経済を語るときにまず紹介するのは預言者ムハンマドや、クルアーンに使われる商業や商人を用いた章句である。そしてリバー、ワクフ、ザカート、イスラーム銀行などを紹介する。加藤は、「イスラーム経済に興味をもつものは、必ずイスラームの理念から論を起こす。そのことを抜きにしては、そもそもイスラームを経済との関係から問題にする根拠がなくなるからである」［加藤博 2003: 110］という。

加藤［1995］で「商業に肯定的なイスラム文明」、「商業文化としてのイスラム」、「イスラム社会に普及するワクフ」、「経済統合システムとしてのワクフ制度」が論じられる章は「宗教」である。「市」の章で多くのページが割かれるのは地理や地勢であって、商人は登場しない。(44) 商人の活動はイスラーム法に埋め込まれていないために、加藤の意図するイスラーム経済として議論されないとの推測も成り立つ。

イスラーム法との関係から経済活動を説明することは可能であり意味があるだろう。それをイスラーム経済と名付けることに筆者は反対しない。カーヌーンやウルフに規定される経済活動を切り捨てることを自覚しているのであれば。後者の経済活動に適切な名称を与えられるのであれば。(45)

現在ムスリム商人が市場で商売をしているときに、彼らの行動を規制するのがイスラーム法だけではないのは明らかである。イスラーム法との関係からしか経済活動を見ないのは、イスラーム主義者と同じである。イスラームは、人々に、文明に、その教義を公言する国家に、特定の経済的行程をあらかじめ規定していたわけでも、強制していたわけでもなかった［ロダンソン 1998：150］。イスラーム経済論は、イスラーム主義運動の潮流のなかで生まれたものであることを思い出すべきである。(46) そしてイスラームという色眼鏡をかけていることに無自覚で過去や現在の経済活動を語るべきではない。

本書に限定していえば、市場にいるカート商人はみなムスリムであり、時刻を表すのにファジュル（夜明け頃）、マグリブ（日没頃）といった礼拝の時刻を表す表現が使われる。尋ねればクルアーンの暗誦を披露し、預言者の言行について語るだろう。しかしそれはあくまで後景であり、実際のカートの売買と直接的に結びついたものではない。昨今の潮流ではイスラーム法との関係でのみ経済を論じることになっているので、カート商人やカート市場は、イスラーム経済として議論されるべき事柄とは別の次元に存在することになる。これが二つめの違和感である。

歴史的には非イスラーム的な要素さえ取り込んでいた「イスラーム世界の経済」が、一九七〇年代のイスラーム復興以降、「イスラーム法に規定された経済」という窮屈なものになってしまった。ユダヤ教徒やアルメニア教徒たちが、独自のネットワークを利用して旧大陸を覆うほどの交易活動を行っていた［家島 1991］ように、非ムスリムの活動なくしてイスラーム世界の経済活動は語れない。しかし現在ではイスラーム法に規定されない経済活動は存在を無視される傾向にある。本書はイスラーム主義的な発想ではなく、言い換えるならイスラームという色眼鏡を使うことなく、イエメン経済に重要であるカートを、そしてカートを通したイエメン社会を描いていく。そこにイスラーム的なるものだけでなく、イエメン的なるもの、サナア的なるもの、都市的なるもの、部族的なるものなどを区別することはしない。それは結果的にイスラームという色眼鏡を通すことにつながるからである。

本書の主な舞台はイエメン国内のサナアを中心とする地域である。登場するイエメン人はみなムスリムであり、宗教や民族の多様性もない。イスラーム世界の多様性に比べれば、一様な小さな地域である。しかしそこで好まれる、些細な嗜好品を通して考えると、現在のイスラーム世界が非常に窮屈な状態になっていることがよくわかるのである。

4　本書の構成

本書は第1章でイエメンのカートの歴史を述べた後で、「第Ⅰ部　カートを嚙む」、「第Ⅱ部　嗜好品か薬物か」、「第Ⅲ部　カートを作る」、「第Ⅳ部　カートを売買する」という構成になっている。

第1章でイエメンのカート史を整理する。カートの原産地はエチオピアであると考えられるが、イエメンへ伝来した時期を限定することは難しい。カートは長い間一部の特権階級の間で消費されてきたが、北イエメンでは一九七〇年代に、アデンを除く南イエメンでは一九九〇年の南北イエメン統合後に消費が拡大した。

第Ⅰ部では消費について述べる。生産、流通、消費の順番を無視することになるが、カートは消費方法が独特であり、研究も豊富であるので、まず特徴的な部分から述べたい。第2章ではカートを嚙む部屋の様子、嚙むマナーを説明し、第3章で一九七〇年代と二〇〇〇年代の消費形態を比較する。

第Ⅱ部では嗜好品と薬物の関係について考察する。あまり対比されることがない両者が、実は表裏一体の関係にあることを明らかにする。第4章では、薬物を定義し、国際的にカートが薬物として扱われている状況について整理し、イエメンのカートに関わる社会問題を検討する。第5章では嗜好品を定義し、カートと世界の主な嗜好品を比較する。

第Ⅲ部ではカートの生産について述べる。第6章ではカートの生産方法、カートと他の農作物の関係について述べる。第7章ではカートと生育条件が似ているコーヒーを比較し、外貨獲得源となるコーヒーよりも、国内で生産、消費されるカートの方が経済的であることを論じる。

第Ⅳ部では流通について述べる。カートの流通はほとんど研究されていなかった。第8章で保守的な部族領土で生産されるカートがいかに流通しているのか、カートの「細くて短い」流通経路を明らかにしてから、第9章で商人のインタビューから得られたデータを使って、経済主体が堅い信頼関係に依存しない「浮気性」であることを述べる。

部族的な紐帯が強いといわれてきた上イエメンで、人々はどのようにカートを売買し、誰と集うのか。カートを通して人々のつながり方を明らかにする。

各部の冒頭には、消費、生産、流通の具体的な状況を挿入した。あまり馴染みのないカートについて、少しでも情報を補足したいからである。また各部の終わりにはそれぞれコラムを挿入した。いずれも些細なエピソードであるが、イエメンやイエメン人を身近に感じてもらえれば幸いである。

5 調査に関して

本書は主にサナア市とサナア市近郊で、二〇〇三年から〇九年まで断続的に行った調査に基づく。生産に関しては二〇〇九年八月にサナア市およびサナア近郊の生産地A村、K村、Q村で生産者にインタビューを実施した。流通に関しては二〇〇五年八月、二〇〇六年一二月〜〇七年一月、二〇〇九年八月にカート商人にインタビューを実施した。消費のアンケートは二〇〇三年八月にサナア市で実施した。消費者へのインタビューは二〇〇三年八月、二〇〇六年一二月〜〇七年一月、二〇〇九年八月にサナア市で実施した。二〇一三年八〜九月にサナア市と地方都市ホデイダおよびタイズで調査を行ったが、本書の補足となるデータを付け加えた。また二〇一六年八〜九月にエチオピアで行った調査の結果も、わずかながら付け加えた。民族誌的現在は二〇〇〇年代ということになるが、二〇一〇年代の事件や状況にも適宜言及する。

注

（1）南／北イエメンという用語は、地理区分としても用いる。

（2）ザイド派イマーム勢力において世襲が行われるようになったのは、カーシム朝以降であり、カーシム朝はザイド派イマーム史のなかで初めて王朝（*dawla*）と呼ばれた［Dresch 1990: 267］。カーシム朝時代のイマームはインド洋や紅海を越えた地域との交流に積極的に乗り出した［栗山 2006-a, b］。

（3）サナアの一般家庭に電気が引かれたのは一九六二年の革命後一〇年たってからである（二〇〇七年一月八日インタビュー）。

（4）南イエメンの正式名称は独立当初は南イエメン人民共和国で、一九七〇年にイエメン人民民主共和国に変更した。

（5）ハーディーは南イエメン出身で、一九九四年のアデン戦争後に副大統領に任命された。

（6）一九八五年に北イエメンの人口六〇六万人の半分以上がスンナ派だった［Baynard et al. 1986: 30］というデータが、一応の目安となる。

（7）スンナ派にはハナフィー学派、マーリク学派、シャーフィイー学派、ハンバル学派の四法学派があり、イエメンのスンナ派はシャーフィイー学派である。

（8）ザイド派が他のシーア派と異なるのは、次のような点である。他のシーア派ではアリー以前の三人（アブー・バクル、ウマル、ウスマーン）のカリフ位を認めないが、ザイド派ではその三人を劣ったカリフとしてではあるが認める。シーア派の特徴としてあげられるタキーヤ（危険な状況で意図的に信仰を隠すこと）やムトア（一時婚）を、ザイド派は認めない。またマフディー（終末の前にこの世に現れ、真のイスラーム共同体を導く救世主）やガイバ（死んではいないが直接の接触は不可能なイマームの状態）という概念も認めない。ザイド派は教義的にはスンナ派に近く、スンナ派の四法学派に次ぐ第五の学派とも呼ばれる［Strothman 1987: 1196–1197］。

（9） モロッコ出身のアフマド・イドリースが一九世紀初頭にイドリース教団を創始し、一八三二年に現サウディアラビアのアシール地方へ移住した。彼の息子、孫の時代にアシール地方で勢力を拡大し、二〇世紀前半は曾孫ムハンマドがアシール地方をめぐってオスマン朝、ザイド派勢力、メッカの太守、サウド家と攻防した［Cornwallis 1976 (1916): 27–28］。アフマド・イドリースの生涯に関してはO'Fahey［1990］参照。

（10） 二人が中心となった自由イエメン人運動（*Ḥarakat al-Aḥrār al-Yamanīyīn*）に関してはDouglas［1987］を参照。

（11） 北イエメン時代には大統領の他に共和国評議会議長、司令評議会議長が使われた時期があったが、便宜上大統領と呼ぶ。

（12） イスラエル建国直前まで、イエメンにいたユダヤ教徒の多くは都市部に居住していた。サナアには八〇〇〇～一万人、ダマールには九〇〇人、アデンには五〇〇〇～六〇〇〇人、それ以外の都市ではラヘジ、ライダ、サァダ、ハミル、タイズなどにいた［Barakāt 1992-c: 1032–1035］。

（13） キリスト教は四世紀中頃に南アラビアに伝わった［蔀 1986］。キリスト教徒はザイド派初代イマームの頃（九世紀末）まで存在していた［Serjeant and Lewcock 1983: 45］。

（14） 部族領土での人類学的な調査はCaton［1990］、Dorsky［1986］、Dresch［1989］、Gerholm［1977］、Stevenson［1985］、Swagman［1988］、Weir［1985-a］など。南北イエメン時代の政治を扱う場合も、部族への言及は必須である。Burrows［1987］、Gause III［1990］、Lackner［1985］、Peterson［1982］など。

（15） 南北イエメン時代の資料によると、北イエメンには遊牧民は人口の一％未満しか存在しなかった［Kopp 1987: 370］が、南イエメンには一〇％存在した［Lackner 1985: 112］。

（16） 彼は一九六二年の革命直後にハーシドの部族会議でシャイフに選ばれた［Dresch 1984-a: 44］。彼は反イマーム運動に参加して投獄も経験し、内戦中は共和派として戦い、内務大臣も経験した［Dresch 1984-b: 166–167］。

（17） シャイフたちの軍事力を支えた主な資金源は、サウディアラビアからの援助である。サウディアラビアからの援助は北イエメン政府を牽制するために、内戦中は主に王党派のシャイフに、内戦後は共和派のシャイフに支払われた。サウディアラビアがシャイフに与える資金は年間六〇〇〇～八〇〇〇万ドルに達した［Gause III 1990: 26］。部族軍は現在でもかなりの武力を持ち、アデン戦争では政府軍を支持し［cf. Dresch 1995: 33］、サァダ戦争では政府側と反政府側双方についた［Yemen Times 2007-1033, 2007-1035］。『イエメン・タイムズ』は通し番号しか振られていないが、本書では発行年を加えた。
(18) 出稼ぎ送金によって一九七〇—八〇年代にかけて地方のインフラが整備されたことは第8章で述べる。
(19) 初の軍事的救出は二〇〇一年一二月のドイツ人技師誘拐事件である［Yemen Times 2001-50］。
(20) 誘拐事件を起こす以外に、パイプラインに穴を開けたり、タンクローリーを攻撃したりすることも、弱小部族による「直訴」の手段となっている。
(21) 厳密にいうと、イエメンも含めアラブは父系社会であるから、ムハンマドの娘婿アリーの子孫ということになる。
(22) 「弱い人々」の呼称は、*muzaiyn*［Serjeant 1977 : 230］、*walad al-sūq*［Stevenson 1985］、*nuqqas*［Gerholm 1977］など地域差がある（それぞれの表記は原文に基づく）。彼らを「非部族民」と呼ぶ問題は大坪［1994-b］参照。
(23) サイイドやカーディーの男性の正装は、袖の広がったカミース（*qamīs*）と呼ばれるワンピースを着用し、頭にはイマーマ（*imāma*）と呼ばれるターバンを被り、スーマ（*thūma*）と呼ばれる短剣を腰に差すというものである。現在のサナアの男性の正装に関しては後述する。
(24) 一九六二年の革命後に一部のサイイドが財産を没収されるなど不遇な目に遭ったことは［Bruck 2005］に詳しい。
(25) サナア旧市街には部族領土とは異なる社会階層が存在した［Dostal 1983 : 254-255］。
(26) 南イエメンでは独立直後の一九六八年に部族和解令が施行され、部族紛争および血讐の禁止が通達され、一九六九年には武器所持が禁止された［Lackner 1985 : 110-111］。一九六二年の革命と同時に始まった内戦で、資金援助や軍事援助を得て強大化した上イエメンの部族とは、対照的である。
(27) ソマータを頭に巻くか、肩に掛けるかは個人の好みによる。裸足にサンダル履きするよりも、靴下と革靴を履く人が増えてきた。
(28) 下イエメンや南イエメンではシャツにフータという巻きスカートを履く男性も多い。
(29) 例えばYemen Times［2014-1744, 1746, 1750, 1756, 1758, 1760, 1842, 1847, 2015-1850, 1851, 1856, 1861］を参照。部族民が戦闘に参加するだけでなく、シャイフたちは和平会談も行う。ただし活発に活動しているのは、研究書などでは名称が出てこない弱小部族が多い。イエメン各地における再部族化の現象に関しては別稿であらためて論じたい。
(30) 中西によると、①国家政策上ヴェールの着用が義務づけられている国としてサウディアラビア、イラン、パキスタン、スーダンなど、②法的義務はないが、慣習的なコントロールが厳しいゆえに女性はほとんど例外なくヴェールを着用している国としてアフガニスタン、バングラデシュなど、③ヴェール着用は個人の選択に任されている国としてインドネシア、トルコ、エジプト、チュニジアなどがある［中西 2002 : 202］（番号は筆者による）。イエメンは②であるが、中西は判断に迷ったようである［中西 2002 : 203］。

（31）エジプトの世俗的な思想に関しては中村廣治郎［1997］、トルコのイスラーム主義の動向に関しては中山［1999］、粕谷［2003］、内藤正典［2014］、チュニジアに関しては鷹木［2016］を参照。

（32）アラビア語には女性が外出時に着用する衣装を指す総称がないので、「外出着」と呼ぶ。文字通り外出時に着用するものであり、家族だけがいる自宅や女性だけの集まりでは着用する必要はない。

（33）後頭部から上半身を覆う巨大な三角形の布、巻きスカート、顔を覆う長方形の布からなる。最初の二つは同じ生地で、顔を覆う布は薄手である。その下にリスマ（*lithma*）という布で目以外を覆う。序論扉写真参照。扉写真の左側のシタールを羽織ったスタイルは、主にサナアを中心とする地域でよく見られ、どちらかというと普段着である。例えば近くの雑貨屋に買い物に行くときに羽織るもので、知人宅を訪問するときにはシャルシャフやバールトーを着用する。

（34）バールトー、マクラマ、ブルクァは、湾岸諸国のスタイルを採り入れたものである。現在でも年配の女性はシャルシャフを好んで着用している。バールトーのスタイルはリスマを必要としないため、若い女性はリスマを頭部に巻き付けることができないこともある。

（35）髪を覆うスカーフには、ヒジャーブ（*hijāb*）とマクラマの二種類あり、ヒジャーブは正方形の布を三角形に折って髪の毛を覆うもので、マクラマは長方形で、折らずに髪の毛を覆う。一九九〇年代半ばまでは下イエメンの女性はカラフルな柄物のヒジャーブ（主にトルコ製）を着用していたが、その後光沢のある生地のヒジャーブが流行し、一九九〇年代後半から黒いマクラマを着用するようになった。

（36）アラブの女性は黒衣やヴェールで全身を覆うことなしに公の場で見かけることはない。ただし多くの女性は家や女性だけの社会的な集まりの機会には、スマートでスタイリッシュな洋服を着用する［GHAPC 1961 : 43］。

（37）ワクフはイスラーム世界における一種の寄進制度であり、何らかの収益を生む私財の所有者が、そこから得られる収益をある特定の慈善目的に永久に充てるため、私財の所有権を放棄するという、イスラーム法上の行為である。ワクフはアラビア語で「停止」を意味し、ワクフ設定された財産の所有権の移動が永久に停止され、財から得られる収益の使い方が、あらかじめ設定されたものに固定されることに由来する。

寄進された財はワクフ財源、設定された財源から得られる収益の使途はワクフ対象と呼ばれる。管財人には設定者自身（その死後は子孫）があたることが多く、収益の一部を管財人料として得た。通例設定者は財源と対象を特定するためにワクフ文書という法文書を作成し、シャリーア法廷で確認させた。

ワクフ財源としては、店舗や工房、農地などの不動産が好まれた。ワクフ対象にはモスクやマドラサなどの宗教施設の運営、旅人、貧者への施しといった慈善行為の他、特定の親族や子孫を指定することも一般的に行われた。

ワクフは、私財の所有者がイスラーム法で定められた分割相続の適用を回避して、特定の子孫に私財を継承させようとした行為と、イスラーム的な善行に私財を提供するという理念とが結びつき、八世紀末から九世紀にかけて、主に子孫を対象とする形で、ワクフ制度の根幹が出来上がったと考えられる［林 2002: 1076–1077］。

（38）とはいえ加藤はワクフと法の関係はほとんど議論していない。ワクフ維持のための法学者の対処は堀井［2004: 134–136, 167–172］を参照。

（39）「利息を喰らう人は、（復活の日）すっと立ち上がることもできず、せいぜいシャイターン（サタン）の一撃をくらって倒された者のような（情けない）立ち上がり方しかしないであろう。それというのも、この人々は「なあに商売も結局は利息を取るようなもの」という考えで（やっている）。アッラーは商売はお許しになった、だが利息取りは禁じ給うた」［第二章二七六節］。「アッラーは（最後の審判の日には）利息の儲けをあとかたもなく消して、施し物には沢山利子をつけて返して下さる」［第二章二七七節］。「これ、信徒の者、アッラーを畏れかしこめよ。まだどこおっている利息は帳消しにせよ、汝らが本当の信者であるならば。だがもし汝らそれがいやだと言うのなら、よいか、アッラーとその使徒から宣戦を受けるものと心得よ。しかし（そのあとでも）悔い改めるなら、元金だけは残してやる。つまり自分でも不当なことをしなければ、ひとからも不当なことはされないのじゃ」［第二章二七八―二七九節］。「汝ら、信徒の者、二倍をまた二倍にした利息を食らったりしてはならぬぞ。アッラーを畏れたてまつれ。さすれば汝らもいい目に遇える時が来よう」［第三章一二五節］「他人の財産で得とろうとて利息つきで貸付けしても、そのようなものはアッラーのもとでは全然殖えはせぬ」［第三〇章三八節］。「彼ら（＝ユダヤ教徒）は、禁を犯して利息を取り、みんなの財産をくだらぬことに浪費した。彼らの中の信なき者どもには苦しい天罰を用意しておいたぞ」［第四章一五九節］。クルアーンの口語訳は井筒［1991-a（1957）; 1991-b（1958）］によった。（　）は井筒による補足説明。

（40） この加藤の事例が、ヒヤルを多用したハナフィー派の見解では許されない取引であり、不適切であることは両角［2011: 59 n. 14］を参照。加藤は、この事例をロダンソン［1998］から引用しているが、ロダンソンは次の注にあるように高利の事例を紹介している。

（41） ①九世紀のバスラでは、多くのムスリムが利付貸借を行っていた。②一二世紀のチュニジアでは、数多くの信用貸や掛け買いの証拠が見られる。そこでは銀行＝両替商が花盛りだった。卸売業者たちは金貨勘定で銀行に口座を開いていた。収入の一部を銀貨で払いこんでこの取引を続け、銀行家の裏書きした信用状で、小売商人に支払っていた。銀貨を払いこんで金貨を受け取るということの事実がすでにリバーであり、当時チュニジアで優勢だったマーリク学派がとりわけ禁じていた。③一七世紀中ごろのイスタンブールで小さなモスクの財産の管理者たちは、処分可能な基金（贈与や遺贈による）を一八％の利率で貸し付けて、モスク維持のための収入とした。④一七世紀後半のイランでは高利はインド人の異教徒、ユダヤ人、加えてムスリムも行っていた［ロダンソン 1998: 59–64］など。

（42） 一九世紀と二〇世紀初頭のオスマン帝国では、クルアーンによる徴利禁止は、法律上の文献にみる限り、とりわけ消極的な影響しか持っていなかったように思われる。オスマン帝国の民法典であるメジェッレ（一八六九年から七六年にかけて公布）では、利付貸借は問題にもされていない。クルアーンの立法精神が反映された条項が本文に挿入されたのは三六年後である［ロダンソン 1998: 182］。

（43） 小杉の教経統合論は、むしろ法経統合論と呼ぶべきだろうが、彼がイスラーム＝イスラーム法という考えをとるため、教の字が使われると思われる。

（44） 商人不在の議論を起こすのは何もイスラーム経済に限った話ではなく、近代経済学もそのような特徴をもつ。塩沢［1990: 40］参照。

（45） 加藤や小杉はイスラーム経済を商業に限って論じているが、バーキルッ＝サドルはイスラーム経済を資本主義や社会主義と比較して論じている［バーキルッ＝サドル 1993］。

（46） 平凡社の『イスラム事典』（一九八二年）および『新イスラム事典』（二〇〇二年）には「イスラーム経済」という項目がない。冒頭の「総説」で以下のように説明があるだけである。「一九七〇年代になると……「イスラム経済」論が生み出され、資源主権や銀行改革やパートナーシップに基づく経済開発やザカートの制度化が広く論議されるようになった」［板垣 1982: 30, 2002: 32］。

第1章
カート伝来と消費の拡大

㊤ カートを収穫する
㊥ カートを売る
㊦ カートを噛む　（すべて2013年撮影）

1　はじめに

本章ではイエメンにおけるカート伝来と消費拡大の歴史をたどる。カートは一三—一六世紀にエチオピアからイエメンへ伝来したと考えられる。そのためカートはイエメンでは「四世紀もの間、重要な商品作物であり続けている」[Varisco 2004: 102] という表現が成り立つが、北イエメンで生産と消費が急増したのは一九七〇年代以降、つまり北イエメンの「開国」と同時期である。その意味でカートは伝統的な商品作物ではなく、きわめて近代的な商品作物であると筆者は考える。

カート生産地が偏在している北イエメンにおいて、カートの生産・消費が拡大したのは一九七〇年代に入ってからである一方、カートの生産地から遠い南イエメンでは、南北イエメン統合後にカートの消費が拡大した（ただしアデンは除く）。カートは消費者の心身のみならず家計や家庭、イエメン経済にまで悪影響を及ぼすと考えられている（このことは第4章で詳しく検討する）ため、古くから何らかの規制が試みられている。南北イエメン時代にもカートを規制する対策は行われてきた。南イエメン政府は規制に多少とも成功したようであるが、北イエメン政府と統合イエメン政府は効果的な規制に成功していない。カートの生産量と消費量は増加し続けている。

2　カート伝来

(1)　伝来した時期

カートの原産地はエチオピアであるという説が有力であるが[1]、イエメンにカートがもたらされた正確な年代はわからない。

時期の早いものでは、五二五年にエチオピア人がカートをイエメンにもたらしたという説があるが、アラビア語の史料が存在しないので、可能性は低いと思われる［al-Mutawakkil 1992: 733］。

カートへの言及がないことから、その当時カートがまだ広まっていなかったという消極的な推測が行えるのが以下の二冊である。一〇世紀のイエメンの地理学者ハムダーニー（*al-Hamdānī*）は、著書 *Ṣifat Jazīrat al-ʿArab* で当時アラビア半島に生息していた植物について説明しているが、カートへの言及はない［McKee 1987: 762; al-Mutawakkil 1992: 733］。一三世紀にイエメンを旅行したイブン・ムジャーウィル（*Ibn al-Mujāwir*）も、著書（*Bilād al-Yaman wa Makka wa Baʿḍ al-Ḥijāz al-Musammāt al-Taʾrīkh al-Mustabṣir*）でカートやコーヒーについて言及していない。イブン・ムジャーウィルのイエメン訪問は六二四―六二七／一二二六―一二三〇年、つまりイエメンはアイユーブ朝（一一七三―一二二九）の末期にあたる(2)［Smith 2008: 3］。彼が立ち寄った場所には、例えば現在のタイズ市のサブル山（*Jabal Ṣabr*）のようなカートやコーヒーの生産地もあるので、カートの情報を記述していないのは、当時カートやコーヒーが広まっていなかったことを推測させる。

アイユーブ朝の後に下イエメンを支配したラスール朝（一二二九―一四五四）になると、カート伝来を伝える史料が現れる。歴史家ウマリー（*Faḍl Allāh al-ʿUmarī*：七四九／一三四八年没）によると、ラスール朝の第四代スルタン（在位一二九七―一三二一）のもとにエチオピアからムスリムがやってきて、カートの木の話をした。スルタンはカートの木に興味を持ち、エチオピアに使者を送り、カートの枝を手に入れ、とうとうイエメンにカートの木が植えられた(3)。木が十分に育つと、スルタンはその男にカートの効果を尋ねた。男は食べたり飲んだりしたくなくなると答えた(4)［al-Ṣāyidī and al-Ḥaḍrānī 2000: 25］。

しかし、その後の時代にイエメンに立ち寄った旅行家イブン・バットゥータ（*Ibn Baṭṭūṭa*：一三〇四―一三六八／九、一説に七七）はカートを噛んでいないようである。イブン・バットゥータはラスール朝の第五代スルタン

（在位一三二一―一三六三）に謁見している。タイズなどカートの生産地にも滞在し、農作物の言及はあるが、カートへの言及はない[5]。もし当時カートが広く生産、消費されていたならば、後のニーブールのように、スルタンとの謁見の席でカートが供された可能性は大きいと考えられる。ただし一三世紀半ばに死亡した学者がラスール朝のスルタンにカート禁止を要請した（後述）ことを考えると、旅行者の目に留まるほどカート畑や消費が一般化してはいなかったのかもしれない。

エチオピア側にイエメンへのカート伝来の伝承がある。一四三〇年に、ハドラマウトの聖者であるシャイフ・アブー・ザハルブーイ（*Shaykh Ibrāhīm Abū Zaharbūi*）がエチオピアのハラルへ行き、多くの人々をイスラームに改宗させた。彼はハラルでカートを常習し、帰国後イエメンにカートを紹介した［Trimingham 1965: 250］。ただしハドラマウトではカートの栽培は不可能であるから、故郷でカートを栽培、消費したわけではないだろう。

筆者が確認できたイエメン側のカートの記録で最も遅いものは九五〇／一五四三年で、同年カートの木とコーヒーの木がイエメンにもたらされたというものである。カートの木はすぐにイエメンに広がり、コーヒーも人々に飲まれるようになった［Yaḥyā 1968: 689］。ただしメッカやカイロでは一六世紀半ばにコーヒー論争が起き、イスタンブールにコーヒーハウスができたのが一五五四年なので、少なくともイエメンへのコーヒー伝来はもう少し前であろう。

カートの木とコーヒーの木が同時にもたらされたという記録は、筆者の知る限りいま紹介した一つだけであるが、かなり早い時期から両者がライバル関係にあったことを示唆している。また紅海の港町モカでコーヒーを飲んで修行したことで知られているシャーズィリー（*ʻAlī b. ʻUmar al-Shādhilī*）[6]は、カートも飲み物として飲んで修行した［Hattox 1985: 18, 24］。眠気覚ましになるという点で、カートとコーヒーは共通しているが、使われ方も共通していたというのは興味深い。のちにコーヒーは世界的な嗜好品となり、カートは地域的な嗜好品にとどまることになるが、初期はかなり近い存在であったことがわかる。

(2) 初期における規制の試み

コーヒーは飲んでいいものかあるいは禁止すべきかという判断に関して、一六世紀半ばにメッカやカイロで学者を巻き込んだ論争が起こった［Hattox 1985］。つまりコーヒー（=カフェイン）によってもたらされる心身への変化が、イスラームで禁止されているアルコールによってもたらされる酩酊感と同じものかどうか当時は区別できなかったということである。しかしカートに関して大規模な論争は起こらなかったようである。その理由の一つは、カートがコーヒーほど庶民に広まらなかったことが考えられる。イエメンのザイド派、シャーフィイー学派どちらの学者も、カートを禁止することはなかった［al-Maqramī 1987: 72］と断言することは、すぐ後に述べるようにいくつか規制の試みがあったので難しいが、学者たちはカートを禁止するよりもむしろカートを噛み、カートを称賛する詩を書いた。またエチオピアではカートの許可と禁止が、イスラームとエチオピア正教会に対応した［Anderson et al. 2007: 2］が、イエメンではカートの生産や消費が特定の宗教や宗派、あるいは民族と対応することはなかった。

コーヒーほどの論争に至らなかったが、カートに対する規制は、その実施や効果の程度は不明ではあるものの、早い時期から現れる。イエメンのウラマーでスーフィーのアルワーン（*Aḥmad b. ʻAlwān*：六六五／一二六七年没）がラスール朝の当時の支配者に手紙を書き、カートを禁止するよう要請した。カートを噛んでいるとアスルとマグリブの礼拝を怠るからという理由である（7）［al-Motarreb et al. 2002: 403］。

ザイド派イマーム・シャラフッディーン（*al-Imām al-Mutawakkil ʻalā Allāh Yaḥyā b. Sharaf al-Dīn*：九六五／一五五八年没）はカートを禁止すべきだと考え、息子のムタッハル（*Mutahhar*）に命じ、人々にカートの木を根こそぎ伐らせた。カートを消費すると人々の落ち着きがなくなったからである（8）［Yaḥyā 1968: 689］。イマーム・シャラフッディーンはカートをハシーシュ（ハシッシュ、大麻）やアヘンと比較し、三つとも酩酊感があるという理由で禁止した［al-Ḥibshī 1986: 7–18］。

またカート、コーヒー、ハシーシュなどに関して、イエメンの学者が、メッカの法学者ハイタミー（*Aḥmad b. Muḥammad b. Ḥajar al-Haytamī, al-Haythamī* とも。九七三／一五六五あるいは九九四／一五六七年没）に問い合わせた［Serjeant 1983: 173–174］。ハイタミーは、コーヒーと同様に、カートが酩酊を引き起こすという決定的な証拠を見つけられなかったため、医学的な証拠が明らかになるまで、公式の禁止はできないと判断した［al-Ḥibshī 1986: 21–50］。

イマーム・シャラフッディーンのおよそ一世紀後の学者イブン・フサイン（*Yaḥyā b. al-Ḥusayn b. al-Qāsim b. Muḥammad*：一〇九九／一六八七―八八年没）もハイタミーの見解を踏襲し、カートを禁止する宗教的な理由はないとし、ワイン、ハシーシュ、アヘンは医者が酩酊をもたらすと決めたが、神が許したものを人間が禁止してはならないとクルアーン第五章八九節を引用して、カートはまだ議論の余地があるとみなした［al-Ḥibshī 1986: 53–103］。

イエメンにカートが伝来し、消費が一部の人々の間で広まったのは一三―一六世紀の間であり、伝来の直後からカートに対する規制が始まったと考えられる。とはいえ規制にどれほどの効果があったのかは不明である。当時からいくつかの嗜好品が存在し、為政者や法学者は取り締まるべきか否かの議論をしていた。カートだけが規制すべき対象だったわけではなく、ワイン、アヘン、ハシーシュ、コーヒーなども学者に議論されたことは嗜好品と薬物の関係を考えるうえでも興味深い(9)。

3　広がる消費

時代が下ると、イエメンを訪問した外国人によってもカートが記述された。ドイツ人のニーブール（Karsten

Niebuhr：一七三三—一八一五）は、デンマーク王フレデリク五世（在位一七四六—六六）が一七六一年に派遣した、エジプトやアラビア半島の探索隊に参加した。ニーブールは一七六三年にタイズでカートを噛み、おいしくなかったと記している［Niebuhr 1994-a: 334］。また「カートの木はコーヒーの木の間に栽培されている。人々はこの木の芽をいつも噛む。彼らはこの習慣にやみつきになっている。彼らはカートは消化を助け、感染症に対する免疫を強化すると考えている」(10)とも述べている［Niebuhr 1994-b: 351］。カートとコーヒーの木を同じ畑で栽培することは、すべての畑で可能であるわけではないが、現在でも一部の地域で行われている（第7章の扉写真参照）。この探索隊に参加し、イエメンのヤリームで客死したスウェーデン人の植物学者フォルスコル（Pehr Forsskål）（一七三二—六三）に因んで、一七六五年にカートの学名 *Catha edulis* Forskal がつけられた。

一九世紀からイギリスの支配下に入ったアデンとその周辺地域に関しては、イギリスによる資料が豊富である。アデンはヨーロッパ、アジア、アフリカからの人々が行き交う国際的な港になり、一九世紀半ばにはカートはアラブ人に消費され、カート仲介業者が一〇〇〇%もの利益をとっていた［Gavin 1975: 58］。アデンではカート栽培が不可能なので、周辺諸国から輸入していたはずであるが、当時カートがどこから輸入されたのかギャヴィンは述べていない。

アデンへのカートの具体的な経路がわかるのは二〇世紀になってからである。当時アデンにカートを供給したのは主に北イエメン（当時はオスマン朝支配下）(11)とエチオピアである。階級の低い人々はタイズの南部にあるマクタリーのカートを、豊かな人々はマーウィヤのカートを噛んでいた［Gavin 1975: 119］。タイズの他にイッブからもカートがアデンに輸出されていた［Messick 1978: 273–274］。北イエメンからのカートはラクダで運ばれ、ラヘジに到着するまで三日かかり、ラヘジからアデンまでは車で運搬された［NID 1946: 492］。当時の輸送手段とスピードを考慮すると、北イエメンのなかでも下イエメンがアデンのカート供給地となっていた。

エチオピア産のカートは、ジブチまでは鉄道で、その後はダウ船でアデンや保護領へ輸送されていた。一九四〇年一〇月にアデン（および仏領ソマリランド）へ航空輸送が開始され、アデンでのカート消費は急増した。大量のカートがエチオピアから空輸されたため、北イエメン産カートは減った。一八五六年にアデンのカート消費は一八九万七〇一ポンドにも及んだが、その九割近くはエチオピアからの輸入カートであった。一九四七年から五六年の間で、アデンのカートの輸入量は二倍になったにすぎないが、その価値は二〇倍になった。需要と輸送費が増加したのに加え、エチオピアとアデン両政府から課せられた重税のためである。課税によってアデン政府は潤ったが、ポンドの流出が問題になった［Brooke 1960: 55］。

そのためアデン政府は一九五八年四月にカート輸入を禁止し、ポンド流出を防ごうとした。しかしアデンを取り囲む保護領ではカート輸入は禁止されなかったので、大量の密輸が行われることになった［GHAPC 1961: 144］。エチオピア政府はアデンへのカート輸出による収入が激減したため、アデン航空のアディスアベバへの就航許可を取り消すことで対抗した。北イエメンやジブチから保護領に輸入されたカートが、アデンと保護領の境界付近で売られたり、アデンに密輸されたりするようになり、またカート禁止によってアデン政府の税収も減ったため、一九五八年六月にカート禁止令は解除され、輸入量と価格を統制するためにライセンス制度が採り入れられた［Brooke 1960: 56–57］。

一九六一年に出版された当時のガイドブックによると、アデンには毎日エチオピアから飛行機二機分、北イエメンからトラック数台分のカートが到着した［GHAPC 1961: 144］。インタビューによると、アデンでは午後にカートを嚙んだ後に、ウィスキーを飲んだそうである。また北イエメン産のカートよりもエチオピア産のカートの方が人気があった（二〇一三年八月二四日インタビュー）。アデンでは女性もカートを嚙んでいた［Brooke 1960: 53］。

一九六〇年代前半の資料を見ると、アデンのカート輸入量は二〇〇〇トン前後で、エチオピアと北イエメン以外にケニアやソマリア共和国（一九六〇年イギリスから独立）から輸入されていた【1-1】。アデンへ輸入されたカートは、さらにアデンの外へ輸出されていた。一九六〇―六三年のデータでは保護領の他、紅海にあるカマラーン諸島、イギリス本土、仏領ソマリランド（現ジブチ）、バーレーン、トルーシャルステーツ[12]へ輸出されていたことがわかる【1–2】。

一九五六／五七年のアデンの歳入を見ると、カートはタバコや内燃機関用燃料には及ばないが、課税されていた【1–3】。同年から一九六一／六二年まで、カートよる税収は五万七四九九ポンドから三一万六三一〇ポンドまで年々増加した【1–4】。

当時から国際港のアデンと周辺の保護領ではカートは輸入に頼っていた。一方北イエメン（当時はムタワッキル王国）は近代化を拒否する政策をとっていたが、カートを輸出していた[13]。一九六二年の革命以前の北イエメンにおけるカートの生産・消費には不明な点が多い。革命以前の北イエメンでカートを日常的に消費していたのは大商人、イマーム軍の兵士、大工などの肉体労働者といわれている。当時イマームの軍隊に所属していたアハマド氏によると、午後は仕事がなかったから昼食後からマグリブまでカートを噛んでいた。カートの後にジョニー・ウォーカーを飲んだこともあるという。革命以前のカートにも値段の幅があり、二分の一ブクシャ（*buqsha*）から一マリア・テレサ・ターレル（Maria Theresa thaler）[14]（＝一リヤル＝四〇ブクシャ）銀貨のものまであった。アハマド氏は、月給は六リヤルで、四分の一リヤルのカートを噛んでいた。大商人は一マリア・テレサ・ターレルのカートを噛んでいた（二〇〇七年一月八日インタビュー）。

ここでイエメン国外のカートの状況を見ておこう。カートはイエメン以外に東アフリカ諸国やイギリスで消費されているが、エチオピア以外におけるカートの普及に、イエメン人移民が大きく寄与している。

ジブチでは、二〇世紀初めにイエメンからの移民がカートを広めたといわれる。空路によるカートの公式な輸入は一九四九年から、公式な課税は一九五二年から行われた［Anderson et al. 2007: 72］。ケニアではカート（当地ではミラーと呼ばれる）は一九世紀から地元で利用されていた［石田慎一郎 2014: 129］が、二〇世紀の消費の拡大にハドラマウトからのイエメン人移民が一役買った［Anderson et al. 2007: 107］。

東アフリカへ移住したイエメン人は主にハドラマウト出身であるが、ハドラマウトはカート栽培に不向きで、南イエメン時代はカートの消費も禁止されていた。ハドラマウトでカートの消費が広まったのは一九九〇年代、つまり南北イエメン統合以降である。故郷ではカートを噛む習慣のなかったハドラマウト出身者が、移住先でカートを広めた。また彼らはイスラーム布教も担っていたので、エチオピアも含む東アフリカではカートとイスラームが関係づけられる。

イギリスへのイエメン人の移住は一九世紀末からで、当時イギリスの支配下にあったアデンから行われた。カーディフ、リヴァプール、ロンドンへ移住した彼らがカートをその地で消費した証拠はないようである。カートの消費が、輸送技術の発達とともに広まったのは二〇世紀の半ば以降のことだと考えられる［Anderson et al. 2007 : 151］。

4　南北イエメンの一九七〇年代

(1)　北イエメンの一九七〇年代の三つの変化

北イエメンでは一九六二年に革命がおこり、イマーム制は廃止されてイエメン・アラブ共和国が成立した。しかし最後のイマームは生き残り、共和派と王党派との間で内戦が一九七〇年まで続いた。北イエメンは一九七〇年代にようやく「開国」し、停滞していた近代化が始まった。七〇年代はカートにとっても大きな節目である。カートの生産量と消費量が急増し、カート研究が盛んに行われ、カートの輸出が禁止されたのである。

カートの魅力は、栽培に人手をあまり要さず、新芽を摘みビニール袋に入れれば（一九七〇年代はバナナの葉にくるめば）すぐに売れるという手軽さである。七〇年代にはイエメン人男性の多くがオイルブームに沸くサウディアラビアに出稼ぎに行き、農村部は人手不足となった。[15] そこでそれまで栽培されていた雑穀やコーヒーを凌駕して、手軽なカートが栽培されるようになった。掘り抜き井戸やディーゼルポンプなど農業技術の向上もカート栽培を促進した。また以前は一部の人々しかカートを消費しなかったが、幹線道路が整備されたことで長距離輸送が可能になり、出稼ぎ送金により貨幣経済が浸透したため、都市部でもカートの消費者層が広がった〔cf. Weir 1985-a: 20–22, 86–87〕。

カートは、それまでの「鎖国」状態から一気に「開国」して引き起こされた一九七〇年代のさまざまな社会的・経済的な変化との関連から注目され、議論された。北イエメンで人類学者が調査を始めたのは一九七〇年代になってからであり、多くの研究者がカートに注目した。カートを主題にした研究には Gerholm〔1977〕（調査は一九七四―七五年）、Weir〔1985-a〕（同一九七七年および七九―八〇年）、Kennedy〔1987〕（同一九七四―七六年）がある。ケネディはサナア、ホデイダ、タイズなどの都市および農村部で調査を行い、カートをその効果、歴史、農業経済、植物学などの視点から分析したが、そのため地域的な特色への関心が低い。一方イェルホルムはサナア西部ハラーズ地方、ウィアはサウディアラビアとの国境に近いイエメン北部のサァダ州ラージフ郡の農村部で調査を行い、どちらもその調査地の特色を明らかにしている。

カートを主題にした民族誌ではないが、Makhlouf〔1979〕はサナアの女性のカート・セッションを扱っている（調査は一九七四年および七六年）。その他に一九七〇年代の調査に基づく研究は Swanson〔1979〕（同一九七三―七四年）、Stevenson〔1985〕（同一九七八―七九年）、Varisco〔1986〕（同一九七八―七九年）などがある。この時代の研究の特徴は、カートの消費が特に注目されたことである。

北イエメンにおいてカートの生産量と消費量は一九七〇年代に増加し、特に消費に関する研究も急増したが、一九七〇年代にはもう一つ注目すべき変化が起こった。カートの輸出が禁止されたことである。それまでカートは北イエメンから近隣諸国に輸出されていて、外貨を獲得する商品作物の一つであった。

北イエメンの統計によると、カートの輸出は一九七四年まで行われていたことがわかる【1-6】。この資料からは輸出先まではわからないが、カートは正式な輸出品であり、SITC（標準国際貿易分類）も公表されていた[16]。また独立前に刊行されたアデンの統計から、アデンには北イエメンや東アフリカからカートが輸入されていたこと、アデンからさらに保護領やイギリス本国へ輸出されていたことがわかるのは、すでに述べた通りである。一九七〇年代まで、カートは紅海沿岸で盛んに交易されていたのである。

一九六〇年代後半、北イエメンの貿易輸出額はコーヒーの生豆が一位であるが、カートは二位か三位を占めていた。七〇年もカートは生豆に次いで二位で、全体の輸出額一五七五万九一六六リヤルのうちカートは四三三万七六〇四リヤル、つまり全体の二七・五％がカートの輸出で占められていた。七一年からは原綿が輸出第一位となる一方で、カートは七〇年をピークに減っていき、七五年からはデータがなくなる[17]【1-7】。

一九七〇年代に入るとサウディアラビアや南イエメンでカートの消費、売買が規制されるようになった。サウディアラビアでは七一年にカートの販売、輸入、栽培が禁止され、アデンでは七七年に消費、売買が禁止された［Serjeant 1983 : 175］。またエジプト、スーダンなどでもカートの栽培や販売はあいついで禁止された［Ghanem 2002 : 49］。周囲の状況から北イエメンはカートの輸出が困難になっていき、カートはもっぱら国内で生産、消費される農作物になった。

(2) 南イエメンのカート

南イエメンの可耕地はそもそも限られている。南イエメンの国土のうち、可耕地は〇・七％未満だったが、水不足のため実際の耕地は〇・三％にすぎなかった。一九六七年にイギリスから独立した政府は、穀物の生産量を増大させようとしたが、一九七〇年代から八〇年代にかけ旱魃が続き、また七五、八一、八二、八三年には洪水が起こったため、農業政策は困難を極めた［Lackner 1985 : 170］。国有地で生産される穀物は価格統制されるので、農場労働者の意欲は向上せず、穀物の生産量は増えるどころかむしろ減った。しかも移民による人口の流出が止まらず、地方では労働力不足となり、賃金が上昇した。民間部門[18]では収穫量が多く手間のかからないカートが生産された［Colton 2007: 65–66］。南イエメン時代のデータでは、カートの作付面積や生産地は不明であるものの、生産量は公表されている【1–5】。一九七〇年代から八〇年代にかけて一〇〇〇トン前後生産されていたことがわかる。

(3) 政府によるカート規制

南北イエメン政府はカートの規制を何度か試みた。北イエメン政府はテレビでカート・セッションの代替となる番組を提供し、ラジオではカートの有害な側面を強調するような番組を放送した［Makhrouf 1979: 60］。一九七二年に当時の内閣は国有地とワクフ（イスラーム世界における一種の寄進制度。序論注37を参照）の土地のカートの木を伐採することにした。その決定は一九七二年五月二一日の政府系新聞『サウラ』に発表された。また公務員が職務中にカートを嚙むことも禁止された［al-Maqrami 1987: 182; Ghanem 2002: 49］。カートを薬物とみなし、経済や社会に悪影響を及ぼすものとして、マスメディアの大々的なキャンペーンが展開されたが、しかし人々の反応は限定されたもので、完全な失敗に終わった［al-Motarreb et al. 2002: 412］。

南イエメンでは一九七二年にカートは友情と社交に有効であると考えられた［McKee 1987: 763］が、カート消費を規制する法律が七七年に制定された。これは地域差を認めたものである。アデン、ラヘジ、アブヤン、シャブワでは週末にあたる木曜日の午後と金曜日全日、国の定めた祝日のみ消費が許された。カートの生産地には規制はなく、ハドラマウトやマハラといったカートを嚙む習慣のない州では、消費自体が禁止された。この法律は守られ、消費が禁止されている日にはカートは市場から姿を消した。しかしアデンから車で二時間のところにあるキルシュ（*Kirsh*）はカートの生産地であり、そこまで行く車と時間とガソリンがあれば、カートをいつでも合法的に嚙むことができた［Lackner 1985: 119］。当時アデンでカートを販売していた商人によると、市場の開いている週末に一週間分のカートをまとめて購入したり[19]、週日にカート商人に電話してひそかにカートを購入したりする消費者がいたそうである（二〇一三年八月二五日インタビュー）。

一九八一年にはカート畑の拡大と、カート畑に再びカートを植えることを禁止する法律が施行された。カート畑は拡大しなかったものの、減ることはなかった。カートは非常に利益の高い商品作物であり、政府にとってもカートの消費価格に課せられた税は貴重な財源となった。アルコールの消費量は増加していたが、アルコールよりも健康に害がないだろうということも、政府にカートを全面禁止に踏み切らせなかった理由であろう［Lackner 1985: 120］。

(4) 研究の停滞

統計年鑑からの抹消

すでに述べたように北イエメンにおいて一九七〇年代にカートの輸出が禁止され、それと並行して統計年鑑からカートの項目が抹消された。北イエメンの統計年鑑には不備が多いものの、輸出品目としてカートは一九六四年まで遡れ、当時はコーヒーや原綿と並んで重要な輸出品であった。一九七二年の統計年鑑ではカートは作付面積、輸出品、輸入品の項目に出ているが、この年を最後に農業の章からカートのデータは抹消された。一方独立後の南イエメンの統計年鑑では、生産量のみ農業や小売価格の章でカートは扱われた。

一九九〇年の南北統合後に発行された統計年鑑は北イエメンの形式を踏襲しており、カートの項目の抹消が続いたが、一九九七年の統計年鑑からカートのデータが公表されるようになった。つまりカート生産の盛んな北イエメンおよびその後の統合イエメンにおいて、二〇年以上の間カートに関するデータが公表されていないのである。長期間データが伏せられていた理由は、カートが薬物に類する作物と考えられたためであることは容易に推測できる[20]。

欧米人によるカート研究の減少

イエメンのカート研究の特徴は大きく二点ある。カートの薬理学的な調査が進んでいない一方で、カートの文化的・社会的な側面が注目されてきたことと、一九七〇年代にその調査が集中していることである。イエメンではカートを噛むときに、噛んだ葉を飲みこまずに片方の頬に溜める。片頬を大きく膨らませるエキセントリックな姿も伴って、カートは一九七〇年代に脚光を浴びたが、八〇年代以降、イエメンで調査を行う研究者はカートへの興味を急速に失った。その理由はいくつか考えられる。ウィアとケネディの包括的な報告で、ある程度の議論は出尽くしたような印象があり、カートの目新しさがなくなったこと。通過儀礼に集まる客がカートを噛むことはあっても、カート自体が何らかの象徴となることはないこと。数年おきに発行される統計年鑑において、カートに関するデータが長らく発表されなかったこと。そのためカートを薬物として扱うべきかどうか研究者が判断しかねたこと［大坪 2005 : 173］。

一九七〇年代以降もカートの生産や消費は増加していくものの、統計からカートの項目が消え、外国人によるカート研究も停滞した。(21) しかしイエメン人による研究は進められていた。

イエメン人によるカート研究

イエメン人によるカート研究は一九八〇年代に発表された。法学者のムアッリミーと、社会学者のマクラミーは対照的な立場をとる。ムアッリミー［al-Mu'allimī 1988］は、イエメンのウラマー（知識人）たちがカートを噛んでいたことをくり返し述べ、カートを擁護する。例えば法学者シャウカーニー（*Muhammad b. 'Alī b. 'Abd Allāh al-Shawkānī*：一一七三―一二五〇／一七六〇―一八三四）ら多くのウラマーがカートを噛んでいたが、心身の変化には至らなかったと述べている。またシャウカーニーは、カートは紅茶やコーヒーより強い効果はないといい、メッカの法学者ハイタミーを「カートの何たるかを知らない」と非難している。

その一方でムアッリミーはエジプトのイスラーム改革運動を主導した思想家ムハンマド・アブド（一八三九―一九〇五）や、その弟子ラシード・リダー（一八六五―一九三五）の著書を引用し、神が許したものを被造物である人間が勝手に禁止すること、つまりカートをハラーム（禁止行為）と断定することを非難している。

ムアッリミーは伝統的なウラマーと近代的な思想家の思想の両方を用いて、カートを肯定、つまりハラームではなくハラール（許容されるもの）であることを主張している。

ムアッリミーがカートをハラールだと主張するのは、イスラーム諸国機構のウラマーが出した反カートのファトワー（イスラーム法学者による法的見解。あくまで見解であって法的拘束力はない）に対抗するためであったと考えられる。一九八二年に出されたこのファトワーでは、カートはアルコール飲料に類するハラームだと断定された。これに対し、同年イエメンの法学者一二名は連名でイエメンのウラマーはカートを嚙んできたこと、カートは紅茶やコーヒーと異なり、社会的・経済的な効果があることを指摘し、カートはハラールだと断言するファトワーを発表した。この法学者たちは当時のイエメン政府に、このファトワーを国の内外に知らしめることも要望している。

一方マクラミーはカートに批判的である。彼は反イマーム運動の中心となったズベイリー（一九一九―六五）がカートに批判的だったことを引用している。ズベイリーは一九五八年に雑誌でカートはイエメン人の生活やイエメン経済を支配しているといっている［al-Maqramī 1987: 29］。具体的にはイエメン人がカートを嚙むために礼拝の時刻をずらし、そのため天上の法と地上の法を欺き、悪魔の木に従っているということである［al-Maqramī 1987: 74］。

さらにマクラミーはカートによる経済的な損失を主張する。例えば年間三〇億時間が、カートのため無駄に使われている［al-Maqramī 1987: 86］。国内の経済的・政治的混乱（輸入依存による国内生産の脆弱性、出稼ぎ労働者の増加による国内労働力不足、国内の労働賃金の上昇、海外からの援助への依存拡大）の根源はカートにある［al-Maqramī 1987 : 236］。彼のカート批判の根拠となっているのは一九七九年の世界銀行による報告書［World Bank 1979-a］で、同報告書の内容をアラビア語で紹介しているとも見受けられる。

欧米人による研究が途絶えた一九八〇年代にイエメン人によるカート研究が発表された。見解は対照的であるが、しかしカート研究は続けられた。

5　統合イエメン時代

(1)　研究の再開

一九九〇年の南北イエメン統合で、これまでカート消費が制限されていた南イエメンにもカートが輸送され、さらに消費が拡大した。一九九七年の統計年鑑からカートのデータが公表されるようになった。カートを隠すのではなく、公表していく姿勢への転換理由は明らかにされていない。しかし政府が統計で項目を抹消しても何ら意味がないことに気づき（南イエメンの統計ではカートの項目が抹消されることはなかった）、増加し続ける生産量と消費量に対し、何らかの対策を講じたいと考えたことは想像に難くない。

二〇〇二年四月にサナアでカート会議が開かれた。この会議は計画開発省（現計画海外協力省）と農務水資源省が主催したもので、その議事録［Gatter et al. 2002］から、カートを現実問題として受け止め、適切に対処していこうという姿勢が読み取れる。またＦＡＯや世界銀行による調査報告も発表された。これらの報告書をそれぞれ紹介したい。

カート会議の議事録

カート会議の議事録は、カートの生産、消費、水資源、経済への影響などについて扱っている。薬理学的な分析は健康への影響としてとらえられており、カートを薬物として扱っていないことが明白である。しかしカートの流通や商人に対する言及は非常に少ない。

カートの生産、消費を削減する方法も提案されている。例えば映画館などの公共の場でのカート消費を禁止する、主要都市でのカート販売を禁止する、販売をライセンス制度にし、ライセンスなしでのカート販売を禁止する、カート以外の農作物を生産、販売する農民や商人に補助金を支給する、カートを消費する日を限定するなどである［Ghanem 2002 : 50］。

イエメンではカートは公共の場で噛むものではないので、公共の場でのカート消費を禁止することはあまり効果がないように思われる。また主要都市でのカート販売禁止も、簡単に地方から「密輸」されるであろう。政府機関では一九九八年から勤務中にカートを噛むことは禁止されている［Fare and Gatter 2002 : 93］。現在では外資系企業やイエメン駐在の各国大使館でも、勤務中のカート消費が禁じられている。ライセンス制度は実現可能に思えるが、現在のカート商人の実数を把握する段階から困難が待ち受けているだろう。補助金の支給は、ただでさえ財政的に苦しいイエメン経済を考えると、現実的ではない。

イエメン人による調査ゆえか、例えばカートを噛むから仕事をしないとは断定せず、噛みながら働くドライバーや職人、働いているときは噛まない公務員などがいることが指摘されている［Fare and Gatter 2002 : 93］ように、どちらかというとカートやカート消費者よりの立場である。

FAOの報告書

イエメン農務水資源省の依頼を受けてFAO（国連食糧農業機関）によるカートの調査が行われた［FAO

2002: 3–4]。ＦＡＯはカートを商品作物と位置づけ[FAO 2002: 1]、そのようなものとして分析を行っている。

調査は多岐にわたる。一二州（ベイダ、マフウィート、ダマール、イッブ、タイズ、ハッジャ、ダーラァ、ラヘジ、アブヤン、アムラーン、サナア、サァダ）四四〇人の生産者に対してアンケートを実施し[FAO 2002: 20]、消費に関しては地方と都市であわせて二七九人にインタビューを行い[FAO 2002: 63]、サナア都市部と農村部、タイズ、ホデイダ、アデンの卸売商人一五一人、小売商人一九六人からも意見を聞いている[FAO 2002: 90]。徴税の徹底を指摘し[FAO 2002: 50]、代替農作物の可能性を検討している[FAO 2002: 99]。生産や消費をコントロールするためにも、生産税、売上税の導入、生産や販売のライセンスの発行などを提案している[FAO 2002: 125–26]。

生産、流通、消費にわたって調査を行っているが、流通や商人のデータが少なく、興味の低さがうかがえる。しかし次の世界銀行の報告書よりも調査が細かく、提案もより実際的である。

世界銀行の報告書

二〇〇六年の調査に基づく世界銀行の報告書は「カート需要の削減に向けて」というサブタイトルがつけられている[World Bank 2007]。調査はサナア市と六州で（サナア、ホデイダ、タイズ、マーリブ、アデン、ハドラマウト）、一二歳以上の男女四〇二七人に対して行われた[World Bank 2007: 5]。このため消費の実態に詳しい。また流通にも注目し、「カートの流通経路は、イエメンで最も発達したものである」[World Bank 2007: 1]と指摘している。イエメンのカート研究で、流通経路に対するコメントは、筆者の知る限りこれだけである。

カート削減の提言を紹介すると、政府指導によるカート消費削減キャンペーンの実施やカートへの課税率アップなどがある。現行の従価税（二〇%）の引き上げ、徴税の徹底を実行すれば貧困層のカート消費が減るだけでなく、政府の若者スポーツ基金（カートによる税収の五%）が潤い、カートの代替活動が増える。カートは従価税よりもむしろ従量税にすべきで、政府は国民へカートの情報を提供し、他のレクリエーション施設を充実させる［World Bank 2007: 23–26］など、とりたてて目新しい提言はない。

世界銀行はカートを薬物として扱っており、タバコに類する対処法が提案されている。カートを削減することを念頭に置いているため、カートを嚙まない人に対する関心は低い。

(2) イエメン政府の対応

カート会議、FAO、世界銀行のいずれもカートの生産、消費を規制するための提案をしているが、それほど目新しいものはない。FAO、世界銀行の報告書はどちらもカートの薬理学的な分析に触れていないどころか、カートの主成分であるカチノン（cathinone）という単語さえ使われていない。世界銀行はカートを薬物として扱っているにもかかわらず、薬理学的な分析には触れずに、カートの社会的な側面の分析に徹している。イエメンのカートのあり方を象徴しているといえよう。

以上のようにカートのデータや調査をオープンにするようになったが、イエメン政府によるカートの規制はカートの輸出入禁止と課税にとどまり、国内の生産、流通、消費に対する規制は効果的ではない。食料の安全保障や水資源枯渇などの環境問題を考えれば、今後カートに対して何らかの統制が行われる可能性は大きいが、具体的な打開策が図られずにいるのが現状である。

従来カートは生産量に対してはザカートが、輸送分に対しては消費税が課せられていた。ザカートは年間の生産高に対し、天水農地には一〇％、灌漑農地には五％課せられる。消費税は検問所で集められることになっており、一九八〇年の法律ではカートの価値の一〇％、一九九一年に改正されて二〇％になった。法律通り徴税されていれば、国の歳入の一〇％を占めるはずだが、実際には歳入の三％を占めるにすぎない。カートに課せられる税のうち七〇〜九〇％が脱税されている［Fare and Gatter 2002: 87–88］と見積もられている。FAOの試算では、一九九〇―一九九九年で納税率は一九～四二％であり［FAO 2002: 122］、やや甘い数字となっているが、いずれにしても高い納税率とはいいがたい。

二〇〇六年に徴税方法が変更され、検問所での課税がなくなり、市場で一律に課税されるようになった（二〇〇六年一二月三一日インタビュー）。しかし筆者が聞く限り、脱税と徴税官への贈賄は行われているようである。カートへの課税・徴税強化は、カート対策として今後展開される可能性が大きいだろう。

注

（1）イエメンがカートの原産地という見解も存在する［al-Ṣāyidī and al-Ḥaḍrānī 2000: 20–21］が、本書では原産地はエチオピアという多数派の意見に従う。

（2）サラディンの兄弟トゥーラーンシャーが強大な軍を率いて南下し、主に下イエメンを支配した［Smith 2008: 6］。

（3）種をまいたという表現ではないので、当時から挿し木のような方法を取っていたのかもしれない。

（4）カートを噛むと食欲が減退する効果は、現在でもよく指摘される。

（5）イブン・バットゥータ［1998］の第8章に南アラビアの記述がある。イブン・バットゥータはイエメンの後に現在のオマーンを訪問し、ズファールではキンマと檳榔子《びんろうじ》について記述している［イブン・バットゥータ 1998: 156–157］。

（6）生涯については不明な点が多い。Hattox［1985: 20］参照。

（7）一日五回ある礼拝のうち、三番目と四番目の礼拝である。アスルは午後三時頃、マグリブは日没頃である。

（8）カートを食べることで（*min akl al-qāt*）と表現されている。当時カートをどのように消費していたかは不明であるが、現在でもカートを「食べる」という表現はときどき使われる。

（9）タバコの木がイエメンにもたらされたのは一〇一三／一六〇四―〇五年という記録がある［Yaḥyā 1968: 787］。二〇年もしないうちに、軍人が水ギセルばかり吸っているからという理由で水ギセルを禁止する動きがあった［Tritton 1981（1925）: 119］。

（10）嗜好品が広まるときにクスリとしての効果が期待されることは第5章参照。現在ではカートには免疫を強化する効果があるとは考えられていない。
（11）二〇世紀紀半ばの別の資料でもマクタリーの評価はやや低い［Brooke 1960: 54］。マーウィヤ郡のカートは現在でもタイズ州のカート生産地として有名である。
（12）現在のアラブ首長国連邦の旧称。トルーシャルステーツにはバーレーンも含まれていたが、資料ではバーレーンとトルーシャルステーツが併記されていたので、そのままにした。トルーシャルステーツやバーレーンでのカート消費者がイエメン系であったかどうか不明である。
（13）おそらくカートは、当時のハミードッディーン朝にとって重要な収入源だったと思われる［UNODC 1956］。
（14）ブクシャはザイド派イマーム政権が発行した銅貨である。革命後に北イエメン政府は鋳貨・紙幣を発行したが、マリア・テレサ・ターレル銀貨は一九七〇年代まで北部では通用していた。
（15）出稼ぎの人数は不明な点が多く、数値に幅があるが、ピーターソンは三〇％［Peterson 1982: 149］、あるいは成人男性の半数近く［Peterson 1981: 256］と見積もっている。別の資料では一九七五年には一二〇万人が出稼ぎに行っていた［Colton 2007: 58］とあり、当時の北イエメンの人口は約四五〇万人［NYSY 1975/76: 54］なので、成人男子の三〇〜五〇％が出稼ぎに行っていたという数値は大げさなものではないだろう。
（16）一九七二年の統計年鑑ではＳＩＴＣは二九二・四〇、一九七四／七五年では一一一である。
（17）一九六〇年代後半から七〇年代前半にかけて生豆の輸出額が大きいが、六五年以降コーヒーは輸入もされている【1‒8】。コーヒーの輸入も早い時期から行われていたのである。
（18）南イエメンでは農地改革で農地の国有化が図られたが、一部の遠隔地などでは私営農場が一五万〜二五万ヘクタールほど存在していた［Lackner 1985: 184］。
（19）いうまでもなく新鮮ではないカートでは効果は下がるのだが、農薬や化学肥料を使っていなかった時代のカートは、現在のカートよりも香りが強く、日持ちがしたそうである（二〇一三年八月二八日インタビュー）。
（20）二〇〇五年農務水資源省の局長クラスの役人にインタビューしたところ、彼もそのような趣旨の発言をした。
（21）国際的に見れば、カートの薬理学的な分析は実験室で続けられ、近年はソマリア系移民の問題とあわせてカートが論じられている（第４章参照）。

第Ⅰ部　カートを噛む

セッション会場にて

サナアで開かれる男性のカート・セッションを覗いてみよう。会場となるのは誰かの家の応接間にあたる部屋である。男性は部屋の周囲をぐるりと囲んであるマットレスに膝を折って座っている。左肘を肘掛用クッションにのせ、上体が左側に斜めになっている。手元に持参したカートの入ったビニール袋が置いてある。右手でビニール袋の中に入っているカートをつまみ、埃を指で取り除き、口に運ぶ。カスは食べずに片頰に溜めていくため、片頰がゴルフボールを口に含んでいるかのように膨らむ。嚙むのに適していない葉や枝は、手元に置いたり、部屋の中央へ投げたりする。ときどき手元に置いてあるミネラル・ウォーターを飲む。合間に紙巻きタバコを一服。

そこにいる全員が一つの話題で盛り上がることもあれば、数人ずつ小声で話し合うこともある。黙ってカートを嚙んでいる人もいる。テレビを見ることもある。会話が途絶えることもある。新たに客が来ると、周囲に軽く挨拶をして空いているところに腰を下ろす。場所が狭いときは、左右の人がクッションをずらして場所を作る。「こちらへどうぞ」「いやここに座ります」「いえこちらへ」など座る場所に関するやりとりも行われる。

座っているときは気がつかないが、立ち上がると、閉め切っている部屋の空気がタバコの煙や人いきれで淀んでいることがわかる。

イエメンでは男女の生活空間の分離が厳格であるため、セッションも男女分かれて開かれる。会場となっている家の女性は、男性の来客に挨拶することはない。飲み物を補給したり、クッションを片付けたり用意したりするのは、会場を提供する家の男性や男児である。

マグリブのアザーン（モスクから流れてくる礼拝の呼びかけ）が聞こえると、立ち上がる者もいる。部屋の片隅で礼拝する者。モスクに行く者。帰る者は片頰を膨らませたまま、周囲に軽く会釈をして、さっさと去る。名残は惜しまない。そのまま嚙み続ける者も彼らを強く引きとめることはない。

女性もカートを嚙む。女性のセッションも、男性のセッション同様に、部屋の周囲をぐるりと囲んであるマットレスに座って行われる。しかし女性は肘掛用クッションを使わず、あぐらか横座りをする。黒い「外出着」を脱いでしまうと、中に着ている服はカラフルだ。持参したカートを嚙み始める。片頰がだんだんと膨らんでくる。嚙むのに適していない葉や枝は、手元に捨てる。ときどき手元に置いてあるミネラル・ウォーターを飲む。片頰を膨らませ、紙巻きタバコや水ギセル（*madā'a*）も一服。[1] 水ギセルは紙巻きタバコよりも長時間楽しめる。

女性のセッションでの会話は、男性以上に話題に富んでいる。来客が来るたびに同じ話題がくり返されることもある。テレビを見ることもある。静かなときもある。男性のセッションと同様に、女性の来客に対して、その家の男性が顔を出すことはない。

男性のセッションとの大きな違いは、カートを嚙まない人も参加していることだ（カートを嚙まない人の割合はセッション会場によって大きく異なるが、女性のセッションはたいてい嚙まない人が参加する。男性のセッションも、嚙まない人が参加してはいけないというわけではないが、嚙まないで参加する人は女性のセッションに比べると少ない）。彼女たちは出されたミルクティーやクッキーなどを口にする。セッションの間中、カートを嚙む人はつねに手と口を動かし続けるが、嚙まない人はセッションの前半に飲食すると、後はひたすら歓談するだけである。未婚女性はカートを嚙まないが、会場となっている家に住む未婚女性は茶菓の用意をしたり、幼い子供たちの面倒を見に別室へ行ったりと忙しい。女性のセッションには子供が出入りすることも、男性のセッションとの違いであるが、子供はだいたい別室で遊んでいるので、セッションのほとんどの時間は女性だけの時間となる。幼い子供たちは夕方になると、喧嘩をしたりぐずったりして母親のもとへ戻ってくる。

一軒の家が男性のセッション会場と女性のセッション会場を提供する場合、出入り口やトイレなどは分けられ（出入り口やトイレが二ヶ所以上ある家が、セッション会場になることが多い）、室内で男女が遭遇することはまずない。男女にセッション会場を提供している家の夫婦が連絡を取るときは、小学生くらいの息子が連絡係となって、男女のセッション会場を行き来することになる。

マグリブのアザーンは帰宅の合図だ。長居をする女性は、礼拝を始めることも、しないこともある。女性のセッションの方が男性のセッションよりも終わる時刻が早い。客は男性同様、名残を惜しまずに去る。

注

（1） 筆者の観察する限り、紙巻きタバコの喫煙率は男性の方が高い。また男性よりも女性の方が水ギセルを好む。水ギセルを吸う人はここ二〇年で減ってきている。

第2章 カートをめぐるマナー

㊤ きれいに整えられた応接間（ディーワーン）
㊥ 左頰にカートの葉を溜めている男性
㊦ 右頰にカートの葉を溜めている男性
（すべて2007年撮影）

1 噛む準備

本章ではカートを消費するまでの準備、カートの分類、買い方、部屋の様子、消費する際のマナーを説明し、それから主な通過儀礼を紹介する。カートは通過儀礼において象徴的な役割を果たすことはないが、集まる人々の潤滑油になっている。

(1) カートを買う場所

サナアに住んでいる人は、市内にあるカート市場でその日に消費するカートを購入する。前日に残ったカートを噛む場合もないことはないが（その場合も、新鮮な状態を保つため冷暗所に置くなど細心の注意が払われる。冷蔵庫は冷えすぎる）、まとめ買いはせず、毎日新鮮なカートを購入する。

カート市場は午後一時前後が最も混雑する。売る方も買う方も男性ばかりで、女性の姿を市場で見かけることはほとんどない。男性がカートを買いに行くのは、昼食前に職場から帰宅する途中や（サナアの多くの家庭では昼食はみな帰宅してとることが多い[1]）、昼食後にセッションや職場に向かう途中である。カートを購入するのは、自宅、職場あるいはセッション会場のそばにあるカート市場や、好みのカートを扱っているカート市場である。女性が自らカートを買いに行くのはしたないことで、代わりに夫、兄弟、息子が買いに行く。

時間があれば、車で一時間程度かけてサナア近郊にあるカート市場に行ったり、直接生産者から購入したりすることもある。どちらも市内より安くカートを手に入れることができるので、大量にカートを必要とするときにはこの方法を好む人もいる。

自分で買うか、他人に買ってもらうかの違いはあっても、男女とも、自分で噛むカートは持参してセッション会場へ向かう。

(2) カートの分類

カートは可能な限り新鮮な状態で噛むのが理想である。生産地であれば噛む直前にカートを畑から摘んでくることが可能であるが、サナア市内では、早朝に生産地で収穫されたさまざまな種類のカートが、正午前後にカート市場に並ぶ。収穫する形状によって収穫回数は異なるが、一本の木から少なくても一年に一～二回、栽培方法によっては一年に四～五回収穫が可能なので、季節による多寡はあるものの、市場には年間を通してカートが出回る。サナアの市場に並んでいるカートの分類を紹介しよう。主な分類は形状と生産地によるものである。

形状

カートはその売られる形状で呼び方が異なる。代表的なものはガタル（*qatal*）、ルース（*rūs*）、ルバト（*rubat*）である。(2) カートの新鮮な葉だけのものはガタルといって、比較的安価なものが多い。茎の長さが三〇～五〇センチ程度のものはルースと呼ばれ、ガタルよりも高い。ガタルとルースはどちらも赤や青の半透明のビニール袋に入れられて売られている。一メートル程度の枝をイーダーン（*īdān*）といい、売られるときは紐で縛られルバトと呼ばれ、ビニールシートで覆われている。ガタルやルースに比べるとルバトは高額である。ガタルは袋に入っているカートをほとんど、ルースはかたい茎以外はほとんど噛むことができるが、ルバトは枝についている葉のうち、新鮮な葉だけを噛み、残りの枝や厚い葉は噛まずに捨てることになる。ガタル、ルース、ルバト、いずれも一般的に一回分（午後三～四時間噛む量として一日分）はその袋一つ、あるいは一束ということになる。

生産地

カートのほとんどはその生産地、多くの場合は州の下の郡のレベルで分類される。アラビア語の特徴で、例えばハムダーン郡のカートは、その形容詞であるハムダーニー(*Hamdānī*)と呼ばれる。アルハブ郡のカートはアルハビー(*Arḥabī*)、バニー・マタル郡のカートはマタリー(*Maṭarī*)、サンハーン郡のカートはサンハーニー(*Sanḥānī*)、ハイマ郡のカートはハイミー(*Haymī*)となる。カートの性質は土壌など環境に大きく影響を受ける[al-Motarreb et al. 2002: 404]ので、カートの種類が生産地別に呼ばれることは、理にかなっているといえよう。

カートは比較的寒さに強い作物で、場所によっては二五〇〇メートル以上の標高でも栽培される。しかし冬には寒さで枯れることもある。山がちな地形のバニー・マタルやハイマのカートは、山の斜面が風を遮るため比較的寒さに強いが、サナアで人気のあるハムダーニーの産地であるハムダーンは標高差が小さいため、冬の寒さでカートが一気に枯れることがある。

主要な生産地として呼ばれるのは郡レベルであるが、購入するときに郡の下の村の名前を聞いたり、あるいは生産地に近い市場で購入すると、村の名前で呼ばれたりする。反対にサナアで知名度が低い場合は、州の名前で呼ばれることもある(例えばサァダ州のカートがサァディー)。

サナア近郊の生産地で人気の高いカートは、郡以下のレベルで呼ばれる。ハムダーニーはハムダーン郡で生産されているカートであるが、ハムダーン郡のなかでも、ガルヤトルガービル(*Qaryat al-Qābil*)産のカートはアル＝ガルヤ(*al-Qarya*)、ワーディー・ダハル(*Wādī Ẓahr* あるいは *Ḍahr*)産のカートはアル＝ワーディー(*al-Wādī*)、ドラーァ(*Ḍulāʿ*)産のカートはドラーイー(*Ḍulāʿī*)と呼ばれる。この三つは、通常はハムダーニーとは呼ばれない。

カートを噛むときに、異なる生産地のカートを一緒に噛むと気分が悪くなるといわれており、カートは売られるときも消費されるときも異なる生産地を混ぜることはない。ただし、カートを噛んでいる最中に気前のいい人からカートを少量もらうこともあり、その場合はもらったカートが何であれ噛むのが礼儀であるので、結果的に「カクテル（*kaktīl*）」になることは現実にはある。

水分量と色

カートは水分量によって呼び方が異なり、それにこだわる消費者もいる。見た目にも水分が少ないものはナッジー（*nazzī*）、水分を十分に含んでいるものはバガラ（*baghara*）、あるいはミルヒム（*milhim*）と呼ばれる（第5章扉写真参照）。ナッジーは枝分かれしていないが、バガラやミルヒムは枝分かれが多いという違いもある。

バガラは水分が多いため、葉がやわらかい。ナッジーは水分量が少ないため、一袋では物足りなく感じ、より多く噛みたくなる。(3) ナッジーを特に好むのはカート通である。ナッジーとバガラの違いは噛んでもわかる。同じ生産地のカートなら、ナッジーの方が強い効果が得られる。またバガラは噛んでいると、カートを頬に溜められずに飲み込んでしまうが、ナッジーはそんなことはなく、きちんと頬に溜まる。

葉の色に関しては、白、赤、青がある。バヤード（*bayāḍ*）は葉が白っぽいものである。アハマル（*aḥmar*）は赤みがかっているものである。他に青いカート（*muzarriq* あるいは *azraq*）もある。色は生産地によっておよその傾向があるが、同じ畑に生えていても、木によって葉の色が異なることもある。実際には収穫の段階で異なる色のカートを混ぜてしまうこともあるので、生産地ほど厳密に区別されて売られているわけではない。

カートを購入するときに重要な分類は生産地であり、水分量や色にこだわらない人の方が多い。「カクテル」にならないよう特に注意を払うのは生産地であり、同じ生産地であれば、色、水分量の区別は特に問題視されない。形状は値段に関係し、同じ生産地であれば、ガタル、ルース、ルバトの順に値段が高くなる。

サナア以外の都市のカート

サナア以外の都市で人気のあるカートは以下の通りである。カートの産地として歴史の古いタイズでは、タイズ近郊のマーウィヤ産、サブル山産、シャルアブ産のカートに人気がある。イッブはイッブ近郊のメイタムやシュアイブのカートの人気が高い(4)。タイズやイッブのカートは地元や紅海沿岸に出回っていて、サナアでは流通していない。

カートの生産地から離れている地方では、幹線道路を使って運搬されやすい地方からカートが運ばれる。アデンには、タイズ州、ダーラァ州、ラヘジ州ヤーファァ郡(5)や、ベイダ州ラダーァ郡のカートが運ばれてくる。ハドラマウトにはダーラァ州やダマール州のカートが運ばれる。紅海沿岸のホデイダはカートを栽培するには厳しい気候なので、ハッジャ州、サァダ州、ベイダ郡ラダーァ郡のカートが運ばれる（二〇一三年の八月調査による）。

(3) 買い方

カートはイエメンの近代化のなかで生産と消費が広まった「近代的」な商品作物である。しかしながら、その売買方式は一物一価の定価方式ではなく、バザール経済の「伝統」である相対交渉である。カート商人は立ち止まった人に、売りたいカートを見せ、時には味見することを勧めながら、その生産地、灌漑用水・化学肥料・農薬の使用の有無などカートの説明を行う。一方購入者は、カートの色、葉の形、茎の断面、匂い、手触りなどで農薬や化学肥料が使われたかどうか、新鮮かどうかを見極める。たとえカート商人にカートを味見するように勧められても、カートを実際に口に含んで味見をすることはマナーが悪い（*mushsh mu'addab* あるいは *mushsh addab*）と考えられる。

カートが気に入れば値段交渉が始まる。値段交渉は速やかに行われ、合意に達しない場合、購入者はすぐ別のカート商人のもとへ向かう。

購入者はそれぞれの嗜好と予算に基づいてカートを選ぶ。生産地にこだわる人、カートに含まれる水分量にこだわる人、生産地よりもその日の市場に出回っている新鮮なカートにこだわる人、とにかく安いカートを求める人などさまざまである。噛む量を優先したい人はガタルを購入する。同じ金額を出すなら、ガタルの方がルースやルバトよりも多く買えるからである。化学肥料や農薬を使用していない「有機」栽培（*tabīī*）のカートに人気があるが、「有機」栽培ではないカートの方が安価である。

カートを購入した後、自宅でカートに付着している埃や農薬などを取り除くためにカートを洗う人もいる。農薬などが付着したカートを噛むと口内炎などになるといわれているが、洗いすぎるとカートの風味も落ちるので、特にガタルを買った場合は、口に入れる直前に葉を指でこすって埃を取るだけの人も多い。カートを洗った後は水を切り（タオルで軽く押さえたり、タオルにくるみ二槽式洗濯機の脱水槽で脱水したりする）、カートから水分が蒸発しないようビニール袋に戻す。

ルバトは噛めない部分が多い。枝全体を洗って、噛める葉が多くついた枝を三〇センチ程度で折り、残りの枝は噛める新芽だけを一つ一つ摘んでおくという作業をあらかじめ自宅でする家庭もある。ただしルバトを小脇に抱えて結婚式などに向かうのは見栄えがいいので、長い枝のままセッションの会場まで抱えていくこともある。

(4) 午後の集まりの名称と男女の相違

サナアの既婚女性は専業主婦が多い。午前中に一日の食事の中心となる昼食の準備と並行して掃除、洗濯などの家事を済ませてしまい、昼食後に片付けを済ませると、午後は家事をせずに、知り合いを訪問したり招待したりして過ごす。一方男性は昼食を自宅でとった後、再び職場に向かうことが多いが、週末は昼食後に男性同士で集まって過ごす。結婚式や葬式なども午後から行われることが多いため、つねに人々が集まるのは午後、より狭くいうとアスル礼拝（午後の半ば）からマグリブ礼拝（日没頃）までの間である。

サナアでは、午後の集まりを意味する表現がいくつかある。数人が集まるものはジャリサ（*jalisa*）あるいはマジュリス（*majlis*）、比較的大規模で男性が集まるものはマクヤル（*maqyal*）、女性が集まるものはタフリタ（*tafrita*）と呼ばれる。後者二つは性別によって区別されるが、それ以外は厳密な区別はなく、四つの表現は日常会話でそれほど頻繁に用いられない。英語では party あるいは session と訳されることが多い。本書ではこれまでセッションと呼んできた。特に午後の集まりを区別する必要はないため、今後もセッションと呼ぶ。

(5) 噛む部屋

カートを噛む場所は個人の家が多いので、ここではその部屋について説明しておこう（他の場所に関しては後述する）。

カート・セッションの会場として有名なのはマフラジュ（*mafraj*）と呼ばれる部屋である。マフラジュはサナア旧市街の塔状住宅の最上階にある小さな応接間が特に有名で、上質な家具が設えてある。ディーワーン（*dīwān*）は一般的な応接間に相当する。ディーワーンも上質な家具が揃えてあるが、マフラジュよりはるかに広い。建築構造上、マフラジュはほぼ正方形に、ディーワーンは細長い形状になることが多い。旧市街以外のサナア市では一～二階建ての家も多く、最上階にマフラジュのない家がほとんどであるが、ディーワーンと呼ばれる応接間はたいていの家にある。日常的に家族が使う居間は、マカーン（*makān*）と呼ばれる。

いずれの部屋も内装は似ている。床一面に敷かれているじゅうたんはモーケート（*mūkīt*）と呼ばれる。部屋のサイズに規格はないので、モーケートを買ってきたら、家人が部屋のサイズに合わせて裁断する。モーケートは模様がなく単色であることが多い。モーケートの下にはビニールシート（*shamma'*）を敷いておく（床の材質は、古い家は石膏、新しい家はセメントである）。

モーケートの上に、部屋の周囲を囲むようにマットレスが敷かれる。イエメンでは椅子ではなく床に座って生活するが、腰を下ろすのは部屋の周囲に敷かれたこのマットレスの上である。マットレスはだいたい一畳の大きさで、ドア、テレビやクローゼットを置くところにはマットレスを敷かないだけなので、部屋の周囲をほとんどマットレスで囲んでしまう。このマットレスはフラーシュ（*frāsh*）といい、普段使っている居間は薄いもの（二〜三センチ）を使用するが、ディーワーンやマフラジュには厚みのあるもの（二〇センチ程度）を使用する。中は綿を圧縮して詰めたもの（*ʻuṭb*）と合成樹脂でできたスポンジ（*sfanj*）のものがあり、どちらもかなり硬く、座って凹むことはない。

マットレスの上にもじゅうたんを敷くことが多いが、これはマフラシャ（*mafrasha*）という。床に敷くモーケートは単色のものが多いが、マフラシャはトルコ製などで模様を織り込んだものである。マフラシャはマットレスを全面的に覆ってしまうのではなく、マットレスの端（部屋の中心を向く方）が少し見えるように敷く。部屋が大きいと、一辺に数個のマットレスとマフラシャを敷くことになるが、必ずしもマットレスとマフラシャの長さや数が合うわけではなく、マットレスの長さに合わせてマフラシャを重ねる。

マットレスの壁側には背もたれ用のクッションが、マットレスと同様にぐるりと並べられる。これはウサーダトダハル（*wusādat ẓahr*）と呼ばれ、形は縦四〇×横六〇×厚さ一〇センチ程度で大きめの枕のような形状である（ウサーダトダハルは背中の枕という意味）。立たせておくため、中身はマットレス同様硬い。

マフラジュやディーワーンには、さらに肘掛用のクッション（*matkā* または *madkā*）[6]や、背もたれ用クッションの上に置かれる小さなクッション（*bint wusāda*）もある。肘掛用のクッションは四角柱を横長に置いたもので、長さは背もたれ用クッションからマットレスの端までとほぼ等しい。肘掛用クッションの上にはその面と同じ大きさのクッション（*wusādat matkā*）が置かれていることもある。このクッションはやわらかく、肘をのせ体重をかけても心地よい（本章扉写真㊦参照）。ただし来客が多いときはより多くの空間を確保するため、肘掛用クッションやその上のクッションは使われない。肘掛用クッションは普段使っている居間にはなかったり、また部屋の隅にまとめて積んでおかれていたりする。

マフラジュやディーワーンに設えるマットレス、背もたれ用クッション、肘掛用クッション、背もたれ用クッションの上の小さいクッション、肘掛用クッションの上の小さいクッションは部屋に合わせて同じ生地でオーダーメイドされることが多い。よく使われる生地はビロードである（本章扉写真㊥㊦は観光客用のホテルで、マットレスなどにイエメンの伝統的な織物を使っている）。一方マカーンは既製品のマットレスが敷かれることが多い。マカーンは夜は寝室に使われ、部屋の隅に毛布が畳んで置かれている。

マットレスのすぐ手前のモーケートの上には、マーサ（*māsa*）と呼ばれる小さな木製のテーブルが置かれる。三〇×四〇センチ程度で、高さも三〇センチ程度である。マーサはもっぱら物置として使われ、ペットボトル、灰皿、カートを噛まない人のマーサには菓子類や紅茶のカップが置かれる。魔法瓶（冷水を入れる）は直接床に置くことが多い。マーサは人数分ではなく、数人で一台を共有する。マーサを用いず、カップなどをモーケートに直接置いても問題はない。

マットレスの上に敷くじゅうたんがマットレスと並行になるように調整し、背もたれ用クッションを隙間なく立て、背もたれ用クッションが倒れてくるのを防ぐ意味もある肘掛用クッションを偏りのないように配置する作業は、客が来る前と帰った後に必ず家人によって行われる（本章扉写真㊤のように、背もたれ用クッションをレースで覆うことも多い。装飾にもなるし、クッションが倒れるのも防ぐ）。

人々は部屋の周囲に敷かれたマットレスに座ることになるので、部屋の中央は空いている。中央は通路として、あるいは水ギセルのスタンドを置いたり、噛むのに適当ではないカートの枝や葉を一時的に放置したりする場所として使われる。

男女の生活空間の分離が比較的厳格なサナアでは、ほとんどの場合男女は分かれてカートを噛むが[7]、ある家が男女両方のセッションの会場をそれぞれに提供することもあるし、どちらか一方の性だけの会場になることもある。

一戸建ての場合は玄関が二ヶ所あることが多い。トイレはたいていどこの家にも複数あり、来客の男女で共有することはまずない。男性が女性のいる可能性のある部屋の前を通る場合、「アッラー、アッラー、アッラー……」と低く声を出して男性が通ることを女性に知らせる。男性は室内を覗いてはならないし、女性も男性に姿を見せてはならない。

会場を提供する家は、飲料水（水道水を魔法瓶などに入れておく）、水ギセルのスタンド、水ギセル用のタバコの葉（*tittin*）、炭、カートを嚙まない人のための茶菓の準備をしなければならない。(8) またセッション後に部屋の中央に残ったカートの枝や葉の処分や掃除も必要となる。マットレスなどの配置も整えなければならない。これらの作業はすべて女性に任せられるわけではないが、セッション会場を提供するには、カートあるいはセッションを好み、ある程度の広い部屋を持ち、ある程度の労働力を確保できることが条件となる。

2　セッション会場

(1)　入　室

セッションが始まる時刻は、セッション会場によって異なるが、大雑把にいえば昼食後である。昼食の後片付けをしなければならない女性の方が、セッションの開始時刻がやや遅れる。だいたい一五時前後、アスル礼拝の後に始まることが多い。

客は会場となる部屋のなかでは履物は脱いでくつろぐ。脱ぐ場所は家によって、家の入口だったり、フロアの入り口だったり、あるいは会場となる部屋の入口だったりする。履物を履いたまま部屋で過ごすことはない。

客は部屋に入るとまず先客に挨拶をしてから、空いた場所に腰を下ろす。挨拶はまず部屋の入り口で「サラーム・アレイクム（*al-salām 'alay-kum*）」という。先客の人数が少ないときは、ぐるりと回って一人一人とキスや握手を交わし言葉を交わす。[9] 人数が多いときは、入り口での挨拶に続けて「ワッサラーム・タヒーヤ（*wa al-salām tahīyah*）」というだけで席に着く。先客は最初の挨拶に対し「ワレイクムッサラーム（*wa ʻalay-kum al-salām*）」、その次の挨拶に対し「アブラグト（*ablaght*）」と応える。ただし来た客も先客たちも大声ではっきりと挨拶をし合うわけではない。

部屋の入り口から遠い方が上座、近い方が下座となる。部屋が長方形の場合は、ドアから遠い短辺が上座となる。短辺の中央が一番の上座であるが、角は窓の外が見やすく、二辺に寄りかかれるので、こちらを好む人もいる。またテレビが部屋にある場合、テレビの正面の席が上座となる。

一九七〇年代には世代や社会階層が異なる人々が集まり、それに応じた席順となった［Gerholm 1977: 179; Kennedy 1987: 85］が、現在では社会階層が明確でなくなり、日常のセッションで社会階層が席順によって可視化されることはない。そのため優先されるのは年齢であるが、必ずしも年長者が上座を占めるというほど厳格なものではない。[10] 男性は世代の近い者が集まる傾向にある。女性は母親と娘が連れだってセッションに参加することが多いので、二〜三世代が集まることが多いが、母娘は隣り合って座る。セッション会場を提供する者が上座に腰を下ろすこともあれば、部屋の出入りがしやすい下座に座ることもある。

席順は厳格ではないとはいえ、あるセッションに参加する客はだいたい決まっているので、客は毎日だいたい同じ位置に座る。座る場所がない場合は、すでに座っている人がずれて場所を空ける。女性は部屋に入る前後に「外出着」を脱ぐ。脱いだ「外出着」はまとめて自分のそばに置いておく。[11]

部屋では、男性は左肘で肘掛用クッションに寄りかかり、左足を下に、右足を上にして曲げて座っていることが多い。正面から見ると、体が斜めになる。左に寄りかかる態勢なので、左の頬にカートを溜める人が多いともいわれる。カートを噛むときにザンナと呼ばれるワンピースや、フータと呼ばれる巻きスカートを着用していても、裾回りには注意を払い、中から下着が見えることはまずない（第2、3章扉写真を参照）。

女性は肘掛用クッションを使わずに座る。横座り、立て膝、あぐらなどである。女性があぐらをかいても問題はないが、あぐらは左右に場所をとるので、人数が多いときは避ける。男女とも膝は曲げておくべきで、足を伸ばすのは行儀が悪い。しかしセッションが数時間続くと、足を伸ばして座る人は男女とも増えてくる。足を伸ばすときには、伸ばす方の人が男性ならハーシーク（*hāshīk*）、女性ならハーシーシュ（*hāshīsh*）といって断るべきである。

(2) カートを「溜める」

腰を下ろしたら、持参してきたカートを噛み始める。葉についている埃などを払いながら、少量ずつ口に入れていき、ときどき飲み物を飲む。

イエメンではカートを「溜める（*khazzan*）」と表現する。葉を噛むと出てくる成分は、飲み物と一緒に飲み込むが、噛んだカスは片方の頬に「溜めて」いくからである。時にはゴルフボールを口に含んだ程度にまで片頬は膨らみ、頬の皮膚が伸びて色が薄くなる。セッションの間じゅう、カートは絶え間なく補充され、頬は大きくなり続ける。

噛むのに適さない古い葉や太い枝はケフタ（*kifta*）といい、自分の前（モーケートの上）に置いていく（あるいは部屋の中央めがけて軽く投げることもある）。部屋にごみ箱はないので、部屋中がごみ捨て場となるのだが、ケフタが部屋に散乱する会場と、しない会場がある。

カートを噛んでいる間は、カートと飲み物以外の飲食物は口にしない。紙巻きタバコは好みで吸う。水ギセルは数人でパイプを共有する。

セッション会場提供者が用意する飲み物は水道水で、魔法瓶やミネラル・ウォーターのボトルを再利用したものに入っている。時には乳香で香りをつけた水も出される。ミネラル・ウォーターや炭酸飲料を飲みたい場合は持参するか、会場に着いてから年少者に買いに行かせる。

一九七〇年代なら召使いがやった茶菓や水ギセルの支度は、現在ではそのセッションの年少者、つまり男性のセッションの場合は男性が、女性のセッションの場合は女性が行う（水ギセルの支度は水ギセルを吸う年長者が行うことが多い）。彼らは下座に座る。使い走りをするのはそのセッションのなかで年少者であり、セッションによっては一〇代の少年少女の場合もあれば、二〇歳代、三〇歳代の男女が使い走りをすることもある。女性のセッションで買い物を頼まれるのは、女性のセッションにも出入りできる程度に幼い、小学校低学年の少年か、少年がいない場合は同年齢の少女である。

男性はあまり座る場所を替えないが、トイレなどで席を立ったときに、空いている場所や話をしたい人の隣へ移ることがある。女性は男性よりも頻繁に席を替える。女性は子供の世話や茶菓の支度や片付けの手伝いなどで席を立つことが多く、女性のセッションには肘掛用クッションを置かず、その分自由に座れるからである。

(3) 避けるべき話題

セッションの間にさまざまな話題が持ち上がる。それは日常生活の瑣末なことから、時には国際情勢にまで及ぶ。国内外の政治家を実名で批判しても、特に問題はない。ただし避けるべきテーマがいくつかあり、男性の方に決まりが多い。

男女とも、カートをどこで買ったか、いくらで買ったかということは尋ねるべきではない。隣に座っている知り合いに小声で尋ねてもよいが、離れて座っている人に聞いたり、知らない人に尋ねたりすることはよくない。給料や婚資（花婿側から花嫁側に支払われる金銭）の金額を聞くことは問題がないが、噛んでいるカートの情報を聞くことははしたないことである。

女性は夫の話をしてもかまわないが、男性は自分の妻や娘のことを話してはいけない。お互いの家族を知っている（両家族の男性同士、女性同士が知り合いであるということであって、いわゆる家族ぐるみのつきあいではない）相手なら、隣り合って座って（つまり他の男性に聞かれない距離で）家族のことを尋ねることは問題ではない。ただし自分の妻の宗教的な美徳を誉めることはよいが、美醜を話題にしてはいけない。知り合いであっても、相手の家族の女性のファーストネームを呼ぶのは避け、「あなたの妻」「あなたの娘」と間接的に呼ぶべきである。

サナアの婚姻は母親が主導権を握る。母親は日常的なカート・セッションや披露宴で、自分の息子や娘に適当な結婚相手はいないかを尋ねてもよい。他方、父親はセッションで自分の娘に適当な青年を見つけて、青年と会話をしてもかまわないが、自分の娘の話をするのは「娘を売る行為」にあたるといわれる。

(4) カートを与える

セッションの最中に、良いカートを噛んでいる人が、自分より良くないカートを噛んでいる人に自分のカートを提供することがある。投げ渡すよりも立って近寄り、手渡す方が礼儀正しいが、実際にはすぐ隣に座っているのであれば手渡しになるものの、それ以上の距離になると投げ渡すことが多い。男性であれ女性であれ、カートを一束与える行為はよく見られる。

渡す方は特に何も言わず、せいぜい相手の名前を呼んで気を引くだけである。もらう方も謝意を表す「シュクラン（*shukran*）」はいわず、黙ったままのことが多い。礼儀正しい応答として、もらう方は、相手が男性なら「アクラマッカッラー（*akramak Allāh*）」、女性なら「アクラミッシュアッラー（*akramish Allāh*）」（どちらも「アッラーがあなたにお返しする」という意味）といい、いわれた方は、「アッラー・カリーム（*Allāh karīm*）」（アッラーは寛大だ）あるいは「アーディー（*ʿādī*）」（いつものことだ）と答えるべきであるが、渡す方ももらう方も無言のままのことも多い。謝意をあえて伝えたければ、その場で相手に目で伝えるか、後日言葉で伝える。

カートをもらった方は、自分のカートを相手に返す必要もない。後日自分が良いカートを持っているときに、もらった相手にカートを渡すことはあるが、年齢や経済的な差が大きいときは、常にカートを与える方ともらう方は同じである。

(5) 終了

セッションが終わるきっかけの一つはマグリブ礼拝である。マグリブのアザーンをきっかけに腰を上げる女性客は多く、女性のセッションの方が終わる時刻は早い。男性のセッションは、マグリブ礼拝で数人が立ち上がることはあるが、そのまま続けられることが多い。

礼拝のためにカートを吐き出す人もいる。カートを口に入れたまま礼拝すべきではないという人も、口を動かさなければいいという人もいる。またカートを噛んでいるからマグリブ礼拝を遅らせる（あるいはさぼる）人もいる。

客は名残を惜しまずに去る。立ち去るタイミングはそれぞれの客によって異なり、一度に散会するわけではない。マグリブ以降、客はだんだんと減っていき、最終的には身内だけになる。

セッションの終わる時刻は、会場を提供している人とその家族の意向に左右される。午後七〜八時、時には一二時近くまで続くこともある。

一九七〇年代ではマドファル（*madfal*）と呼ばれるカートを吐き出すための壺は、その目的で使われていた。セッション会場でカートを吐き出して、終了していた。つまりセッションを去るタイミングとカートを吐き出すタイミングが同じであった。しかし現在マドファルは窓際の棚に置かれたままであることが多く、セッション会場でカートを吐き出す人はいない[12]。自宅までカートを片頬に溜めたまま帰り、自宅のバスルームで吐き出す人が多い。女性は「外出着」で顔も隠すため、帰り道で頬が多少膨らんでいてもわからない。

カートを吐き出した後に夕食をとる。昼食が一日の食事のメインとなるため、夕食はそれほどきちんととるわけではなく、またカートを噛むと食欲が落ちるため、夕食は軽く済ます人も多い。

3　通過儀礼とカート

エチオピアでは、カートはムスリムと関係づけられ、ムスリムの通過儀礼とも関連している〔Brooke 1960: 52; Anderson et al. 2007: 2〕が、現在のサナアにおいて、カートが通過儀礼で何らかの象徴となることはない。しかしサナアではほとんどの通過儀礼において、その参加者は持参したカートを噛む。これから紹介するサナアの主な通過儀礼である結婚式（披露宴）、出産祝い、葬式[13]では、招待された客は特に何もしない。アスル礼拝後に会場に集まり、持参したカートを噛んで歓談するだけで、日常的なセッションと大きく変わらない。普段通りに消費されるカートに意味を付け加えるなら、カートを普段通りに噛み歓談することが、日常的に交流のない人々との接触に対する一種の潤滑油になっていることである。ごく一部の特別な客は謝礼と一緒にカートを主催者から与えられることが、唯一日常的なセッションとの相違点であるが、そのカートの意味は通過儀礼全体から考えると、それほど大きくない。ここでは主な通過儀礼の経過を中心に説明し、適宜カートについて言及していく[14]。

(1)　婚姻（*zawwāj*, *'urs*）

女性同士の接触

サナアでは婚姻の成立に当事者の両親が大きく関与する[15]。現在では職場で当人同士が出会って結婚を決めることもあるが、そのような場合においても、特に花婿側には莫大な資金が必要となるため、家族の経済的支援なしに当事者二人だけで結婚することは不可能であり、親がかりの披露宴を開くことになる。

男女の生活空間の分離が比較的厳密なイエメンにおいて、娘や息子の配偶者選びに主導権を握るのは母親、特に息子の花嫁を探す母親である。女性の場合は日常的なセッションでも世代の異なる女性が集まることは多いが、花嫁探しの好機となるのは披露宴である。披露宴には花嫁候補である未婚女性と、その母親たちが多く集まるからである。

ある女性が知り合いの披露宴で自分の息子（仮にアリーと呼ぼう）に適当な娘（ナーディヤと呼ぼう）を見つけると、その女性はナーディヤの母親と接触を試みる。電話番号などを周囲の女性から聞き出し、電話して訪問する意志を伝えるが、この時点では「お近づきになりたい」というように婉曲的な表現を用い、結婚の話を直接に相手には伝えない（もちろんナーディヤの母親はある程度察するだろう）。

アリーの母は女性親族（アリーの姉、祖母、オバ、兄嫁など(16)）を連れて、花嫁候補の家を午後に訪問する。ナーディヤの家でも、ナーディヤの母親と女性親族（ナーディヤの姉、祖母、オバ、兄嫁など）が待っている。このときにカート好きな女性はカートを持参する。ナーディヤ自身はずっと座っていることはなく、時折茶菓を出すために顔を出す程度である。ある程度女性たちが打ち解けた後で、アリーの母親は結婚の話を打ち明ける。ナーディヤの母は「夫と相談します」と答え、客が帰った後に夫、ナーディヤ本人と相談する。娘が結婚を望まなかったり、花婿や花婿の家族に問題があったりして結婚の話を断ることになっても、アリーの母に説明するときは「娘はまだ幼いので」など娘の方に非がある理由を告げる。

結婚の話を進めることになったら、女性同士の交流はこの後に何度かくり返される。またどちらの母親も夫に相談はするが、男性同士の交流はまだ行われない。アリーは母や姉妹から花嫁候補の話をある程度聞くことはできるが、この段階で花嫁候補に接触はできない。

婚約（*khutba*）

女性同士での交流から話がある程度煮詰まると、アリーの父親が、ナーディヤの父親に電話をかけ、婚約の日取りを決める。両方の家があまり親しくない場合は、両方の家族か片方の家族を知っている友人や親戚（いずれの場合でも男性）が仲人となり、ナーディヤの父親に電話する。

婚約は文字通り結婚の約束が交わされる日である。この日に両方の家族の男性が会い、後述する契約と披露宴の日取りや婚資の金額を具体的に決定する。

婚約はナーディヤの家で金曜日か月曜日にアスル礼拝後に行われ、男性のみが出席する。つまりナーディヤの家族からは彼女の父親、祖父、オジ、兄、姉の夫などが参加し、アリーの家族からは花婿本人、彼の父親、祖父、オジ、兄、姉の夫などが参加する。[17] 仲人やカーディーもアリーたちと一緒にナーディヤの家を訪問する。参加者のうち仲人やカーディー以外は自分のカートを持参するが、アリーの父親は出席者全員分のカートを購入して、ナーディヤの家へ行く。

男性たちはディーワーンかマフラジュに集まり、カートを噛み雑談を始める。ナーディヤとその女性親族たちは、別室で紅茶を飲みながら待機している。[18]

男性の部屋では、カートを噛んで二時間程度たってからカーディーが立ち上がり、ナーディヤの父親（つまり花嫁の代理人）に向かって「われわれはあなた方の娘で、未婚にして無垢なナーディヤ・ビント・フセイン・ハーシムの手を、われわれの息子であるアリー・アミーン・イブラーヒームに求めるためにやってきました」[19][20]という。すると花嫁の父親は座ったままで「歓迎します」という。

その後、花嫁の父親は婚資の金額を告げる。カーディーが花婿の父親にその金額を告げ、花婿の父親は（金額の交渉が必要なら交渉をしてから）「了解しました」と答える。[21]

婚資が決定したところで、アリーまたは彼の兄やオジが、ナーディヤの父や兄に、婚約用の贈物の入ったトランクを渡す。そのトランクは別室で待機しているナーディヤのところへすぐに運ばれる。女性たちは甲高く舌を鳴らして、(22)カバンの到着、つまり婚約の成立を喜ぶ。ナーディヤはすぐにトランクを開けて、中に入っている贈物を女性たちに披露する。トランクの中には、首飾り、ピアス、腕輪、指輪といった金製アクセサリー(23)の他に、腕時計、花嫁や花嫁の母親や祖母のための衣装や香水などが入っている［cf. Dorsky 1986 : 108 ; Khalīl 1998 : 94］。この日以降、結婚当事者の男性はハーティブ（*khāṭib*）、女性はマハトゥーバ（*makhṭūba*）と呼ばれ(24)、男性は銀製の、女性は金製の指輪を右手の薬指にはめる。この日に別室で婚約者同士が顔を合わせたり、この日以降二人が電話で話をすることが可能となったり、お互いの写真を持つようになったりする(25)。

契約（*'aqd*）

この日は結婚の契約を交わす日であり、カーディーの立会いの下、婚姻契約書が作成される。契約は婚約と披露宴の間か、披露宴の最終日つまり花嫁が花婿の家に行く日に行われる。

この日も婚約のときと同様に、アリーは男性親族、仲人、カーディーとともにナーディヤの家を訪問する。彼らを迎えるのはナーディヤの男性親族で、ナーディヤは別室で女性親族たちと待っている。

両家の男性親族の前でカーディーは法務省が発行した婚姻契約書に花婿・花嫁の氏名、年齢、花嫁の代理人の氏名、花婿側と花嫁側の証人（二人以上ずつ）の氏名、婚資の金額(26)を記入する。

契約書の記入が終わると、花嫁の父親と花婿が握手をし、父親は花婿に「あなたの妻は私の娘ナーディヤです」といい、花婿は「了解しました」と言葉を交わす［cf. Messick 1978 : 396］。

その後、二人が握手をしたままの状態で、出席者がみなクルアーンのファーティハ章を唱え、花婿のオジや兄が握手をしている二人の手にアーモンドとレーズンをふりかける。下に落ちたアーモンドとレーズンにはバラカ（*baraka*; アッラーの恩寵）があるので、拾ってみなで食べる。

その後ナーディャの父や兄が、別室で待機しているナーディャたちにアーモンドとレーズンを持っていく。ここでナーディヤたちは契約の成立を確信するわけである。待機していた女性たちは、アーモンドやレーズンを少しずつ分け合って食べる。この日から結婚の契約は成立したと考えられるため、指輪は左手の薬指にはめられる。

披露宴（*zaffa*）

サナアでは披露宴も男女別々に行い、花嫁と花婿が並んで招待客の前に登場することはない[27]。花嫁は、火曜日から木曜日の三日間にわたって、実家で自分の女性親族や友人に対して披露宴をした後、木曜日の夜に花婿のもとへ向かい、その後は嫁ぎ先（ほとんどの場合花婿の実家）で、花婿の女性親族や隣人女性に対して披露宴を行う。一方花婿は木曜日に実家で男性親族や友人を招いて披露宴を開くだけである。

花婿と花嫁双方の父親は、それぞれの親密な客に対してカートを配るため、カートを大量に購入する。花婿の父親は花嫁の父親に対してもカートを購入し、送る。またどちらの披露宴でも歌手や楽隊、宗教歌専門の歌手（男性はナッシャード、女性はナッシャーダ）が呼ばれ、彼らへの謝礼には現金以外にカートも与えられる。

客には招待状が配られ、披露宴に集まる客は数百人から千人に及ぶこともある。女性の場合、カートを噛む客は既婚女性にほぼ限られるが、男性客はほとんどがカートを噛む。紙巻きタバコを吸いたい人は持参するが、水ギセルは用意される。招待客はアスル礼拝後に会場へ集まり、歓談して、マグリブ前後に去る[28]。主催者はミネラル・ウォーターやティッシュペーパー、カートを噛まない客用にミルクティーやクッキーなどの軽い菓子を用意する。花嫁の姉妹や従姉妹はきれいに着飾り（特に未婚女性はドレスを新調する）、茶菓の準備や手配で当日忙しく働く。花婿側で働くのは花婿の兄弟や従兄弟であるが、台所仕事は女性たちが行っている。もちろん彼女たちが客の目に触れることはない。

一九九〇年代半ばから結婚式場も使われるようになった。花嫁は三日間のうち予算に応じて一～三日、花婿は一日（木曜日）、結婚式場で披露宴を開く。自宅で披露宴を開く場合、部屋ごとに近い世代が集まるため、他の部屋の人たちとあまり顔を合わせないが、結婚式場の場合は広いスペースに床に座るクッションと背もたれがあるだけなので、招待客をよく見ることができる。

自宅でも結婚式場でもスピーチなどの余興はなく、客は歓談しカートを噛むことに専念する。未婚女性はダンス（いわゆるベリーダンスやサナアの踊り、湾岸風の踊りなど）を踊ることもある。女性客は色とりどりのドレスを着て、自宅の場合は裸足になるが、結婚式場の場合はハイヒールを履いたままである。アクセサリーは金製が多いが、ドレスの色に合わせて銀製やビーズのアクセサリーも増えた。男性客はジャンビーヤを刺す正装がほとんどであり、ジャンビーヤは普段使いではない高級なものを身につけることもある。

花嫁の披露宴には各曜日に名前が付いていて、それぞれに意味があったが、現在ではかつての意味が薄れている。火曜日はジッバールの日（*yawm al-dhibbāl*）と呼ばれ、夜中灯しておくロウソクの芯（ジッバール）に因む[Piamenta 1990-a: 166]。花嫁は裾の膨らんだいわゆるドレス（色は問わない）を着て、銀製と珊瑚のアクセサリーを身につけ、顔を目だけ出して黒いヴェールで覆う。水曜日はナクシュの日（*yawm al-naqsh*）と呼ばれ、花嫁は額、腕、脛にナクシュと呼ばれる黒い模様を描いたが、現在では行わない花嫁が多い。かつては花嫁はこの日に緑色のロングワンピースを着たが、最近は特に色の決まりはない。[29] 目から下は薄手の布で覆う。木曜日はハフラ（祝い）の日（*yawm al-hafla*）と呼ばれ、一番盛大である。一日だけ結婚式場を借りる場合はハフラの日を式場で行う。花嫁はいわゆる白いウェディングドレスを着て、顔は覆わない。[30]

花嫁が招待客に姿を現すのは、いずれの日も午後五〜六時で、自宅の場合はゆっくりと各部屋を回り、時に腰を下ろして歓談する。結婚式場の場合はホールの前方にある舞台に一人でソファーに腰掛ける。花嫁も特に何か話したりすることはない。ただ座っているだけで、時には周囲に座った友人と歓談し、踊る。木曜日の夜、花嫁は男性親族と一緒に花婿の家へ向かう。[31]

一方花婿の家では、木曜日の午後に、花婿の男性親族や隣人や友人が集まってカートを噛む。夜八時くらいになると、みな外へ出て、通りに楕円形になって立つ。一方の端に花婿、反対側にナッシャードが立ち、宗教歌を歌い、次に歌手が歌を歌う。楕円の中央では、歌手の歌に合わせてサナアの踊りやジャンビーヤを使った踊り（*bara'*）などを客が踊る。その後花婿たちは家に戻り、花嫁の到着を待つ。花嫁が男性親族に連れられて花婿の家にやってくると、花婿側の男性親族は家の前で花嫁たちを歓迎する［cf. Makhlouf 1979: 46–47］。花嫁は花婿の家族と小さな祝いをしてから、花婿と寝室へ向かう。花婿は花嫁の額に右手をかざし、クルアーンのファーティハ章を唱えてからヴェールを上げ、初夜を迎える。

翌日の金曜日と土曜日は男性客が、日曜日と月曜日は女性客が、新郎の家に集まり、一週間後には花嫁の女性親族が花嫁の嫁ぎ先を訪問し、女性同士で昼食をとり午後を過ごしたものだったが、一九九〇年代半ば以降は金曜日以降の集まりは減り、新婚の二人は新婚旅行に行くことが増えた。

(2) 出産祝い（*wulād*）

ウラードは出産を祝うもので、出産直後（朝出産したらその日の午後から）から二〇〜四〇日間ほど、女性だけが集まる。(32) 場所は出産した女性の住居や夫の実家などで行う。

特に招待状が配られるわけではなく、現在では電話でウラードが知らされる。客はアスル礼拝以降、徐々に集まる。会場となる家の一室がタペストリーや花で装飾され、出産した女性はマットレスを何枚か積み上げた台座に座る。生まれたばかりの赤ん坊は別室で寝ていて、ときどき会場に連れてこられる程度である。

会場では、客は持参したカートを噛み、紙巻きタバコや水ギセルを吸う。出席者は既婚女性が多く、未婚女性は少ない。客はときどき舌を鳴らす。男児なら三回続けて、女児なら一回だけ鳴らすので、通りを歩く人もウラードが行われていることと、男女どちらが生まれたのかがわかる。

主催者はカートを噛まない客のために茶菓（*bunn*）を出す。サンドイッチ、クッキー、チョコレート、ミルクティーなどを購入したり作ったりする。楽隊が毎日、あるいは数日呼ばれて演奏するが、そのカートは招待した家族が用意する。

ウラードの期間は長子であれば長期間行われるが、子供が増えてくると、期間が短くなり、出産した女性の座る台座も低くなる。ウラードの期間、出産した女性は家事を行わず、また外出も控える。同居している義母や義姉妹で家事を分担し、あるいは実家から母親や姉妹が助けに来る。

出産した女性の父親や兄弟は朝か夜に来て、ギシュル（コーヒーの殻。飲用に使う。第7章コラム「飲み物の話」を参照）や香辛料（クミン、オレガノなど）、小麦粉を贈る。出産した女性の夫は身近な友人に出産を伝えることはあるが、特に男性で集まって祝いをすることはない。

(3) 葬式（*janāza*）

死者は担架に乗せて自宅からまずモスクに運ばれる。担架を担ぐのは六人ほどで、それ以外の数十人は担架と一緒に歩き、以下の文句をくり返し叫びながらモスクまで行進する。この行進に参加するのは男性だけである。

①ラー・イラーハ・イッラッラー、ムハンマド・ラスールッラー
（アッラーの他に神はなし、ムハンマドはその使徒なり）

②ラー・イラーハ・イッラッラー、アリー・ワリーユッラー
（アッラーの他に神はなし、アリーはアッラーの友なり）

③ラー・イラーハ・イッラッラー、アル＝クルアーン・キターブッラー
（アッラーの他に神はなし、クルアーンは神の書なり）

④ラー・イラーハ・イッラッラー、ムハンマド・ラスールッラー

②はザイド派地域のみ。

モスクで礼拝を行い、その後墓地へ向かい死者を埋葬する。埋葬するのは死者の男性親族や近隣の男性が行う。弔問（*mujābira*）も男女分かれて行う。死者が男女どちらでも、弔問は女性は一二日間、男性は三日間行う。弔問客は午前中か、アスル礼拝以降に死者の家にやってくる。男性は普段と変わらない服装であるが、女性は黒いワンピースを着る。アクセサリーは普段通り金製のものを身につける。場所は普段からカート・セッションを行っているようなディーワーンである。弔問客は部屋の入口に座っている遺族に挨拶をした後で部屋の周囲のマットレスに座り、カートを噛むか(33)、歓談はしないでクルアーンの読誦に耳を澄ます。弔問客はウラード同様、既婚者が多い。

弔問ではクルアーン読誦者を一人か二人呼ぶ。読誦者はクルアーンのヤースィーン章(34)などを読誦する。クルアーン読誦者のカートは遺族が用意する。

(4) おわりに

サナアの主な通過儀礼の展開と、カートの役割を説明した。通過儀礼において、カート自体が何らかの象徴として使われることはない。カートは婚約や披露宴においては参加者の間の潤滑油になり、特別な客（カーディー、仲人、楽隊、クルアーン読誦者など）に対して謝礼の一部となる。また親密な相手にカートを送ることで、感謝の意を示すことにもなる。

注

(1) サナアでは主食はパンで、野菜、肉、豆、米など食材の豊かな昼食をとる。大坪［2007］参照。昼食をしっかりとるると、その後に噛むカートがうまくなるといわれる。米飯中心で比較的軽い昼食をとるアデン出身者は、カートの前にクッキーなどを食べることもある。

(2) それぞれの意味は、ガタル：摘んだもの、ルース：先端、ルバト：束ねたもの。第5章扉写真を参照。
(3) ネッサ（*nissa*）という小さな虫がカートの木につくと、カートの木の水分を吸ってくれるのでナッジーになるといわれる。
(4) いずれもタイズやイッブ近郊の生産地である。二〇〇三年、二〇〇九年、二〇一三年の調査による。
(5) ダーラァやヤーファァは南イエメン時代からのカートの生産地である［al-Maqramī 1987：28］。
(6) *waka'a* の第八型 *ittaka'a*（よりかかる、もたれるの意味）が変形したものか。
(7) 夫婦、兄弟姉妹、父とその娘、母とその息子が一緒にカートを噛んでも問題はないが、夫婦以外は稀である。
(8) 水ギセルの長い管（*qaṣaba*）は、客が持参することもある。
(9) 女性は親しいと頬にキスを、あまり親しくない場合は握手をして相手の甲に交互にキスをする。
(10) 一九七〇年代頃はセッションの最中も静かで、新しい客が来ると速やかに上座を譲るなどマナーが良かったと現状を嘆く年長者もいる（二〇〇七年一月四日インタビュー）。
(11) 時には十数人分の「外出着」が部屋に散在するが、筆者の体験では、間違ったりなくなったりしたことはない。一見すると同じ黒い布の塊であるが、彼女たちは手触りと布地の模様や刺繍などの見た目で誰の物かすぐに区別できる。
(12) 水分の多いカートを噛んだ時に出てくる余分な水分を吐き出したり、痰を吐き出したりするときにマドファルを使うことはごくたまに見られるが、自分が噛んだカートをすべて吐き出す光景は、筆者は一九九〇年代半ば以降見たことがない。
(13) サナアでは割礼は男児の誕生後七日目から一ヶ月頃に行うことが多い。現在では病院やクリニックで行われ、特に親族が集まって祝うことはない。サナアでは男児の割礼に対し、女児には両耳にピアスを開けることが対比され、乳幼児の頃に開けることが多い。
(14) 通過儀礼の調査は二〇〇〇年代前半に行ったものである。
(15) 中東では父方平行イトコとの婚姻が有名である［大塚和夫 1994］が、サナアでは父方平行イトコが優先されたり、娘が結婚するときに父方平行イトコにまず打診したりということはほとんどない［cf. Makhlouf 1979：95 n. 9; Dostal 1983：251］。
(16) 婚姻に関わる女性親族同士や、後に行われる男性親族同士の集まりに未婚の男女、つまり花婿や花嫁の弟妹はあまり参加しないが、お互いの人数が極端に異ならないように多少の人数の調整は行われる。

（17）花嫁側の集まりにオバや祖母が、花婿側の集まりにオジや祖父が参加するが、花嫁や花婿にとっての父系親族のみというわけではない。さらに花嫁側には兄嫁、花婿側には姉の夫も参加することがあるので、婚姻に関わる集まりは花婿、花嫁それぞれの父系親族だけの集まりにはならない。

（18）婚約や時には次に述べる契約の前に、カーディーは花嫁に直接会い、結婚の意志を確かめる。もし彼女の両親が結婚を強要しているのであれば、このとき彼女はカーディーに意思表示をすることができる。

（19）手を求めるとは、指輪をはめる指を求めるということである。

（20）アラビア語の名乗り方は自分の名前の後に父親の名前、その父親の名前を連ねることが多い。ナーディヤの場合はフセインは父、ハーシムは祖父の名前、ビントは娘の意味で、アリーの場合はアミーンが父、イブラーヒームが祖父の名前ということである。

（21）婚資は年々上昇する傾向にあるため、地方ではウラマーや有力者が話し合って金額を下げることもある（第Ⅲ部冒頭を参照）。サナアではここ数年の話では百〜数百万リヤルかかる。これだけの金額を花婿が一人で稼ぐのは非常に難しいため、結果親がかりになる。反対に頼りになる父親や男性親族がいない場合、男性はなかなか結婚できない。また婚約後に婚資の金額をさらに引き上げ、花嫁側が破談にしようとすることもある。

（22）*mahjira* あるいは *zaghārīd* と呼ばれる。

（23）金製のアクセサリーが好まれるが、金製の前は銀製で、この変化は一九七〇年代前後に起こったと思われる［Myntti 1979: 28–29］。

（24）文字通りの意味は、ハーティブは婚約している者、マハトゥーバは婚約された者である。

（25）婚約や次の契約のときに、花婿側の男性親族が帰った後で、花嫁は父やオジたちから男性同士の話し合いで決定されたことを聞き、意見があれば述べる（花嫁の意見が大きく取り入れられた事例は第5章のコラム参照）。

（26）通常アラビア語で婚資はマフルという。サナアでは婚姻のときに花婿側から花嫁側に支払われる金銭はマフル（*mahr*）とシャルト（*shart*）から構成されるが、実際のところ両者に厳密な区別があるとはいいがたい。婚約のときに花嫁の父親はマフルとシャルトを合わせた金額を請求するが、婚姻契約書にはマフルの金額のみが記される。マフルとシャルトに関しては以下も参照［Dorsky 1986: 107; Dresch 1989: 135; Gerholm 1985: 141; Khalīl 1998: 94; Messick

1978 : 391; Mundy 1995 : 131]。

（27）アデン出身者同士の披露宴では、最終日に花嫁の披露宴に花婿が一人で入ってきて、花嫁としばし踊る。披露宴客の女性たちは一斉に顔や髪の毛を隠す。

（28）親しい女性の結婚であれば、全日参加することもあるが、披露宴は夏やイード（イスラーム暦で行われる祭り。第3章注12を参照）に集中するので、毎日違う披露宴に顔を出す女性も多い。

（29）筆者の観察する限り一九九〇年代半ばを境に緑色の衣装から好きな色の衣装を着るようになった。

（30）花嫁が日を追って顔を出すようになるのは「その方が楽しみが続く」とある女性が説明してくれた。披露宴に参加している女性たちは顔を出している。

（31）木曜日だけ式場を希望する者が多くなり、予約が取りにくくなったため、木曜日以外の日にハフラの日を行うことも増えた。しかし花婿のもとへ向かうのは木曜日の夜か日曜日の夜である。花婿のもとへ行く日を縁組みの日（*yawm al-hilfa*）という。

（32）披露宴同様に客は全日参加する必要はなく、つきあいに応じて参加する日数はかわる。

（33）ただしアデン出身者は葬式でカートを噛むのは「とんでもないことだ」という。

（34）クルアーン第三六章。預言者、啓示、審判、来世に関する記述が多い。葬儀、墓参、供養など死者の平安、冥福を祈念する際に朗誦される［澤井 2002 : 1016］。

第3章 消費の変化

㊤ 右手奥の建物の看板のある階がマフラジュ。左手前はイードで正装している子供たち（2006年撮影）。2枚の看板はどちらも元大統領が描かれているが，2009年夏には撤去されていた

㊥ 親しい友人が集まってカートを噛む　（2006年撮影）

㊦ テレビを見ながら，水ギセルを吸いながらカートを噛む（2002年撮影）

1　はじめに

本章では一九七〇年代のカート消費状況と、二〇〇三年に行った調査に基づくサナアにおけるそれとを比較し、なぜカートを噛むのか、あるいは噛まないのかといったカートに対する意識を明らかにし、カートの消費のあり方やその社会的な意味合いの変化を論じる。生産量の増加が単に消費量の増加を導いたのではなく、消費形態の多様化、さらにはカートやセッションの持つ社会的な役割の変化につながっていることを、アンケートとインタビューを用いて明らかにする。

一九七〇年代はカートの研究が豊富に揃っているが、イエメンは地域ごとの特色や、都市部と農村部との差異が大きいので、それを捨象して七〇年代のカート消費の特徴を一括りしてしまうのは少々乱暴であるかもしれない。先行研究のうち、サナアでの調査に基づいているものはMakhlouf〔1979〕だけである。しかしSwanson〔1979〕とStevenson〔1985〕は地方都市で調査を行ったが、セッションの記述は一般的なものにとどまっている。Varisco〔1986〕は都市部と農村部のセッションの相違に多少言及しているものの、両方の相違を対比することを目的としていない。Kennedy〔1987〕も都市と農村部で調査を行ったが、地域的な特色への関心が低い。Gerholm〔1977〕とWeir〔1985-a〕はカート生産に関する調査は農村部で行ったが、消費に関する調査はその農村部を後背地とする地方都市で行ったものである。いずれの研究も当時のカート消費の場に見られた（かもしれない）地域性をそれほど重視していないので、それらを都市的な傾向と呼んでも本章の目的に沿うと思われる。また本章はいま紹介した先行研究と同様に、カートだけでなくセッションの効果や役割を論じる。その意味で、本章はこれまでのカート研究の延長に位置づけられる。

先行研究の多くは男性のカート愛好者を主なインフォーマントとしている。本章ではカートを消費する割合が男性よりも低い女性や、カートを噛まない男女の意見にも耳を傾けたい。

2　一九七〇年代のカート・セッションの特徴

一九七〇年代のカート消費の特徴は、以下のようにまとめられる。昼食後に「マフラジュ」という小部屋で「カイフ」という陶酔感を満喫し、情報交換や人間関係の構築を行い、「スレイマーニーヤの時」という静寂に包まれたひとときを堪能する。括弧をつけた言葉を説明しながら、一九七〇年代のカート・セッションの特徴を詳しく述べていきたい。

(1)　マフラジュ

サナアにはカートを噛む公共の場はほとんどなく(1)、カートは主として個人の家に集まって噛む。カート・セッションの会場として先行研究で紹介されてきたのが、マフラジュと呼ばれる部屋である。マフラジュはサナアでは通常、塔状住宅の最上階にある小さな部屋を意味する［cf. Barakāt 1992-b: 895–896］。サナア旧市街の住宅は四～五階建てであることが多い。警備上および建築技術の制約から下の階の窓は小さいが、最上階にあるマフラジュは部屋の大きさは狭くなるものの（三畳程度のこともある）、窓が大きくとれ、眺めも良く、家具も上等なものが設えてある。ただし旧市街のすべての住宅にマフラジュがあるわけではなく、マフラジュの有無は建物の構造や経済力に左右される。サナア以外の地域においても住居が塔状であればマフラジュは最上階にあり［Stevenson 1985: 17; Weir 1985-a: 111］、内装も似ている［Gerholm 1977: 177］。眼下に広がる家並や菜園、あるいは変わりゆく空の色を眺めながら、上等なマットレスに腰を下ろしてカートを味わい、歓談するのは、セッションの醍醐味であろう。

実際にはマフラジュ以外の場所でカートを噛む人、例えば働きながらカートを噛んでいる商人やタクシー運転手などが存在していたが、彼らは例外として扱われている［Gerholm 1977: 179; Stevenson 1985: 17; Varisco 1986: 10］。それは、カートはマフラジュで開かれるセッションで他の参加者とともに噛むべきものであり、一人でカートを噛むことは反社会的な行為で、セッションへの参加は強制的であったこと［Gerholm 1977: 188; Weir 1985-a: 109, 147］に由来する。当時マフラジュには世代や社会階層が異なる人々が集まっていた［Gerholm 1977; Weir 1985-a］。

(2) カイフ

カートを噛むと得られる効果は、先行研究の多くが多幸感（euphoria）と表現している。ウィアとケネディはその状態をアラビア語でカイフ（*kayf*）と紹介し、さらに分析している。ウィアによると、カイフはカートを一時間程度噛むと達する状態である。楽観的、自信、活発、敏活、会話の話題にうまく合わせられると感じる、舌が思考についていかないで支離滅裂な話し方になるというものである［Weir 1985-a: 41］。ケネディによると、カイフはカートを噛む人が到達しようと思う良い状態である。カートの質、量により、常に到達できるわけではないが、喜ばしい、あるいは快適な状態を指す。より具体的には敏活、集中、アイディアが湧き出てくる、満足感、自信、友愛などの感情の高揚を意味する［Kennedy 1987: 111–112］。両者にニュアンスの違いは見られるものの、方向としては同じとみなしていいだろう。つまりカイフとはカートによってもたらされる、精神的にどちらかといえば好ましい効果全般を指す(2)。またこの状態は覚醒剤による中枢興奮効果とも似ていて、カートに含まれるカチノンによってもたらされるものであることは容易に推測できる。

(3) スレイマーニーヤの時

カートおよびセッションに対する評価は、否定的な側面と肯定的な側面の両方があり、一九七〇年代と現在とで大きく異ならない。一九七〇年代の主な否定的な評価は、午後の数時間、カートを噛んで無駄に過ごすことによる家族や家計、ひいてはイエメン経済への負担［Zabarah 1982: 12］、不眠症、食欲不振など身体への悪影響［Swanson 1979: 40］である（カートによって引き起こされると考えられる諸問題については第4章で検討する）。

その一方で、セッションにおける情報交換や人間関係の構築という点は、肯定的に評価されてきた。そこで議論されるのは政治、経済、神学など多岐にわたり、政治家の開くセッションでは政策も決定される。息子の結婚相手を探している女性は、セッションに集まった女性に話を聞いたり、実際に出席している若い女性を観察したりできる。巡礼、旅、出稼ぎなどで不在だった男性が戻ってくると、人間関係を再確認するためにセッションに参加する。部族民が帰属を変更するときに、彼が主催して新しい部族の有力者と一緒にカートを噛む。部族間の紛争が解決されるときや解決された後にも当事者がカートをともに噛む［Makhlouf 1979: 27; Swanson 1979: 40; Weir 1985-a: 125–128, 147; Kennedy 1987: 236］。

この時代のカート・セッションは、儀礼的な意味合いが大きかったといえる。カートを日常的に消費したのは一部の大商人や軍人などに限られ、多くの人にとってカートは特別な機会に噛むものだった。

サナア近郊のK村では一九七〇年代はカート栽培がまだ行われておらず、カートを噛むのは葬式、披露宴、巡礼や出稼ぎから人が戻ってきたときに限られていた。また花嫁が嫁ぎ先の村へ行くときに護衛する男性たち（花嫁の実家のある村の出身）が、カートを「祝儀」がわりに受け取るということもあった。そのカートを買いに行くのは、村に住む「弱い人々」だった。「弱い人々」は当時からカートの生産地であったハイマまで、片道四時間の道のりを歩いて買いに行き、カートをロバに積んで帰ってきた。またカートを噛むときに水ギセルなどの準備をするのも「弱い人々」の仕事であった[3]（二〇〇七年一月七日インタビュー）。

カート・セッションの肯定的な側面を象徴するのがスレイマーニーヤの時（*al-sāʻa al-sulaymānīya*）[4]である。カートを噛み始めてしばらくすると、議論が活発になるが、その一～二時間後には静寂が訪れる。それまでの活気は去り、それぞれ思索にふける。この静かなひとときをスレイマーニーヤの時と呼び、そこに出席する人々との一体感が感じられた［Gerholm 1977: 178; Stevenson 1985: 19; Weir 1985-a: 41–42; Varisco 1986: 5–6; Kennedy 1987: 91–92］。

スレイマーニーヤの時のような詩的で、なおかつ画一的な表現が再生産され続けてきたことや、夕方に訪れる静かなひとときが、カートの効果だけによるものかどうかということに疑問が残るが、このカートによって得られる一体感が一九七〇年代の特徴である。カートは「衆を結ぶ、グループを作る、あるいは自分たちが一つのグループであることを確認するための結衆の手段」［熊倉 1996: 21］であった。セッションの開かれるマフラジュは、共同体の成員がともにカートを噛むこと、つまりカイフとスレイマーニーヤの時をともに体験することで共同体の紐帯を確認する場であった。当然成員（男性のみが想定される）はそこに参加すべきであり、カートは個人で楽しむものではなく、集団で消費するものであった。

(4) 病気との関係

最後に一九七〇年代に行われたカートと病気の関係の調査も紹介しておこう。当時イエメンの衛生状態は悪かった。一九七五年の北イエメン政府の報告では、当時の五大疾病は胃腸炎、マラリア、アメーバ症、住血吸虫症、腸チフスであった。同年のＷＨＯのデータでは、罹病率は結核が二五‰、赤痢・回虫は八五〇‰、マラリアが二〇‰である。

当時イエメン人はカートは頭痛や風邪、軽い体の痛み、関節炎、発熱、鬱病などに効果があり、また糖尿病や高血圧に効くと考えていた。胃腸炎、寄生虫、口腔疾患、肝臓、心臓血管、呼吸器系とカートの関係が調査され、因果関係が不明な疾病もあったが、カートを噛む人の方が噛まない人より疾病率が高いことがわかった。しかしカートの消費自体がそれほど多くなかったため、カートの悪影響は健康よりも経済分野に見られると指摘している［Kennedy et al. 1983］。

ケネディらの調査（一九七四―七六年に実施［Kennedy et al. 1983: 785］）は一九七〇年代当時、カートの研究がセッションに集中したなかで、病気との関係に目を配ったものである。現在の研究成果と比較すると、不十分な結果であるが、彼らはイエメン人の経験を「迷信」として切り捨てることはなかった。特定の疾病とカートとの関係は現在でも不明な点が多いことは第4章で述べる。

3　二〇〇〇年代のカート・セッションの特徴

二〇〇〇年代のカートとセッションの特徴について、筆者の実施したアンケート（【3-1】参照。質問の番号は本文および注では［ ］で囲っている。）とインタビューの結果を紹介しながら明らかにしたい。(5)

(1)　噛む割合と頻度

本調査でカートを日常的に噛む人は、一二二人中八八人で、七割強である［2-3］。男性で噛む人は九五人中七八人、女性では二七人中一〇人である。男性は八割が噛むが、女性は三割強しか噛まない。既婚か未婚かで見ると、男性は既婚、未婚でカートを噛む割合は大きく変わらないが、女性の場合、未婚でカートを噛む人は一〇人中一人、既婚では一七人中九人であり、未婚女性は噛まない傾向があることがわかる。この理由は後で検討する。

一九七〇年代は、男性はほとんど［Gerholm 1977: 183; Weir 1985-a: 110］、女性は地域によっては三分の一［Makhlouf 1979: 23］がカートを噛んでいた。イエメン全体に見られる消費の増加傾向から考えると、本調査の結果は控えめな数値であるが、世界銀行の調査とほぼ同じ割合である。(6) カートを噛まない理由に関しても後で検討する。

カートを嚙む頻度に関して、毎日嚙む人が四四人（男性四一人、女性三人。以下同様）で、嚙む人全体の五割を占める［4-1］。週二～三回嚙む人は一七人（一五人、二人）、週一回嚙む人が二一人（一八人、三人）、ときどき嚙む人が五人（三人、二人）である。つまり定期的にカートを嚙む人が圧倒的に多く、ときどき嚙む人は非常に少ない。後者は、月や年に数回、披露宴などの機会があったときに嚙むと答えている。

男性の場合、毎日ではなく週に数回カートを嚙む人は、仕事の都合で週末しか嚙めない、あるいは仕事が忙しくない日だけ嚙むという事情によることが多い。カートを嚙みたくても嚙めない事情があるわけである。仕事を持たない女性は毎日カートを嚙もうと思えば嚙めるが、そうはならない。女性は男性に比べて嚙む割合が低いが、嚙む頻度も低い。

(2) カートの選択

カートを購入するときに考慮されるのは、生産地、売られている形状、予算である。特に人気がある生産地はハムダーニーで、他にアル＝ガルヤ、アルハビーなど、いずれもサナア近郊のカートである。しかし特定の生産地に好みはなく、市場に出回っているものや、予算に応じて購入する人も多い［4-5］。

人気のあるカートは、単にうまい、好みに合うと表現される理由以外に、二つの理由が考慮されている。まずカートに農薬が使われていないこと（*nazīf*）である。農薬は人体に悪い影響を及ぼすため、嚙む前にカートを洗う人もいるが、そもそもそれらがカート栽培に使われていないことが好ましい。もう一つはカートから得られる効果である。カートの効果は個人差が大きいが、必ずしも効き目の強いカートに人気があるわけではない。アルハビーやサウティーは強いカートであるといわれるが、どちらもハムダーニーほど人気があるわけではない。

【3-2】は、本調査のカートの名称とずれがあるが、イエメン全土の三九種類のカートをカチノンとタンニン酸の強い順に並べたものである。カートの効果はカチノンによって、カートの味は主にタンニン酸によって決ま

る。主なカートの種類のカチノンとタンニン酸の含有量の数値を見ると、人気のあるカートの傾向がわかる。人気のあるハムダーニーは三四位になっていることから、効果の高いカートに人気があるわけではないことがわかる。ハムダーニーはまたタンニン酸の数値だけを見れば、「薄味」でもある。また一般に強いカートだといわれるサウティーは四位で、経験的な知識の確かさがわかる（アルハビーも強いといわれるが、表に記載なし）。【3-2】の六、七位と三六位は地域的にかなり近接しているが、順位差が大きい。つまりカチノンの成分が大きく異なるのである。カートの通称となる郡のレベルよりも下の村のレベルでカートが区別されて売られていることがあるが、味や効果の地域差が大きいことが科学的に立証されたといえるだろう。

カートが売られている形状は主にガタル、ルース、ルバトの三種類あるが、購入するカートの形状は、ガタル五六人、ルース四人、ルバト二二人（複数回答）で、ガタルに人気がある［4-6-2］。ガタルは同じ金額を出すのであれば他の形状よりも多い量を噛めるため、量を多く噛みたい人がガタルを特に好む。しかしルバトを抱えてセッションに向かうのは見栄えが良いともいわれ、普段はガタルを買うが、週末や適当な機会があればルバトを買うという方法をとる人もいる。

カートの値段は（購入するときには値段交渉が必要であるが）生産地ごとに異なり、なおかつ季節によって幅がある。ガタルは安価なものから揃っていて、一〇〇リヤル程度のものからある。(7) 一〇〇〇リヤル以上のカートを購入する人は少ないが、それ以下の金額で購入する人の人数に大きな違いはない［4-6-1］。また毎日カートを噛む人が安いカートを、週に数回噛む人が高いカートを買うといった、噛む頻度と購入金額に関係は見られない。週一回しか噛まない人が三〇〇リヤル程度のカートを買う場合もあれば、毎日一〇〇〇リヤル以上カートに費やす人もいる。

(3) 噛む場所

噛む場所に関して（複数回答）、家と答えた人が最も多い（四五人）。そのうち具体的には自宅と答えた人が一二人、友人宅と答えた人が六人いた［4-2-1］。ディーワーンという回答は一人いたが、マフラジュという回答は見られなかった。

カートを噛む場所として指摘されたのは、家だけではない。家に次いで多かったのが職場である（三三人）。職場で噛むと回答したのは男性だけで、カートを噛む男性の七八人中三三人、つまり四割が職場でもカートを噛んでいる。ただし、官公庁や一部の企業では勤務中にカートを噛むことが禁止されているので、職場でカートを噛んでいるのは、工場労働者や、店番をしている商人、作業をしている職人がほとんどである。

男性の場合、カートを噛む場所を家とだけ回答した人が二三人、職場とだけ回答した人が一六人、両方を回答した人が一七人だった。両方を回答した人は、平日は職場で、週末は自宅で噛む、あるいは昼食後自宅で噛み始め、そのまま職場に移動するということである。

一方仕事を持っている女性は、職場でカートを噛むことはなく家で噛んでいる。彼女たちの職場が、勤務中にカートを噛むことは禁止されているところであったからこの結果となったが、午後カートを噛みながら仕事をしている女性をサナアの街中で見かけることはない。タクシーの運転手も含め、小売業に女性は進出していないし、公共の場でカートを噛むことは女性にとってはしたない行為である。

一九九〇年代半ばからサナアでは結婚式を自宅ではなく、結婚式場で行うことが増えてきた。そのため結婚式場もカートを噛む場所として指摘されている。

(4) 一緒に噛む人

誰とカートを噛むかに関しては（複数回答）、友人と回答した人が圧倒的に多い（四九人）［4-2-2］。友人の表現はアスディカー（*asdiqā'*）、アスハーブ（*asḥāb*）（どちらも複数形）があるが、前者を使った人が四四人（三九人、五人）、後者を使った人が五人（すべて男性）いた。

次いで家族の誰かと噛むと回答した人が二二人である。そのうち妻（二人）、父（一人）、兄弟（四人）、息子（一人。以上男性の回答）、夫（二人）、同居している夫の母（二人）や女性親族（一人。以上女性の回答）という具体的な回答も見られる。

その次に多かったのが同僚（*zumalā'*）、上司（*mudarā'*）、労働者（*'ummāl*）（いずれも複数形）といった仕事関係者と噛む人（一四人）で、回答したのはすべて男性である。女性の場合、仕事を持っていても、仕事関係者と噛むと回答した人はいなかった。

おおまかにいうと、男性はどちらかというと友人や仕事関係者と、女性は身内と噛む傾向が見られる。一人で噛む人も少なくなく、一五人（一一人、四人）いて、そのうち一一人（七人、四人）は友人や家族とカートを噛むとも回答しているが、四人（男性のみ）は常に一人でカートを噛んでいる。年長の男女、つまり仕事をある程度息子の世代に任せている男性や、家事育児をほとんど娘、息子の嫁、孫に任せている女性が、自分の部屋で一人カートを噛むことは珍しくない。年長ではなくても、男性の場合、店番や作業をしながら一人でカートを噛むことも多い。幼い子供を抱えた女性が、子供の世話をしながら自宅で一人カートを噛むこともある。

誰とどこでカートを噛むのかを合わせて検討すると、毎日気の合った人々と家でくつろいでカートを楽しめる男性は、サナアでは少数派である。仕事の関係で平日は噛めない人、昼食後と午後の勤務までの間のわずかな時間だけ噛む人、職場で噛める環境であっても、仕事関係者と作業をしながら噛む人。仕事関係者と噛む人は一四人で、そのうち七人が職場で噛むと回答している。仕事関係者と友人を明確に線引きすることはできないので、友人と家で、仕事関係者と職場で、という簡単な図式は成立しない。しかし仕事関係者と職場でカートを噛むことは、一九七〇年代の報告にはなかった状況である。一人でカートを噛むことも一九七〇年代には反社会的な行為であったが、現在では少なくともサナアでは非難されることではない。

カートを噛むメンバーがかわると回答した人は四二人、かわらないと回答した人が四〇人、同じ場所で噛む人が三五人であるのに対し、噛む場所がかわると回答した人が四八人である［4-3~4］。場所もメンバーもかわると回答した人は三五人で、どちらもかわらないという回答は二六人である。場所とメンバーがかなり固定している人と、場所とメンバーのどちらかあるいは両方がかなり変動する人がいることがわかる。ただし他の質問と合わせて考えると、毎日異なる場所で異なるメンバーと噛んでいる人は稀である。

(5) カートと一緒に摂取する物

カートを噛むとき、右手で葉を口に運び、あごを動かして咀嚼し、カスを片頬に溜め続ける。最後にカスを吐き出すまで、つまりマグリブ礼拝や時には夜半まであごを動かし続ける。カートを噛み始めると、口にするのはカートと、成分を飲み下すために用いる飲み物の他、好みで紙巻きタバコや水ギセルを吸うだけで、他の食べ物は一切口にしない。カートと一緒に紙巻きタバコや水ギセルを吸う場合、頬を膨らませたまま、吸うことになる。

カートと一緒に飲む物で多いのは水である（七三人）［4-7］。水道水の場合もあるし、ミネラル・ウォーターの場合もある（国産品が多数出回っている）。炭酸飲料も人気がある（四五人）。

カートと一緒に紙巻きタバコを吸う人が三九人（すべて男性）、水ギセルを吸う人が一〇人（六人、四人）で、[8]反対にどちらも吸わないと回答した人は三三人（二七人、六人）である［4-8］。

(6) 噛む理由

カートを噛む理由は、精神的な理由と社会的な理由に分けて整理できる［4-9］。まず精神的な理由で多いのは、リラックスをするというもので（一一人）、ラーハ（*rāḥa*）、イルティヤーハ（*irtiyāḥ*）といった、*r-w-ḥ* の派生形で表現される。リラックスと同数だったのが、活力を得られるという理由である。ナシャート（*nashāṭ*）、ムナッシト（*munashshiṭ*）といった *n-sh-ṭ* の派生形、もしくはハヤウィーヤ（*ḥayawīya*）、ターガ（*ṭāqa*）といった言葉で表現される。リラックス、活力はともに先行研究ではほとんど注目されなかった言葉であり、理由である。

その他にキャーファ（*kiyāfa*）をあげたのが三人いる。キャーファはウィアやケネディがいうカイフと同じ語根（*k-y-f*）であるが、キャーファとカイフとでは意味合いが異なっている。すでに述べたように、カイフはカートによってもたらされる、精神的にどちらかといえば好ましい効果全般を意味する。しかしキャーファはそこまで包括的な意味を持たない。インタビューによると、キャーファは頭の回転が良くなることで、よく考え、何でもできそうな気になるが、翌日になってカートの効き目が覚めてみると、それは絵空事にすぎないということである。キャーファはウィアやケネディのカイフよりも狭い意味であり、リラックスや活力ほど人々が求めているものではない。

ラーハ、ナシャート、キャーファの他に、楽しみ（*mut'a*）、安らぎ（*hudū'*）などがあげられた。全体的に見ると、精神状態を休ませたいという方向と、活発にしたいという正反対の方向が求められている。

社会的な理由として、まず誰かに会って一緒に過ごすという理由をあげた人が一五人いる（すべて男性）。そのうち一二人がアスディカーを使っていて、アスハーブを使った人はいない。インタビューによれば、アスディカーは親しく、秘密を打ち明けられるような友人であり、アスハーブはそれほど親密なつきあいのない友人を意味する。両者のニュアンスの違いをよく表している結果である。

次に、表現は多様であったが、勤労意欲を高めるという回答が一五人いた。具体的には平日の仕事への意欲を高める、長時間の労働に耐えるということである。

時間をつぶすという回答は九人いたが、それはカートに代わる娯楽がないという指摘（四人）と関係するだろう。イエメンにはわれわれになじみのある娯楽施設が極端に少ない。映画館、劇場、美術館、博物館、図書館などの娯楽教養施設、スポーツジムのような運動施設はないわけではないが、一般的ではない。居酒屋や酒屋はなく、街中でアルコール類を飲むことは不可能である。一部の高級ホテルには主に外国人を対象としてアルコール類が置いてあるが、イエメン人にとってはあまりに高価である。近年は家族用のコーナーのあるレストランが増えてはいるが、外食も一般的な娯楽ではない。

娯楽の少なさからカートに人気が集まるという指摘は、一九七〇年代からなされている［Chelhod 1972］。七〇年代に比べれば、サナア市内には遊園地がいくつかでき、ピザやハンバーガーなど西洋風の外食産業もわずかながら増え、受信できるテレビ放送は飛躍的に増加している。(9) 一部のイエメン人に限られるが、ここ数年はインターネットカフェも盛況である。(10) 娯楽自体は増えているにもかかわらず、カートの人気が衰えているとはいいがたい。

カートがないと、若者が通りに出て不道徳なことを行うという指摘もある（三人）。カートを噛むと必然的に家にいることになり、その結果通りで悪行に手を染めないということである。このことは社交の行われる場所が喫茶店である他の多くの中東諸国と異なり、個人の家であるというイエメンの特徴と関係するだろう。

誰かと会い一緒に過ごすという指摘は多かったが、友人と歓談する、同僚との関係を強化するといったより具体的な表現はそれぞれ一人ずつしかなかった。

なぜカートを噛むのかという質問においても、それ以外の質問においても、スレイマーニーヤの時という表現は回答に現れなかった。先行研究のなかでスレイマーニーヤの時は非常に注目されたが、本調査において少なくともサナアの人々はスレイマーニーヤの時を熱望してカートを噛んでいるわけではないことがわかる。

(7) 噛むとどう感じるか

アンケートによると、気分が良くなる、明るくなるという方向の回答が圧倒的に多く、気分が暗くなる方向の回答は非常に少なかった（複数回答）［4‒10］。ただし何も感じない（四人）、いつも通り（五人）という回答もあったので、カートの効果には個人差が大きいことがわかる。

気分が明るくなる方向では、リラックスする（三四人）、活力が得られる（一九人）という指摘が多い。その他に安らぎ（六人）、落ち着き（*itmi'nān*）（三人）、キヤーファ（二人）、楽しみ（二人）、最高の気分（二人）などである。どんな仕事でもできそうな気がする（三人）、多くの計画が思い浮かぶ（二人）という回答は、キヤーファの具体的な表現であるといえよう。

気分が暗くなる方向では、意気消沈（*dayq*）（四人）、不安（*qalq*）（三人）以外に懸念（*hamm*）、疲労感（*tafsh*）、いらいら感（*za'il*）などである。また始めは楽しく、その後に不安になるという回答は五人だけである。一九七〇年代には五〇％の人がしばしば憂鬱な気分を経験していた［Kennedy 1987 : 126］が、現在のサナアでは気分が暗くなるようなカートを噛んでいる人は非常に少ないようである[11]。

(8) 噛まない理由

これまで紹介した質問は、カートを噛む人を対象にしたものである。ここで、今まで沈黙を強いられていた少数派の意見に耳を傾けたい。噛まない人は一二二人中三四人、三割弱が噛まないことになる。

彼らがカートを噛まない主な理由は、有益ではない（九人）、嫌い（七人）、健康を損なう（六人）、時間の無駄遣い（三人）である。その他に、おいしくない、カートの欠点を知っている、女性からの回答には未婚だからといった理由がある［3‒1‒1］。

未婚女性がカートを噛むことに対し、社会的な圧力がある程度働いている。未婚女性が、既婚女性に交じって堂々とカートを噛んでいる光景を筆者は見たことがない。しかし未婚女性は、未婚であること以外の理由（時間の無駄、苦いなど）でカートを嫌うことも多い。そしてその女性が、結婚後カートを噛むようになった、あるいは夫と二人なら噛むという話も聞かれる。その一方で結婚し、社会的にも経済的にも障壁がなくても、カートを噛まない女性は少なくない。

アンケートとは直接関係がないが、女性とカート消費に関して補足しておきたい。女性のカート消費に関する意識は、地域差や家族差が大きい。サナアでは一九六二年の革命まで、カートを噛むのは既婚女性に限られていた［Khalīl 1998: 67; Ibrāhīm 2000: 88］が、現在でも未婚女性が堂々と噛んでいるわけではない。カートの生産地から遠いハドラマウト地方では、二〇〇三年でも女性は未婚・既婚を問わず、カートだけではなく紙巻きタバコや水ギセルも嗜むべきではないと考えられていた。女性のカート消費に対してはサナアよりタイズの方が寛大であるといわれており、首都サナアにいる女性が一番「解放」されているわけではない。

現在のサナアでは既婚女性がカートを噛むことに社会的な圧力はないが、家庭によっては、二〇〇〇年代初めまで、たとえ既婚者であっても女性はカートを噛まないものであると考えられていて（両親や夫や義理の両親に忠告されたというわけではない）、彼女も特にカートを噛みたいと思わなかったそうである。あるとき彼女が他の女性も噛んでいるのでカートを噛んでみたいと夫に話したところ、夫は他の女性もカートを噛んでいるから問題はないだろうと承諾した。現在彼女は五〇代半ば、ほぼ毎日息子が買ってくるカートを噛んでいる。また同居している息子の嫁も、姑にあたる彼女と一緒にカートを噛んでいるが、嫁がカートを噛むことに誰も反対しない。

カート消費に関して社会的な圧力があるのは女性に対してだけではない。男性もカートを初めて噛んだ年齢はさまざまで［4-Ⅱ］、結婚式やイード（*ʿīd*）[12] などのときに父親やオジなどからもらったということが多いが、実際に日常的にカートを噛むようになるのはもっと遅い。高校生が父や祖父から小遣いをもらってカートを噛むこともある（自分の分だけを購入するのではなく、家族の分もまとめて購入することが多いようである。またカートを噛んで試験勉強をするのは、男女問わず高校生や大学生にみられる）が、日常的に消費するようになるのは、ほとんどの場合、仕事に就いて稼げるようになってからである。

ハドラマウト地方では男性もカートをあまり噛まないが[13]、二〇〇三年当時、あるハドラマウト在住の男性は自分はカートを噛むが、年長者の前でカートを噛むことは遠慮すべきであるといった。またサナアにいるハドラマウト地方出身者の集会で、同郷者が集まってカートを噛んでいたが、そのことは筆者のような外部の人間にあまり知られたくないと語った。ハドラマウト地方はもともとカートが栽培できず、南イエメン政府によって禁止されていたために長い間日常的にカートを消費しなかったが、南北イエメン統合後の道路開発によって消費が拡大した地域である。消費者は増えているものの、意識のレベルではサナアほど「解放」されていない。

アンケートに戻ろう。アンケートではカートを噛むのをやめた人は一人だけだったが、インタビューではカートをやめたことのある人、やめたいと思っている人は何人かいた。その理由にカートの家計への負担、特に食費や養育費への圧迫をあげることが多い。これはやめたくてもなかなかやめられないカートの魅力を意味すると同時に、カートを噛まないことが社会的に容認されているということも意味する。

本人がカートを噛まないにしても、その家族はカートを噛んでいるのだろうか。家族に噛まない人がいると回答した人は一一人で、家族全員が噛まないと回答した人が六人いた［3‒1‒2］。本人以外の家族がみな噛むという人は一人だけであり、周囲にカートを噛まない人がいて、カートなしで午後を過ごす環境があることも、噛まない理由といえる。

カートを噛まなくてもセッションに参加するかどうかという問いに対し、参加しないと回答した人が九人で、参加するという意思表示をした人が二三人いた［3‒2］。前者のうち六人は未婚女性である[14]。後者のうち、必要があるときにだけ参加する、なるべく短時間で切り上げると回答した人が九人で、特に退出を急がず歓談に加わると回答した人が一〇人いた。カートが嫌いであっても、必ずしもセッションを避け続けるわけではなく、時にはセッションに参加している人が多いことがわかる。

カートを噛む人の回答には「歓談する」という表現が全体で一人だけであったが、噛まない人の回答には「話題を提供する」という表現も含め多く使われた。彼らがセッションに、たとえ短時間であっても積極的に参加しようとしていることの表れである。

(9) 長所と短所

最後に、カートを噛むことの長所と短所を紹介したい。カートを噛む人、噛まない人ともに回答したものである。カートを噛まなくてもカートの長所を認めている人、反対にカートを日常的に噛んでいてもカートの短所を指摘する人は存在する。長所はカートを噛む理由と、短所はカートを噛まない理由と重なることも多いが、省略せずに紹介する。長所、短所とも社会的なものと心身へ及ぼすものに分けて整理できる。

社会的な長所のうち一番多く指摘されたのは、人々が集まるという点である（一八人）［2–1］。噛まない人も五人指摘している。そこに誰が集まるかというと、やはり友人であり、アスディカーと答える人が多い。

次に多かったのが、時間をつぶせるという点である（一二人）。カートを噛む人のみが指摘した長所であるが、それは裏返すと時間を無駄にするという短所になる。

その次に多かったのが、カートを噛んでいると家にいることになるので、悪行に手を染めないという点である（一〇人）。具体的には不道徳なこと、薬物、アルコール類が指摘されている。サナアに限らずイエメンではたとえ通りに出たとしても、たやすく薬物やアルコール類が手に入るわけではないが、通りでうろつくよりは良いこととして、カートは位置づけられている。

また仕事がはかどるという答えもあった（九人）が、これはカートを噛む人からの指摘である。セッションが話し合いの場であり（六人）、問題を解決する場であり（六人）、人々の結束を促す場であり（四人）、知らない人と知り合いになる場である（三人）という指摘は、先行研究と比較すると少なく思えるが、これが今回の調査の特徴である。

カートが心身へ及ぼす長所では、活力が得られるという指摘が非常に多い（三二人）。指摘した人のうち三一人がカートを噛む人であり、実際の体験に基づいているといえよう。次に多いのは、リラックスできるという点である（九人）。カートを噛む理由に活力とリラックスをあげた人は同数であったが、カートの長所という点からすると、活力という点が重視されている。

また集中できる（六人）、疲れない（五人）という指摘は、肉体労働に従事する人からの指摘である。不眠症はカートによって引き起こされる症状であり、短所にあげる人の方が多いが、夜勤をする人にとっては、その効果は長所となる（三人）。

カートによって健康になる、病気が治るということを長所にあげた人もいた。具体的には糖尿病に効く、歯の痛みを消す、肺に良い、カートを噛むときに水分を多く摂取するのは良いというものである。

「長所はあるか」という問いに対し、「長所はない」と答えた人が三四人いたが、カートを噛む人と噛まない人で、大きな違いが見られた。カートを噛む人でそう答えた人は八八人中一二人であるのに対し、カートを噛まない人は三四人中二二人である。カートを噛む人はカートの長所をより積極的に認めているが、噛まない人の三分の二はカートに長所を見いださず、カートの短所に対し積極的に回答している。

社会的な短所として圧倒的に多かったのが、金銭や時間を無駄にしているということである［2-2］。金銭の無駄遣いを指摘した人が五三人で、ほとんどの人が個人の収入や財産を意識しているが、イエメン経済への影響を指摘する人もいた。時間を無駄にすると指摘した人が四二人である。噛む人と噛まない人の割合を考えると、後者にはカートを金銭や時間の無駄遣いとみなしている人が非常に多いことがわかる。

カートを噛んでいると家族や子供を無視して面倒をみない（八人）、あるいは仕事をしない（三人）という指摘もあった。

農業に関係する意見も見られた。カートに大量の農業用水を使うことによる水資源への影響（六人）、カート畑が多いこと（四人）、カート栽培に使用される農薬による人体や土壌への悪影響（四人）などが指摘された。

カートが心身へ及ぼす短所は、健康を損なうという指摘が三六人で非常に多い。不安になる（五人）、疲れる（三人）、成長期の子供や、妊婦や授乳中の女性に悪影響がある、栄養不良になり時には死に至るといったものは、健康を損なうという指摘の具体例といえる。論理的な思考ができない（六人）というのは、キャヤーファの状態を別の角度から見たものである。

カートが原因で引き起こされる症状で有名なものは不眠症と食欲不振であるが、カートの短所として指摘した人はそれぞれ一六人と一四人であった。逆にカートをやめると不眠になるという意見もあった。その他、口や歯が痛む（五人）、ガンになるといったものがある。想像力が豊かになる、些細なことも大げさに考えるといった指摘はあったが、幻覚を指摘した人はいなかった。

4　おわりに

カートを日常的に噛む人は男性で八割、女性で三割強であり、毎日噛む人は噛む人全体の五割を占める。カート好きの専業主婦なら、午後中のんびりとくつろいで家族や友人とカートを噛んで過ごすことは可能であるが、七割近い女性はカートを噛まずに過ごしている。一方男性は、たとえカートが好きでも、毎日のんびりとマフラジュでカートを堪能できるわけではない。職場で作業や店番をしながら噛む人。職場でカートが禁止されているために平日のわずかな時間だけ、あるいは週末だけカートを噛んでいる人。気の置けない仲間とカートを噛むのは理想だが、毎日理想的な午後を過ごしている人は男女とも多くない。

健康や家計や家族のためにカートをやめた人、やめたことのある人、やめたい人もいる。カートに代わる午後の過ごし方を見つけた人もいる。インタビューでは、カートを噛まずに仕事に打ち込む男性や、コンピューターをいじったりバスケットボールをしたりする青年もいた。カートの消費量の増加をくり返し述べてきたが、カートの消費量や消費者数は単純に増加しているわけではない。

セッションの会場は、現在でも個人の家であることが多い。しかし具体的な部屋はマフラジュに限定されず、大勢が集まれるディーワーンやマカーンが使用される。そして男性にとって職場も重要なセッション会場である。また一人でカートを噛むことも、男女を問わず珍しいことではない。一九七〇年代のカートが結衆の手段であったことを考えると、現在ではカートの消費形態が多様化している。

カートを噛みながら行うのは歓談だけではない。テレビを見ながらカートを噛む機会も多い。番組によって音量は上下されるが、歓談は途絶え、みなで番組を黙って見ることもある。セッションの最中に携帯電話を離さない人もいる。セッションに来ていない人に連絡したり、その場にいる人に写真を見せたりすることもあるが、その場にいない人と話しこんだり、あるいはまた一人で携帯電話をいじっていたりする人もいないわけではない。このような参加者に一体感がないセッションは、情報交換や人間関係の構築が注目された一九七〇年代のセッションに比べれば、その意味が弱くなっているといえるだろう。

カートを噛むことで得られる多幸感はカイフと呼ばれ、これまでの研究で注目されてきたが、現在のサナアではキヤーファと呼ばれ、意味合いもやや狭く、キヤーファを求めてカートを噛む人はそれほど多くない。多くの人々が求めているのはラーハやナシャート、つまりリラックス感や活力である。

ラーハというのは、カートを噛み始めたときから感じられる。やがてカートの効果が出始め、自分の頭の中で思考が激しくめぐる。これがキヤーファである。つまりラーハは、極端ないい方をするならばカートがなくても得られる状態であり、キヤーファはカートによって与えられる効果ということである。

キャーファとナシャートは似たような意味であるが、キャーファがその場限りの高揚感を意味するのに対し、ナシャートはセッション後の活動への活力、意欲を意味している。カートを噛む人々が求めているのは、セッション前の活動による疲労感から解放されリラックスし、セッション後の活動のために英気を養うことである。カートを噛まない人も、カートやセッションを真っ向から否定しているわけではない。時にはセッションに参加し、歓談していることから、彼らがある程度カートやセッションを評価していることがわかる。噛まない人をセッションから排除しないのが、現在のカート消費の特徴である。

カートのもたらすさまざまな影響に対し、カートを噛む人も噛まない人もきわめて「常識的」な知識を持っていることは注目すべきであろう。それがよく表れているのは、カートの短所で列挙される項目である。時間の浪費、家計やイエメン経済への負担、家族への皺寄せ、不眠症や食欲不振は、一九七〇年代から現在に至るまで指摘されているもので、決して目新しいものではないが、彼らが知識として持っていることは、これまでほとんど明らかにされなかった。またカートによる疾病に関しても、まったく当てずっぽうというわけではない。カートを噛むことによって血糖値が下がるので、糖尿病にある程度効果があるという報告が出されている。またカートを噛んでいると胃の動きがゆるやかになり、その結果として胃がなかなか空にならず、食道ガン、胃ガンになりやすいという報告もある［Gunaid et al. 2002］。彼らがカートに関する知識をどのように得たのかは今回の調査では明らかにならなかったが、一つの手段はセッションでの会話であることは指摘してもいいだろう。

一九七〇年代にはカートは集団で消費すべきものであった。「マフラジュ」に集まり、「カイフ」と「スレイマーニーヤの時」をともに体験することで、共同体の紐帯が確認された。つまりカートは結衆の手段であった。三〇年ほど経過して行われた本調査で明らかになったのは、カート消費の形態が多様化していることである。職場で噛む。一人で噛む。あるいは噛まない。以前なら反社会的といわれた行為が、社会的に容認されている。現在でも家で他の人々とカートを噛む人が多いので、その意味では一九七〇年代と同様の消費形態といえるが、リラックス感や活力が求められている点で、一九七〇年代とは異なっている。消費形態が多様化しているが、しかしカートの持つ結衆の手段としての機能はなくなっていない。そのことはカートを噛まない人もセッションに参加していることから明らかである。

注

（1）ローカンダ（*lūkanda*）と呼ばれる安宿で水ギセルやカートを楽しむことは可能である（男性のみ）が、サナア在住の人がわざわざ行ってカートを噛むところではない。

（2）探検家にして『アラビアンナイト』の翻訳者であるバートン（Richard Francis Burton：一八二一—九〇）も、アラブのカイフを紹介している。「泡立っている小川の岸で、いい香りのする木の涼しいかげで、水ギセルをふかし、または一杯のコーヒーをすすり、シャーベットのグラスを傾け、ただ心身を乱すことは最小にとどめることを何よりも気にかけて、人は申し分のない幸せに浸る。面倒な会話、面白くない記憶、空しい考えなどはカイフにとって最も不快な妨げとなる」（和訳はアサド［2001: 40］を参考にした）［Burton 1964（1856）: 9］。

（3）K村の「弱い人々」は、他に男女の髪を剃る（女性の髪は女性の「弱い人々」が剃った。男性は坊主頭で、女性は前だけ伸ばして後ろは剃っていた）、屠殺、楽器演奏、ニラ、ニンニク、ネギを作ることも行っていた（二〇〇七年一月四日インタビュー）。

（4）語源は不明だが、スライマーン（旧約聖書のソロモン）との関連はないと思われる［cf. Kennedy 1987: 91］。イエメン方言の辞典には majestic（堂々とした、威厳のある）とある［Piamenta 1990-b: 230］

（5）アンケートおよびインタビューはサナア在住の一五歳以上の男女を対象として二〇〇三年八—九月に行った。最終的に回収できたアンケートは一二二人分で、そのうち男性が九五人、女性が二七人である［1-1］。配付したアンケートは二〇〇部なので、回収率は六割である。回収できなかった主な理由は、読み書きのできない人や、多少読み書きができても、自分の意見を書き記すことに不慣れな人は、回収に応じなかったことである。また女性の回答数が少ないが、男性よりも女性の識字率が低いことに加え、まとまった人数を確保するために、男性労働者が圧倒的多数を占める工場やオフィスにアンケートを依頼したことも関係する。アンケートでは選択ではなく記述する方法を多くとったため、結果的に回答者はある程度読み書き能力のある人に限定されることとなった。職業は、男性に関しては大工などの職人、本屋などの商人、工場労働者、公務員で、日常的にカートを購入できる収入を持ち、読み書きがある程度できるという点で、彼らを中産階級と呼んでいいだろう。女性は上記の男性の妻、姉妹がほとんどであり、職業を持つ女性は二七人中九人で、そのほとんどが公務員である。女性の場合、読み書き能力の有無と彼女自身あるいは彼女の家族の経済力が必ずしも対応しないが、回答した女性たちはある程度読み書きができた。インタビューは、アンケートに答えた人の中からセッションやそれ以外の場所で行ったもので、アンケートの結果を補完している。本調査はサナアの中産階級の現状を反映しているといっていいだろう。

（6）世界銀行の調査によると、イエメン人男性の七二％が、女性の三三％がカートを噛んでいて、カートを噛む男性のうち、四二％が毎日カートを噛んでいる［World Bank 2007: 5–6］。

（7）二〇〇三年八月の為替レートは一ドル≒一八三・六リヤル。

（8）現在では紙巻きタバコの方が水ギセルよりも人気があるが、一九七〇―八〇年代頃は紙巻きタバコを吸うと、カートの味が変わるからよくないといわれたそうである（二〇〇七年一月四日インタビュー）。

（9）衛星放送やデジタル放送を受信する機材を購入すれば、他のアラブ諸国のアラビア語の番組を一〇〇チャンネル以上視聴することができる。

（10）ただしインターネットの普及率は二〇〇九年の段階で一・五％以下である［Yemen Times 2010–1361］。

（11）泣くことに関しては理由が説明される。墓地のあったところに雨が降り、その雨が流れてきたカート畑のカートを噛むと、涙が止まらなくなるそうである。そのようなカートを墓地のカート（*qāt al-muqābara*）と呼ぶ。ただし筆者はカートを噛んで泣くなど感情が激しく変化する人を見たことはない。

（12）イスラーム暦（ヒジュラ暦）で行われる祭り。第一〇月の一日から数日間（イード・アル＝フィトル）と、第一二月の一〇日から数日間（イード・アル＝アドハー）の年二回ある。現在では国ごとに日数が決められ、祝日扱いである。イード前に部屋を掃除し、イード用のお菓子を買ったり作ったりし、子供の衣装を新しく購入する（さらに余裕があれば大人も新調する）。イードにはいなかに帰ったり、親戚の家を訪問したり、子供や女性は「お年玉」をもらえたりする。

（13）世界銀行の調査では、ハドラマウト内陸部の男性は二七・七％しかカートを噛まず、イエメン男性の平均である七二％を大きく下回っている［World Bank 2007: 5］。

（14）未婚女性は、自分の家がセッション会場となる場合、茶菓の準備、客の連れてきた幼児の世話などの雑用を任せられるため、セッションに（もちろん女性のセッションである）まったく顔を出さないということはない。自分の家がセッション会場にならないとしても、母親と一緒にセッションに参加することも多い。未婚女性がカートを噛むことは社会的な圧力があるが、セッションにまったく関わりを持たないということにも、また社会的な圧力がある。

コラム

男女の生活空間の分離の実際

イエメンは中東イスラーム地域のなかでも比較的男女の生活空間の分離が厳格である。不特定多数の（つまり結婚の可能性のある）男女が同席することはありえない。それが避けられない場合は、女性は「外出着」を着なければならないし、男性は女性をじろじろ見てはいけない。

男性が知り合いの家に行き、女性がいる可能性のある部屋の前を通るとき、「アッラー、アッラー、アッラー、アッラー……」と声に出し（決して大声ではないが、中にいる女性に聞こえる程度には大きい）、部屋を覗くことなく進んでいく。中にいる女性は、男性の声が聞こえたら、部屋の壁やカーテンのかげに身を隠す（とはいえ婚約のときなど女性たちは花婿を盗み見て「すてきね」などと話す。初夜まで相手の顔を知らないのは花婿だけなのである）。

男性客に対しその家の女性が、反対に女性客に対しその家の男性が挨拶する必要はない。「夫が／妻がお世話になっております」という挨拶は不要だ。

このため外国人男性研究者は何年調査をしていても、イエメン人女性の顔を見る機会がないらしい（イエメン人女性と結婚すれば話は別であるが、妻以外の女性の顔は見られないだろう）。私（つまり外国人女性かつ異教徒）は非常に微妙な立場にあり、男性扱いも女性扱いもされる。インタビューなどで男性の家に行くときは男性扱いになり、その男性の客として扱われるが、その家の女性と挨拶したり、台所や居間に顔を出したりすることはまったく問題がない。一方私と同行する男性（例えばアシスタント）はそうはいかない（具体的な事例は第6章冒頭「カート生産地にて」を参照）。

その反対に、結婚の可能性のない男女は同席しても構わない。だから家族は一緒にいてもまったく問題ない。兄弟姉妹は非常に仲が良いように見える。

ある日、友人のマリカの妹イルハームの結婚式の準備のため、私はマリカと一緒にマリカの実家にいた。披露宴が近いために田舎からも従姉妹たちが上京してきていて、その日イルハームの六畳程度の部屋は女性と子供たち二〇人以上で賑わっていた。私は部屋の出口のところに座っていた。

マリカの実家は、マリカの父親とその兄弟が共同で土地を買い、別々に家を建てた。当時マリカの両親はすでに他界しており、マリカの実家にはマリカの二人の兄弟とそれぞれの妻と子供たち、そしてイルハームが住んでいた。

マリカの兄ファアードがオジの家から自分の家に戻ってきた。イルハームの部屋を覗き、その後は自分の部屋に向かうはずだった。しかし彼は部屋を覗くとすぐに数歩下がり、その場で「アッラーアッラー……」と数回いってから、イルハームの部屋を見ることなしに通りすぎていった。

ファアードは始め、イルハームの部屋にいるのは自分の姉妹やその娘たち（つまり結婚する可能性のない女性たち）だと思っていた。だから部屋を覗きこんだのである。しかしそこには近所の女性が数人混じっていた。だから彼は自分の姿が部屋の中から見えない場所まで引き返し、あらためて「アッラー、アッラー、アッラー……」といったわけである。彼がその場で「アッラー、アッラー……」と数回いったのは、中にいる近所の女性たちが隠れたりスカーフを被ったりする時間を与えるためである。

普段なら何もいわずに通過するファードがわざわざ「アッラー、アッラー……」といったのは、彼が妹の部屋に「結婚する可能性のある女性」がいることがわかったからであり、なぜわかったのかというと、それは彼が実際に見たからである。しかしそんなことは誰も問わない。ファードは真面目な顔で「アッラー、アッラー……」といって去っていき、女性たちも彼を責めることはない。私だけがにやにや笑っていたが、誰もわかっていることで、誰も何もいわないだけなのである。男女の生活空間の分離は面倒くさいように思えるが、本人たちは楽しんでいるのではないかと思う。

もう一つ指摘しておきたいのは、ファードは一瞬で「結婚する可能性のある女性」を見分けたということである（女性だけで室内にいるので、みな顔も髪の毛も隠していない状態である）。イエメン人男性が普段からいかに女性を気にしているか（決して悪い意味ではない）ということがうかがえる。

余談になるが、女性は「外出着」を着ると、表に出ているのは目ばかりである。しかしこれで大学の男性教授は女子学生を見分ける。男性が普段からいかに女性を気にしなければならないかということを示している。もちろん女性も、知り合いの女性を見つけたら、通りの反対側からでも声をかけ、時には会話を始める。

「外出着」を着ることで女性は匿名性を手に入れることができる。文字通りヴェールの下から男性を観察することができる。とはいえ「外出着」を着ていても、それが誰なのかわかる人にはわかっているのである。

第Ⅱ部　嗜好品か薬物か

嗜好品への執念

アラブ諸国のなかにはカートを禁止している国も多い。カートの栽培は比較的条件が厳しいので、イエメン以外のほとんどのアラブ諸国ではそもそも栽培が難しいのだが、カートは薬物扱いされる。隣のサウディアラビアではカートの所有などは厳しく処罰される。これはイエメン人の間でも話題になる。

「サウディアラビア人は酒を飲んでドラッグをやる（これはあくまでイエメン人の意見にすぎない。筆者注）。カートの方がましだ」

「酒は飲んだら運転はできないし、仕事もできない。ドラッグだってそうだ。カートは噛んで運転できるし、仕事もはかどる。勉強もはかどる。」

長距離タクシーの運転手は朝からカートを噛んでいる。肉体労働者は革命以前からカートを噛んでいた。高校生や大学生は試験前になるとカートを噛んで勉強する。

イエメン人はカートが好きだ。遠い異国でもカートを求める。一九八〇年代に東欧に留学したイエメン人は、乾燥したカートを粉末にして持っていったそうだ。カートが恋しくなると乾燥カートを水に溶かして口に含んだそうである（乾燥カートは現在イエメン国内でも手に入る。冬季はカートが値上がりするので、安価な乾燥カートは味はいま一つでも懐にやさしいのだそうだ）。別のイエメン人は十数年前にスイスでカートを噛んだそうだが、イギリスまで空輸されたカートを、ＤＨＬで送ってもらったそうだ。また別のイエメン人は日本に来てカートが恋しくなり、いろいろなものを試した結果、煎茶を生で齧る方法にたどり着いたそうだ。

イエメン人はタバコも好きである。喫煙率は男性の方が高く、知り合いの男性はほぼみな喫煙する。知り合いの男性は一箱三〇本入りのタバコを毎日半箱だけ購入する。一箱買うと五〇リヤルだが、半箱だと二七リヤルになる。経済的ではないではないかと尋ねても、「この方がいいんだ」と答えるだけで、それ以上の理由は教えてくれなかった（一箱買ってしまうと、一日で吸ってしまうからそれを避けるためということは容易に想像できるが、私もあえて追求しなかった）。タバコを一本から売ってくれる場合もある。こちらの値段は確認していないが、割高になるはずだろう。

二〇〇九年の夏、調査中にラマダーン月（日中は飲食禁止となる断食月）になった。滞在先のホテルは若い男性スタッフが多く、みな喫煙者だった。マグリブのアザーンが聞こえると、コーヒーを飲みナツメヤシの実を食べて、まず一服する。夜じゅう起きて活動し（ラマダーン月は夜型の生活になる）、明け方暗いうちに朝食をとり、礼拝をする前にも一服する（礼拝をして、さぁこれから断食が始まるというわけだが、午前中は睡眠をとる時間となる）。断食が始まる前と終わった後には必ず一服するのである。

みなタバコが好きなのに、タバコとライターを常備しているわけではなく、毎回「一本くれ」「ライター貸してくれ」と大騒ぎになる（だからか、タバコはみな立って吸っていた）。タバコを吸わない私は毎回にやにやしながら紅茶を飲んでいた。

これまでラマダーン月は何度か経験しているが、この滞在で、喫煙者にとって日中タバコを我慢するのは辛いということ、喫煙者であってもタバコとライターを必ずしも常備しているわけではないということが発見できた。

第4章 薬物としてのカート

カートの木に埋め尽くされたサナア近郊の谷（2005年撮影）

1　生産地と消費地

(1)　栽培地域と消費方法

カートは、双子葉植物でニシキギ科の常緑樹である［堀田満 1996（1989）: 231］。アラビア語でカート、エチオピアのアムハラ語ではチャットと呼ばれ、英語では qat あるいは khat と表記される。

カートが主に栽培されている国はエチオピア、ケニア、イエメンである。[1] カートはさまざまな土壌と気候条件で栽培できる。霜害には比較的強いが、暑さには弱い。生長すると六～七メートル、条件によっては一五～二〇メートルにまで育つ。葉の大きさは二～五センチ×五～一〇センチ程度である［al-Motarreb et al. 2002: 404］。新芽は明るい緑色をしていてやわらかいが、生長すると深緑色になり、かたくなる。主に消費されるのは新芽の部分であるが、国によってはより生長した葉なども消費される。

カートの新鮮な葉にはカチノン（cathinone）というアンフェタミンに似た成分が含まれるため、噛むと軽い覚醒作用が現れる。葉を主に消費する地域（イエメン、エチオピア、ソマリア）と表皮を消費する地域（ケニア）がある。噛んだカスは飲み込んでしまう地域（エチオピア、ソマリアなど）と、吐き出す地域（イエメン）がある。また茶のように飲んだり、乾燥させたものを口に含んだりすることもあるが、加工しないでそのまま新鮮なものを消費することが多い。

(2)　消費地と輸出国

カートは新鮮な葉を消費することが好まれるため、消費される地域は、長い間栽培地域とその周辺に限られていた。しかし輸送手段の発達により、カートを好む人々の移住先にも空輸されるようになり、遠く離れた欧米諸国でもカートが消費されるようになった。

生産地以外で、最もカートを消費してきたのはイギリスである。イギリスでは二〇世紀半ばからカートが消費されるようになった［Anderson et al. 2007: 150］。ロンドンのヒースロー空港にはエチオピアやケニアからカートが空輸される。イギリスでカートを消費するのはエチオピア人、ソマリア人、イエメン人［Cox and Rampes 2003: 457］、およびそれらの国に滞在してカートを嗜んだイギリス人である。

イギリス以外の欧米諸国でもカート消費が拡大しているが、その大きな契機は一九九〇年代である。ソマリア内戦の激化によって世界各地に離散したソマリア系難民・移民を追うように、カートも国際的に空輸されるようになった。

主にカートを輸出しているのは、エチオピアとケニアである。それぞれの状況について説明しておこう。エチオピアのカート輸出は、一九九〇年代初めまでＥＣＥＡ（Ethiopian Chat Exporters Association）が独占していた。一九九〇年代初めに市場自由化が行われ、現在では輸入はＥＣＥＡを含む四大会社によって支配されている［Anderson et al. 2007: 53］。エチオピア産カートはオーストラリア、アジア、ヨーロッパ（九八％がイギリス）、中東、アフリカ（主にジブチとソマリア）、北アメリカに輸出されている［Anderson et al. 2007: 62］。

ケニア産カートの輸出が増えたのは近年のことで、扱っているのはソマリア系商人である［Anderson et al. 2007: 166］。ケニアではカートはミラーと呼ばれ、主にニャンベネ地方で栽培されている。ケニアのカートは夕方梱包され、夜間陸路でナイロビのウィルソン空港へ運ばれ、翌朝ソマリアへ空輸される。またジョモ・ケニヤッタ国際空港からオランダ、デンマーク、イギリスへも空輸される［Anderson et al. 2007: 84］。

カート消費が国際化するなかで、カートやカートを噛む人々が新たな社会問題として浮上し、カートは薬物として認定されるようになった。ここではいったんカートから離れて、薬物を科学的に定義できるのか、嗜好品との境界線を明確に引けるのかということを考えたい。

2　薬物とは何か

(1)　薬物とは

薬物とは何だろうか。身体や精神に悪影響を及ぼす恐ろしい物質であり、法律で規制されているものが多いが、卑近な例をあげれば、タバコは薬物に類する悪影響を身体に及ぼすことが知られながらも嗜好品に位置づけられ、課税対象となっている。また大麻への対応は、各国で分かれている。日本において大麻は栽培・所持・譲り受け・譲り渡しには規制があるが、吸引そのものは法律違反ではない[2]。薬物を科学的に定義することは可能なのだろうか。

研究者のなかには、合法非合法、効き目の強弱、医療用とそれ以外を問わず、あらゆる向精神作用を持つ物質を薬物に含める立場もある。つまり大麻、コカ、コカイン、アヘン、モルヒネ、ヘロイン、メタンフェタミン、その他の半合成物質や合成物質だけでなく、アルコールやカフェインを含む飲料、タバコまでも「ドラッグ」として扱うという立場である［コートライト 2003: vi］。表現をかえれば、タバコ、酒、茶やコーヒーは、それぞれニコチン、エチルアルコール、カフェインという中枢作用性の化学物質を含んでいるため、喫煙、飲酒、喫茶は、嗜好品といえども薬物の反復自己投与行動とみなすことができる［田所 1998: 141］のである。

しかし少なくとも日本の日常的な使い方から考えると、アルコールやカフェインは薬物という言葉で言及されるものではない。ということは、薬物とは単に向精神作用を持つ物質のことを指すわけではなく、その使用が法律などによって禁止または統制されたもの（あるいはされるべきもの）であるという意味を、そこに含んでいることになる［佐藤 2006：8］。

つまり薬物は法律で禁止や規制されているだけであって、その性質を薬理学的に分析した結果ではない。そのため薬物と分類されるものに対しては国際的な基準や規制が求められてはいても、各国の対応が分かれることになる。そしてある物質を薬物として扱うかどうかも時代とともに変化してきた。

(2) 薬物規制の始まり

薬物の使用は数百年あるいは数千年も遡ることが可能であるが、薬物が国際的な統制政策の対象となったのは、二〇世紀に入ってからである。その時点で問題とされたのは薬物の貿易であり、欧州各国が薬物の実質的な使用を禁止するのは一九六〇年代以降である。

二〇世紀初頭、植民地宗主国にとって薬物は比較的重要な貿易品目の一つであったため、各国は国際的な統制には反対したとされる。イギリスのアヘン貿易が有名であるが、それ以外にオランダではオランダ領東インドでアヘン売買を認可制にし、ドイツではコカインとコデインを生産し、ポルトガルではマカオでアヘンを生産し、フランスではインドシナでアヘンの売買を行っていた。

各国政府は国庫収入源としてこれらの重要な品目の統制には消極的であったが、それに対し強い統制を呼びかけたのがアメリカだった。一九〇九年に上海で開かれた上海アヘン委員会は、主として植民地におけるアヘン貿易統制と生産量規制を目的としたもので、出席国は中国、フランス、ドイツ、イギリス、日本、オランダ、ポルトガル、ロシア、シャム、主唱国のアメリカだった。しかしアメリカ以外の出席国は、貿易の統制と自国における薬物使用にはそれほど関心はなかった。一九一一年と一九一三年にオランダのハーグでアヘン会議が開かれ、アヘンとコカインの生産と貿易に関するガイドラインが作成され、各国はようやく法制化に着手した［佐藤 2006：24–25］。

(3) 薬物と政策

現在薬物と考えられている多くの物質は、病気や怪我を治すためのクスリとして広まった経緯を持つ[3]。そしてそれが禁止されたのは、効果が危険視されたというよりも、その効果による犯罪や、そのクスリをもたらした外部に対する嫌悪感、時にはナショナリズムにも発展した排斥意識が、大きな役割を果たしたという佐藤［2008］の指摘が興味深い[4]。アメリカにおいてアヘンは中国人移民と、コカインは南部のアフリカ系移民と、マリファナはメキシコ人労働者と関係づけられ、さらに犯罪と結びつけられて規制された。日本において覚醒剤は朝鮮人や共産主義と関係づけられた。いずれも「悪は外部から来る」［佐藤 2008：165］ものなのである。

薬物を外部からの象徴として、「ゼロ寛容」政策をとるのがアメリカや日本であるとすると、薬物およびその使用者を内部に包摂した政策をとるのがオランダやイギリスである。イギリスでは一九七一年に政策の転換が行われたが、二〇世紀初頭から一九七一年まで、薬物使用やその嗜癖といった逸脱を投獄や罰金などによる刑罰的対応ではなく、治療という医療的対応に置き換える置換療法（メンテナンス）がとられた。その結果患者は追跡され管理される存在となっていた［佐藤 2008：179–189］。オランダでは一九七六年以降、ソフトドラッグの少量の所持と使用を非犯罪化した。すでにマリファナ使用者が急増しており、それまでの司法的抑制が無力であったことが、この実験的な寛容政策に向かわせた。嗜癖者には医療的にアプローチする一方で、ソフトドラッグ（マリファナとハシーシュ）とハードドラッグ（ヘロインやコカイン）を区別し、前者の所持と使用は非犯罪化したが、後者の所持と使用は違法とした。オランダで見られるのは「ノーマライゼーション」という考え方で、薬物はタバコやアルコールのようにすでに社会に堅い足場を築いてしまっているという前提に立ち、そうであるならば薬物使用者を社会のなかに統合して、使用者やその環境あるいは社会全体に対して薬物がもたらす害を低減することを求めるという考え方である［佐藤 2008：193–201］。

アメリカや日本の政策が、問題発生可能性を刑務所などに隔離することで「われわれ」という同質な秩序を実現する（正確にいえば、実現しようとする）ものである一方、オランダやイギリスは問題発生可能性を秩序のなかに保存しながら管理する立場である［佐藤 2008：207］。国による薬物に対する態度の違いは、その国における薬物の歴史的な経緯だけではなく、社会秩序のとらえ方さえも反映していることが、佐藤の指摘から明らかである。

3　薬物としてのカート

(1)　規制対象としてのカート

さてここでカートに戻り、カートが国際的に薬物として扱われた経緯を述べよう。紅海沿岸地域では、カートの利用は数百年遡ることが可能であろうが、調査対象となったのは二〇世紀半ば以降のことである。カートの国際的な調査は、一九三五年国際連盟のアヘンおよびその他の危険薬物の密貿易に関する諮問委員会によって行われた。しかし国際的な対応が必要だとは考えられず、カートの栽培、売買、消費は断続的に禁止されるにとどまった。

次にカートが国際的な注目を浴びたのは一九五八年で、国連麻薬委員会の調査で、カートの性質と使用状況、化学的・薬理学的なデータ、カート使用による影響が注目された。WHOはカートの医学的様相に関する調査を依頼され、一九六四年に報告書が同委員会に提出された。しかしこのときも国際的なレベルでの対応は起こされなかった。

国際連盟、国連の調査と前後して、イギリスやフランスでは植民地においてカートを規制しようとしたが、結局成功はしなかったようである。英領ソマリランドでは一九二一年と一九三九年に［UNODC 1956］、ケニアでは一九三四年に、アデンでは一九五八年に禁止された。フランスは一九五八年に仏領ソマリランドでのカートの輸出入、栽培、所持、売買、使用を禁止したが、カート禁止令はまったく効果がなかった。アデンでは翌年に解禁された。(5) 英領ソマリランドでは禁止後もエチオピアからカートが密輸されていたため、一九五八年に現状を追認する形で解禁された。新しい法ではカート空輸は禁止されたが、陸上輸送は認められることになった［Brooke 1960: 56–57］。

一九七一年に国連麻薬委員会は国連麻薬研究所にカートの化学的な調査を依頼し、WHOにもカートの薬理学的調査を続行するよう要請した。麻薬研究所はケニア、マダガスカル、北イエメンからの新鮮なカートとフリーズドライのカートを使って調査を進め、カートのおおよその化学的な構造が明らかになった。カートの主な薬理学的な成分はカチン（cathine）と考えられていたが、一九七五年に新しい化合物が新鮮なカートの葉から特定された。これがカチノンである。現在では後者がカートの主な効果の原因であると考えられている。

現在のところ、国際機関では特にカートを危険視していないようである。WHOはカートを「深刻な中毒性薬物（a seriously addictive drug）」と分類していない［Al-Mugahed 2008: 741］。雑誌『WHOドラッグ・インフォメーション』でもカートを分析した記事はない。また国連薬物犯罪事務所の二〇〇九年の報告書においても、カートはエチオピアとケニアでの乱用が、表で示されているにすぎない［UNODC 2009］。

カートが薬物として注目されていない理由は、他の薬物に比べればその心身への効果は大きくなく、一九九〇年代以降世界的にカートの消費地域は拡大しているものの、使用する人口が限定されていることが指摘できる。

(2) カートの成分と影響

カートは四〇種類以上のアルカロイド、グリコシド（配糖体）、タンニン、アミノ酸、ビタミン、ミネラルを含んでいる。しかしカートの効果は、ほとんど二種類のフェニルアルキルアミン、つまりカチノンとカチンによる。この二種類は構造的にアンフェタミンに似ている［Cox and Rampes 2003 : 457］。

薬物としての効果にはカチノンとカチンが注目されるが、カートの味を決めるのはこの二つではなく、タンニンである。タンニンは茶などに含まれている渋み成分である。カートを薬物として分析する研究で注目されるのはカチノンとカチンであるが、嗜好品としてカートを消費する場合、効果だけではなく、味も重要となる。ただしタンニンの成分だけが味の良さを決めているわけではなく、また効果の強さだけがカートの人気につながるわけではない（第3章参照）。

カチノンは「天然のアンフェタミン」とも呼ばれ、アンフェタミンのように交感神経興奮系と中枢神経系に刺激を生じる。通常、新鮮な葉はよりカチノンを多く含み、葉が乾燥すると、カチノンはカチンとなる。そのためカートを消費する場合、より多くカチノンを含んでいる新鮮な葉が必要となるのである。

多幸感はカートを噛むとすぐに現れるが、これは口の粘膜から吸収されるからである。カチノンの効果は一五〜三〇分後に現れる。カチノンの新陳代謝は速く、ノルエフェドリンの形で排出される。一方カチンは二四時間以内に、そのまま尿に排出される。

カートを噛むときに、大量のノンアルコール飲料が消費される。茶やコーラのようにメチルキサンチン（カフェイン）を含む飲み物とのあいだで薬理学的相乗作用があり、カートの効果が高められる(6)。

カチノンが依存を引き起こす成分であることは動物実験で確かめられたが、カートに関しては実際に依存を引き起こすかどうか意見が分かれる。またカートへの耐性は実際には起こらず、離脱症状についても意見が分かれる［Cox and Rampes 2003 : 458］。

いる。

(3) 各国の対応

国際機関はカートを深刻にとらえていないが、違法薬物かどうかの線引きは各国の政治的判断に委ねられている。

エチオピア、ケニア、イエメンではカートは違法薬物ではない。つまりカートの栽培、消費、売買などは違法ではないのだが、前二国とイエメンでは政府の対応が異なっている。エチオピアやケニアでは、カートの国内消費は税収につながり、輸出は外貨獲得の手段となっている。イエメンではカートの輸出入は基本的に禁止されているため外貨獲得の手段にならず、また課税システムが整備されていないため税収にもほとんどつながらない。[(7)] イエメンはエチオピアやケニアと比較すると、政府による管理体制が整備されていないといえる。

他のアラブ諸国の対応を見ると、スーダンとエジプトではカートの栽培、輸入は禁止されている。サウディアラビアでは一九七一年にカートの栽培、販売、使用を禁止し、違反者は二〜一五年の懲役が科せられる［Ghanem 2002: 49］。しかしイエメンからサウディアラビアや湾岸諸国へのカートの密輸に関して筆者はカート生産者や商人から聞いたことがあり、また他の報告書でも指摘されている［FAO 2002: 60; ACMD 2005: 11］。年間二億ドルものカートがサウディアラビアに密輸されているという報告もある［Yemen Times 2004–715］。

ヨーロッパ諸国において、カートに対し比較的寛容な対応をとっていたのがイギリスとオランダであり、禁止しているのがスカンジナビア諸国である。

イギリスではカートの輸入と使用は合法である。一九七一年の薬物濫用に関する法律では、カートに含まれるカチンとカチノンをクラスCに分類している。[(8)] カートからカチノンとカチンを抽出することは違法であるが、[(9)] カート自体は所有、使用ともに規制されていない［Cox and Rampes 2003: 457］。一九八〇年代からすでにカート規制の必要性が指摘されていた［Gough and Cookson 1984: 455］が、カートを薬物として規制しないで現在に至る。一週間におよそ七トンのカートがヒースロー空港に到着し、イギリス各地だけでなく、他のヨーロッパ諸国や北米へ空輸されている。ヒースロー空港はカート輸出の「ハブ空港」なのである［Cox and Rampes 2003 : 457］。

アメリカの事情はやや複雑である。麻薬取締局はカートを違法植物とみなすが、規制物質法にはカートではなくカチノンとカチンがリストにあがっている。カチノンがスケジュールⅠ、カチンがスケジュールⅣで、リストに登録されたのはカチンが一九八八年、カチノンが一九九三年である。(10) 乾燥したカートはカチンもカチノンも含んでいないため違法ではないことになるが、持っていれば起訴される［Anderson et al. 2007 : 194］。

一九九〇年代のソマリア内戦の激化以降、ソマリア系移民の増加によって、カナダとスウェーデンはカートの規制を強化した。カナダの薬物政策はアメリカとは異なり、マイナードラッグの非犯罪化など、ハーム・リダクションを実施していた。カートはもともと食品医薬品法によると合法薬物（a legal substance）で、ライセンスがあれば輸入できたが、一九九七年にカートの所有と輸入が違法となった。その結果カートによってつながっていたソマリア系男性社会は崩壊し、カート売買は地下活動化し、カート商人は薬物密売人となった。カートを違法にしても、ソマリア系移民のカナダ社会への統合は進まず、しかもカートは密輸され続け、二〇〇三年にはカートはグラムあたり四〇カナダセントから五〇カナダセントに値上がりした。密輸されるカートの多くはロンドンから、少量はアムステルダムから運ばれる［Anderson et al. 2007 : 195–198］。

薬物やアルコールに非寛容な政策をとっているスウェーデンは、一万五〇〇〇人のソマリア系移民を抱えている。ストックホルム郊外に六〇〇〇人住んでいるが、他にバルカン、トルコ、アフリカ、極東からの移民もいる。レストランやカフェの経営は先に来ている移民が独占しているので、後から来たソマリア系移民ができるのは非合法なものになりがちである。

カナダ同様スウェーデンにおいても、カート市場は、違法な薬物市場と同じ様相を呈し、消費者と商人との社会的なつながりはなくなり、カートを嚙むことで生まれた共同体意識もなくなった。それでもカートはスウェーデンに空路や陸路から密輸されている。スウェーデンではカートを嚙めないためにアルコール類を求めるソマリア系移民や、隣国のデンマークではカートは禁止されているが嚙むことは所有とはみなされないので、週末にスウェーデンからデンマークへ行くソマリア系移民もいる［Anderson et al. 2007: 199–203］。

カナダとスウェーデンの事例から明らかなのは、カートの規制強化が、当該社会への移民の統合を導かず、また違法化によってカートの流通・消費が把握できなくなったことである。カートそのものではなく、外部からの象徴として移民と一緒に社会問題化されるのは、すでに指摘したアメリカや日本の事例と同様である。

カナダやスウェーデンも含め、現時点ではカートの使用は移民コミュニティに限られ、移民先の社会への影響は非常に少ない［ACMD 2005］。その意味でカートは移民と密接に関係した存在である。規制を強化する背景には、カートがあらゆる社会的な問題の根源であると考えられているからである。

(4) 社会問題の根源としてのカート

一九九〇年代以降にカートが世界各地のソマリア系移民コミュニティに運ばれていくのと並行して、移民コミュニティにおけるあらゆる社会問題がカートに関連づけられるようになった。HIV／AIDSの感染拡大、離婚率の上昇、育児放棄、モラルの低下、犯罪の増加、家計への負担、他の薬物濫用やアルコール中毒の増加、あるいはカートを嚙むと攻撃的になるからソマリアでは内戦が始まったという説明、カート貿易がテロリストに資金を提供するかもしれないという懸念まで［Anderson et al. 2007: 104–105, 109, 114, 172, 176］、ありとあらゆる社会問題がカートに帰せられている。このことはイエメンでもあてはまるが、カートが一種のスケープゴートとなっている［Anderson et al. 2007: 114］といえる。(11) たとえカートが規制されても、その移民コミュニティや移民を受け入れた国が抱えている問題が解決されないことは、すでに見たカナダやスウェーデンの事例からも明らかである。ソマリア系移民とカートが結びつけられて排除されようとするのは、アメリカや日本の薬物対策と同様の態度であり、「悪は外部から来る」態度に他ならない。

ＡＣＭＤによる報告では、イギリスではカートの消費はイエメン、ソマリア系移民に限定されていて、カートの使用や売買が組織的な犯罪と関連する証拠はなく、カートの使用が家族崩壊の原因となるとはいえず、カートと精神病の関連を示す研究もほとんどなく、またそれ以外の国民に広まっているわけではなく、カートの規制を推進するに十分な調査結果はない［ACMD 2005: 15, 19, 28］。イギリスはヨーロッパ随一カートに対し寛容な立場をとるが、その立場は、多くのカート・コミュニティを抱えているにもかかわらず、このような冷静な報告に基づいている。

最近のＡＣＭＤの報告書［2013］でもくり返し、「これまで欧米で行われてきたカートに関する調査は証拠不十分である」と述べ、カートを一九七一年薬物乱用法で規制する必要はないと断言している。にもかかわらずオランダは二〇一二年一月に、イギリスは二〇一四年六月にカート輸入が禁止されることになった。カートが薬理学的に危険だと認定されたわけではなく、周辺諸国への配慮（オランダとイギリスまで合法的に輸入されたカートが、その後欧米諸国へ密輸される現状）による政治的判断が働いたということは指摘できる。イギリスの発表直後のカート輸出国ケニアの対応は石田慎一郎［2014: 163–164］で言及されている。

4　イエメンにおけるカート問題

カートの薬理学的な効果はすでに述べたが、イエメンではむしろカートの文化的・社会的な側面が注目されてきた。第3章で述べたように、一九七〇年代の人類学者が見いだしたカートの長所は、社交の場や話し合いの場の提供という点である。このことは喫茶店が男性の社交の場となっている他の中東諸国と異なり、公共の場に社交の場が提供されていないイエメンの事情を表している。

その一方でカートがもたらす悪影響は一九七〇年代から大きく変化せず、カート会議やＦＡＯの報告書などでくり返されている。すなわちイエメン経済および家計への圧迫、不眠症、食欲不振など身体への影響、家族関係の悪化などである。コーヒーやブドウと異なり、食料自給率を下げ、外貨獲得に貢献しないカートが、一手に敵役を引き受けているようにみえる。一九七〇年代から変わらず、イエメンにおいてもカートは社会問題の根源として扱われている。

ここではカートを噛んでいるときに見られる心身への変化と、カートによってもたらされるさまざまな問題点とその妥当性を検討したい。

(1) 消費中の変化

まずイエメンのカート研究でよく紹介されるセッションの描写を見てみよう［al-Motarreb et al. 2002: 406］。

①多幸感にあふれる段階が一〜二時間続く。
②深刻な問題について熱心に話し合う。
③スレイマーニーヤの時。暗くなってきても、噛んでいる人は電気をつけず、喋るのをやめ、静かになる。想像力が活発になり、個々人は思索にふける。あるいはラジオを聞いたり、歌手を招待したりすることもある。
④カートを吐き出す直前、カート・セッションが終わる頃に見られる憂鬱な状態。悲観的になり、個人的な問題を大げさに話す。
⑤短気、食欲不振、不眠。想像力が増し、一つのことに集中できず、アイディアが次々と浮かぶ。翌朝になると眠気に襲われ、昨晩のアイディアをほとんど忘れてしまう（すばらしいアイディアだと思ったのに、

全然よくないと悟る)。

始めは明るく活気づき、その後静かになるという展開は、カートの効果としてくり返し表現されてきた[Gerholm 1977; Stevenson 1985; Kennedy 1987]。しかし筆者の観察する限り、以上のような段階が目に見えて変化していくわけでもないし、またそのような変化を客観的に認識しながらカートを噛むわけでもない。現在ではテレビを見ながら、あるいは携帯電話をいじりながらカートを噛むことがあるが、筆者の経験では歌手を招待することは、結婚式やウラードを除いて、日常的なセッションではまずありえない。一九九〇年代半ば以降、サナア市内でカートを噛みながらラジオを聞くという場面に遭遇したこともない。

カートを噛むと確かに明るい雰囲気になったり、あるいは静かな、どちらかというと暗い雰囲気になったりすることも見られる。それはカート・セッション全体の雰囲気であることも、個人のレベルで見られることもある。しかし時に活発に喋り、時に黙りがちになるような変化を、すべてカートのせいにすることはいきすぎであろう。カートがあろうとなかろうと、人々が集まれば、会話が弾むことも、反対にあまり弾まないこともある。多弁な人が多かったり、話題が豊富だったりすると、最初から最後まで、会話が途切れないこともある。ぽつりぽつりと断片的な会話がくり返されるだけの、静かなこともある。女性の集まりではカートを噛む人が少なく、カートを噛まない人ばかりでも歓談が続くこともある。カートのせいでお喋りになり、カートのせいで沈黙が訪れるというほどカートの効果は明白ではない。カートがなくても、人々が集まれば、盛り上がったり静かになったりするものであることはウィアも指摘している[Weir 1985-a: 150]。結局のところ、セッションの雰囲気は、カート以外の条件(集まったメンバー、提供される話題、あるいはその場の雰囲気といった漠然としたもの)に左右されやすい。そして①~⑤の段階が紹介され続けているということは、研究者がセッション自体に興味を持たず参加もしていないことを図らずも露呈しているのである。

(2) 身体への影響

一九七〇年代から指摘されてきた身体への影響は、不眠症と食欲不振である。その後研究が進み、カートの影響が少し明らかになってきた。

新鮮なカートにはプロテイン、繊維、ビタミンC、ナイアシン、チアミン（ビタミンB1）、リボフラビン（ビタミンB2またはG）、ベータカロチン、マグネシウム、カルシウム、鉄分なども含まれるが、カートを飲みこまないので、含有量の半分程度が体内に吸収されるにとどまっている［Abdul-Wahab 2002: 46］。カートを噛むと血糖値が下がるので、糖尿病に効くなどのカートのプラスの要因もある［Gunaid et al. 2002: 1］が、むしろカートを噛むと口内炎、食道炎、胃炎、食欲不振、便秘を患うなど、マイナスの側面が多い［Gunaid et al. 2002: 5–6］。薬理学的な分析がどうであれ、発症は個人差が大きい。少なくとも右にあげたすべての症状を意識し、訴えているような消費者はいない（第3章）。

カートに使用された農薬や殺虫剤が葉に残り、それを口にすることでガンが増加しているとの指摘がある［World Bank 2007: 2］。またカートによる泌尿器系統、消化器官、肝臓、生殖組織、呼吸器系への影響、心筋梗塞との関係も指摘されている［al-Motarreb et al. 2002: 407］。しかしながらカートと特定の疾病との因果関係にはまだ不明な点も多い。

筆者は薬理学の専門ではないが、これまでの研究の問題点を三つ指摘できる。まず筆者の知る限り、カート研究において、長時間咀嚼を続けることは考慮されていない。例えばガムを噛み続けると、唾液の分泌が促され免疫力が高まり、成人病予防にも大きな役割を果たすことや、脳細胞を刺激し精神活動が高揚し、仕事の能率をよくすることにつながることが明らかになっている［窪田 2002］。そのためカートの成分から得られる効果だけでなく、長時間咀嚼を続ける行為にも注目すべきであろう。日常生活で数時間も咀嚼を続けることは非常に稀である。

次に紙巻きタバコや水ギセルをカートと一緒に消費することも研究されていない。カートは閉め切った部屋で嚙むことが多いため、喫煙者が多いと紫煙が部屋中立ちこめることになり、受動喫煙による健康への影響が考えられる。カートだけが分析対象とされるのは、実際の消費方法と乖離している[12]。

カートを嚙むときに一緒に水分を摂取する。個人差はあるものの、三〜四時間の間に一〜二リットルかそれ以上摂取する。サナアは普段から空気が乾燥しているため、水分補給は望ましいことである。特にラマダーン月には日中は断食しているため、夜間の数時間の間に一〜二リットルの水分を（しかもほとんどの場合水であってソフトドリンクやアルコール飲料ではない）補給できるのは身体に非常に良いことではないだろうか。しかしカートと水分補給の関係もまだ研究されていない。

(3) 心理的な影響

カートによってもたらされる精神的な影響には多幸感がある。またカートを嚙むと集中力が高まるため、大学生や高校生は試験勉強をするために嚙むことが多い。これらは主にカチノンによって引き起こされる。しかしカートはより抽象的な影響も及ぼしうると指摘される。

ヴァリスコは、急激な社会変化が起こっているなかで、カートを嚙むことがイエメン人であることの象徴となっていると主張している［Varisco 1986, 2004］。彼はイエメン人のナショナル・アイデンティティが一九七〇年代以降に形成されたものと考えている。しかし現在のイエメン共和国の領土の大部分は、はるか昔からヤマンと呼ばれていた地域とかなり重なり、歴史的なイエメンと彼の調査した一九七八—七九年の南北イエメン、あるいは現在のイエメン共和国がそれほど断絶したものであるとは考えられない。また国境の設定に国民がとまどうほど南北イエメン政府が強大であったわけではないし、南北統合後の政府も強大とはいえないだろう。ヴァリスコの指摘するように現実逃避としてカートが使われていることを否定することはできないが、イエメン国外の移民社会はともかく、少なくともイエメン国内においてカートがアイデンティティ・マーカーであるとはいいすぎであろう。

またカートとイエメンの後進性が関連される議論もある。カートがあるため、昼食が一日の食事の中心となり、長時間座っているのに適した伝統的な服装をするなど、西洋化されず、新しい文化が広まらないというものである［al-Zalab 2002: 40］。そもそもカートを噛むこと自体、伝統的な文化ではなく、アデンでは一九世紀半ば以降と早いものの、北イエメンでは一九七〇年代以降、アデンを除く南イエメンでは一九九〇年代以降に広まったきわめて近代的な習慣である。昼食が一日の食事の中心となるのはカートが広まったからではなく、アラブ世界に広く見られる慣習である。伝統的と思われる男性の白いワンピースはサナアではザンナと呼ばれるもので、カートを禁止しているサウディアラビアでも着用されている（呼び方はトーブ）。昔の写真を見る限り、白いザンナの着用は一九六二年の革命以降のことで、ザンナもきわめて近代的な服装である。日常的にズボンを履いて生活し、そのままの格好でカートを噛む男性も、筆者の知る限り少なくない。

(4) 家計・家庭への影響

カートが家計に及ぼす影響は大きいと考えられている。家計の食費のうち、穀物は一四・八％、肉類は一〇・三％であるのに対し、カートが八・六％を占めている［Abdul-Wahab 2002: 47］。貧困世帯では収入の二八％がカートに費やされている。イエメン人のカロリーやタンパク質の摂取量は中東でも最低レベルに近い上に、貧困家庭ではカートが必要な栄養の摂取を妨げている［FAO 2002: 2］。

カートを噛むと家庭が崩壊する。なぜならカート・セッションは男女別に開かれるため、父親と母親のどちらか一方でもカートを噛むと、夫婦が分かれて過ごすことになり、子供の世話をしなくなるからである。カート代が家計の支出の一〇%近くを占めるため、十分に栄養のある食事を摂ることもできない。子供の教育費が圧迫され、退学率が上がる［Humud 2002: 33–35］。

しかしFAOの報告書を詳しく見ると、サナア市では家計および食費に占めるカートの割合は、一九七七年以降減少していることがわかる。家計全体に対するカートの割合は、一九七七年では一六・三八%、一九八七年では一二・六%、一九九二年では一二%、一九九八年では九・八五%となっている。食費に占めるカートの割合は一九七七年では二六・二八%、一九八七年では二三・二%、一九九二年では一九・五六%、一九九八年では一九・五%である［FAO 2002: 70］。この結果から、カートが家計を圧迫しなくなっているといえる。またイエメンではカートに人気があるため、薬物や宗教上禁止されているアルコール飲料が広まらないともいわれている。

日本の総務省統計局の家計調査を見ると、平成二〇年において教養娯楽費は一〇・九%である。[13]カート以外の娯楽がほとんどないイエメンにおいて、カート代＝娯楽費が一〇%というのは、はたして大きな数字なのだろうか。

カート・セッションに夫婦が分かれて参加しているイエメンの家庭、女性の社会進出が進んで夫婦共働きがごく当たり前になっている先進国の家庭、あるいは母親は専業主婦であっても父親は残業続きで平日は子供に会えないような家庭のうち、どれが子供にとって望ましい環境なのか。カートだけが家庭崩壊の引き金となるわけではない。母親がカート・セッションに子供を連れて行き、年齢の異なる子供たちと遊ぶことは子供にとっても好ましいし、育児から数時間解放されることは母親にとってもいいことだといえるだろう。

(5) 環境への影響

カートと環境との関係が指摘されるようになった。環境がカート批判のキーワードになることは一九七〇年代の研究には見られなかったことであり、このことは世界的な環境への関心の高まりの影響を受けていると考えられる。

特に問題視されるのが地下水である。大量の地下水がカート栽培に使われるため、カートが地下水の枯渇を引き起こすであろうことが指摘される。カートに利用される農業用水は、農業、工業、生活などすべての地下水量の三分の一に相当すると考えられる［FAO 2002: 2–5］。二度と再生されない化石帯水層（fossil aquifers）を掘ることで、未来の農作物さえも失っていることになる［World Bank 2007: 2］。

ただし問題は水の汲み上げすぎではなく、灌漑用水を効率的に利用できていないことも関係している。現在の灌漑システムでは大量の水を無駄にしている［Tutwiler 2007: 237］。技術的な問題がまず解決されるべきであろう。

地下水利用の問題ばかりが注目されるが、カート畑によって得られた収入で他の農作物も栽培でき、農業をやめずに畑を使い続け、結果として階段耕地が維持される［Weir 1985-b: 78］ことになり、雨季の土砂崩れや洪水を防げるといった、カートが間接的に環境維持に役立っている側面も指摘できる。機械化の難しい階段耕地を維持する上で、利益の高いカートは有効な手段であろう。

水分の蒸発を避けるため、現在ではほとんどのカートがビニール袋やビニールシートで覆われて運搬、売買されるが、このビニール袋が環境問題を引き起こしているとして、カートを間接的に攻撃する記事も見られる［Yemen Times 2007–1075］。しかしビニール袋は何を購入しても使われるものなので、ビニール袋の問題をカートだけに帰すのはいきすぎであろう。

(6) イエメン経済への影響

労働力の損失

カートの消費は紙巻きタバコのように数分で終わるものではなく、数時間かけるのが一般的であるから、カートを消費することは時間を無駄にすることである。ＦＡＯの概算によると、イエメンの全労働時間のうち二七％

がカートの消費に費やされている［FAO 2002: 06］。

しかしカートには雇用創出の一面があるのを見落としてはならない。くり返しになるが、カートはＧＤＰの六％を占め、イエメン人の労働者の七人に一人はカートに関係する仕事（生産や流通）に就いている。カートはまたイエメンの農地の一〇％を占めるにすぎないが、農業ＧＤＰの三分の一を占める。農業労働力の三分の一がカート生産に携わっている［World Bank 2007: i］。実際のところ、毎日午後に仕事をしないでカートを噛んで過ごせるイエメン人は少数であり、週末だけ噛む人や噛みながら働く人が少なくないことは第３章で述べた通りである。比較する項目が異なるが、日本およびヨーロッパ諸国を見ると、各国とも睡眠、食事、仕事以外の自由時間は平均して四時間半ある【4-1】。娯楽施設が少ないイエメンで、イエメン人がカートに四時間費やすことが突出して長いといえるだろうか。

食料自給率の低下

イエメンの食料自給率は一九六一年（北イエメン）では九〇％だったが、一九九二年（統合イエメン）には三八％にまで落ちた［Tutwiler 2007: 224］。日本の農林水産省の試算によると、イエメンの穀物自給率は一三％である【4-2】。栄養不良は人口の三七％（二〇〇一—〇三年）に達し、食料輸入は全輸入の二七・九％（二〇〇二—〇四年）を占める［FAO 2006: 119, 141］。

食料の安全保障の点から考えれば、カートは真っ先に槍玉に挙がる農作物である。確かに食料自給率は下がっているが、カート畑だけが増加しているわけではない。実際のところ、コーヒー、果物、野菜の作付面積や生産量も増加している（第７章参照）。しかも生産者にとってカートは利益の大きい商品作物である。現金収入のほとんどをカートに依存している生産者もいる（第６章参照）。彼らに対し、カートより利益が低い農作物を勧めることは容易ではない。

(7) おわりに

薬物は各国の法律で決まるきわめて政治的なものであり、科学的な定義はない。その定義は時代によって変化してきた。現在薬物として扱われているもの（の一部）もかつては交易品でありクスリであった。その意味で現在薬物として規制されているもの（の一部）は、かつて嗜好品だったといえる。嗜好品が国際的な交易品になるまでに広まった理由は二つある。それを消費して得られる刺激と、売る側が得られる利益が大きかったこと。そして課税する政府にも魅力的な商品であったこと。

嗜好品を薬物と認めることは、取り締まり対象として課税対象から外すことであり、政府は貴重な財源を失うことになる。二〇世紀初頭に薬物を国際的に規制するのにアメリカを除く各国が乗り気ではなかったのも、貿易による利益が大きかったからであり、薬物の規制には政治的な判断が大きく関わっている。

現在カートの位置は、世界的に見れば嗜好品よりも薬物に傾いている。ソマリア系移民にとってカートは一種のアイデンティティ・マーカーとなっているが、それゆえいくつかの国では排除すべき対象となっている。カートの交易による利益が移民受け入れ国にプラスになっていないことや、カートが移民先の現地の人々に広まっていないことも、われわれ対彼らという排除の図式をいっそう成立しやすくしている。この状況は下層階級の人々がもっぱら嗜むようになったことで攻撃しやすくなったタバコや、一世紀前の麻薬とよく似ている［cf. コートライト 2003 : 295］。

イエメンではカートは嗜好品と位置づけられているが、しかし社会問題の根源としてさまざまな責任を負わされている点で、カートの扱われ方は薬物に近い。カートが社会問題の根源として扱われていることは、実際のところ一九七〇年代から指摘されている［Halliday 1974 : 89］。

カートは確かに心身にも家庭にも国家にもマイナスの影響を及ぼす。カートを嗜む習慣のない外国人の目から見れば、午後の数時間、片頬をカートで膨らませて過ごすイエメン人の姿は異常に見えるだろう。エスノセントリズム（自民族中心主義）という言葉は人類学では使い古されたものであるにもかかわらず、カートに関してはこの古臭い概念が無意識に発動されるのである。しかしカートをスケープゴートにすることは問題をすり替えることであり、何ら解決につながらない。

もちろんイエメン人が「カート漬け」になることを筆者は望んでいない。しかしカートをやめるかどうかはイエメン人の決めることである（実際に反カートキャンペーンも行われていることは第5章参照）。両大戦間期にイギリスで娯楽の増加によって飲酒が減った［見市 2001：306］ように、娯楽の多様化が進めば、カートへの依存も減ることになるだろう。国民的嗜好品を禁じることの難しさと愚かさ［ヌリッソン 1996：212–228；高田 1998：318；見市 2001：322］は、歴史的に明らかである。

注

（1）カートの栽培地域は論文により大きく異なる。Cox and Rampes［2003：456］にはエチオピア、ケニア、ソマリア、スーダン、イエメン、南アフリカ、マダガスカルとあるが、ソマリア、スーダンは暑すぎるためにカート栽培には不向きで、栽培できても限定された地域だと考えられる。Brooke［1960：52］によると、アフリカではウガンダ、タンザニア、ザイール（コンゴ民主共和国）、南アフリカ、アジアではトルキスタン、アフガニスタン、ハドラマウト、ヒジャーズ地方北部でも生育しているとあるが、引用された国連の報告書［UNODC 1956］によると、ハドラマウトとヒジャーズ地方北部は未確認となっている。少なくともハドラマウトはカート栽培には暑すぎて不可能である。この国連の報告書ではアデンでもカートが栽培されていることになっているが、アデンも暑すぎるためにカート栽培は不可能である。当時アデンはカートの一大消費地だったことから推測されたと考えられる。

（2）大麻取締法参照。http://www.houko.com/00/01/S23/124.HTM

（3）病気や怪我を治すといった、身体に良い影響を及ぼす薬物をクスリと表現する。薬物とクスリが単純に区別できないことは注4参照。また現在嗜好品とみなされているものも、当初はクスリとして扱われていたことは第5章で述べる。

（4）例えばアヘンは一九世紀のイギリスにおいては鎮痛剤、鎮静剤として一般的に使われていた。その役割は今日のアスピリンに似ており、家庭の常備薬であった。薬局でも自由に手に入れることができ、値段も比較的安かった［シヴェルブシュ 1988 : 216］。

（5）アデンのカート禁止と解禁は第1章を参照。

（6）イエメンではカートを噛みながら紅茶を飲むことはない。コーラは好みで飲む人がいるが、カートと一緒に水を飲む人が圧倒的に多い。エチオピアではカートを噛みながら水だけでなくコーヒーを飲むこともある。

（7）実際のところわずかながら輸出が行われていることは、以下の資料から確認できる［ACMD 2005; Anderson et al. 2007］。

（8）クラスAはコカインやヘロインなど最も有害なもの、クラスBはその下で、アンフェタミンやバルビツールなど、クラスCは最も有害ではないものとして大麻、アナボリック・ステロイド、ベンゾジアゼピンなどである［ACMD 2005 : 6］。

（9）イスラエルは合成されたカチンやカチノンが売買される唯一の国である［Anderson et al. 2007 : 186］。カチノン自体は覚醒剤よりも弱いが、合成されたカチノン類には覚醒剤よりも強いものもある。合成カチノン類を成分とする粉末状の製品は二〇一〇年頃からアメリカでバスソルトと呼ばれて広まった。日本においてもカチノン類が出回るようになり、二〇一四年一月にカチノン類の包括指定が施行された［阿部 2016 : 21, 69–73］。

（10）https://www.deadiversion.usdoj.gov/schedules/orangebook/a_sched_alpha.pdf

（11）一九世紀には犯罪の増加、暴動、革命やストライキ、経済の遅れや人口の減少まで、アルコール中毒はあらゆる「社会問題」を集約した［ヌリッソン 1996 : 209］という事実も思い出す必要があるだろう。

（12）ACMD［2013］で、カートが原因とされてきた疾病のいくつかが喫煙や受動喫煙と関係していることが言及された。

（13）教養娯楽費は、教養娯楽用耐久財、教養娯楽用品、書籍・他の印刷物、教養娯楽サービスに分類されるため、厳密にはカートだけと比較するのは大雑把である。ちなみに外食代、酒代はそれぞれ四・七％、一・一％である。http://www.stat.go.jp/data/kakei/2008np/gaikyo/pdf/gk01.pdf

第5章
嗜好品としてのカート

㊤ガタル：葉ばかりのもの　(2005年撮影)
㊥ルース：30cm程度の長さのもの。右が水分の少ないナッジー，左が水分の多いバガラ　(2005年撮影)
㊦ルバト：1メートル程度の長さの枝を縛ったもの　(2003年撮影)

1　嗜好品とは何か

嗜好品という表現は日本語独特のものであり、英語やフランス語にはない[1]。酒、タバコ、コーヒー、茶、紅茶などを含み、たいてい独特の刺激や香りや味があり、それを飲んだり、食べたり、嚙んだり、煙にして吸ったり、匂いを嗅いだりして、心と体のいずれもがリラックスしたり、元気になったり、酩酊したり、鎮静したりする［高田 2004-a: 6］。

高田［2004-a: 4–5］は以下のように嗜好品を定義している。

①「通常の食物」ではない。だから、栄養・エネルギー源としては期待しない。
②「通常の薬」ではない。当然、病気への効果は期待しない。
③生命維持に「積極的な効果」はない。
④しかし「ないと寂しい」という感じがする。
⑤体内に摂取すると「精神（＝心）に良い効果」がもたらされる。
⑥「植物素材」が使われる場合が多い。

多少の補足は必要であろう。①に関して補足すると、ジャガイモが入ってくるまで、ビールはヨーロッパの広範な層にとってパンと並んで重要な食料だった。一七世紀後半、イギリスの家庭では子供も含めて一日一人あたりおよそ三リットルのビールを消費した［シヴェルブシュ 1988: 23–24］。ビールにはミネラルやビタミンが豊富に含まれていて、実際二〇世紀になってもビールは食事の重要な一部であると考えられている。現在でもパブでビールだけで食事を済ますイギリス人は少なくない［飯田 2008: 128］。

②③に関していうと、現在嗜好品とみなされているものが、それが広まるときにクスリとして治療効果が期待

されていたこともある。日本に伝来した茶に関して栄西（一一四一―一二一五）は『喫茶養生記』のなかで、中国の古典を引用しながら茶のさまざまな効果を紹介している。利尿、眠気醒ましのみならず、寿命を延ばす、心臓を強くする、精神を調える、内臓（五臓）を和らげる、身体の疲労を除く、酒を飲んだ後に茶を飲むと食べたものの消化がよくなるといったものである［古田紹欽 1982］。イギリスでは、茶は精力増進、頭痛、不眠、胆石、倦怠、胃弱、食欲不振、健忘症、壊血病、肺炎、下痢、風邪などに効果があると宣伝された［角山 1980 : 36］。ヨーロッパに紹介されたコーヒーの効用は鼓腸を防ぐ、肝と胆を強化する、水腫に効き目がある、血液をきれいにする、胃を調整する、食欲を刺激する、食欲を抑制する、眠気を取る、睡眠を促す、激しやすい気質には鎮静効果、さめた気質には昂進効果があるなど、一言でいうと万能薬であった［シヴェルブシュ 1988 : 20］。またタバコもヨーロッパでは万能薬としてもてはやされ(2)、頭痛、鬱病、すべての胸部疾患、胃や内臓の閉塞症、便秘、腎臓結石、寄生虫駆除、腫れもの、歯痛、凍傷、毒矢の解毒、止血、癰《よう》、疔《ちょう》などに効果があるとされた［上野 1998 : 58］。現在は「通常の薬」ではない嗜好品が、それが広まる初期の段階には「生命の維持の効果」が期待されたクスリだったことは付け加えておきたい(3)。

日本でも酒は百薬の長といわれるように、アルコールはクスリに用いられた過去をもつ。ワインは最も古いクスリの一つで、ブドウ栽培を行った社会ではすべて病気の治療に使われた。ギリシャとローマの医者は傷薬、解熱剤、利尿剤、気付け薬としてワインを勧めた［コートライト 2003 : 96］。フランスでは少なくとも一九世紀までアルコールは強壮剤や虫下しに使われた。虚弱な子供には強いワイン（スペインのマラガ産やポルトガルのマディラ島産のワイン）を、貧血の子供にはグロッグ（ラムやブランディを砂糖湯で割った飲み物）を、飲ませた［ヌリッソン 1996 : 159］。

高田の定義に三点追加したい。まず嗜好品は社交の場に欠かせない道具であり、時には新しい社交の場を提供しながら社会に広まったということである。前者は日本の酒の飲み方を思い浮かべれば、後者は政治さえ動かしたヨーロッパのコーヒーハウスを思い浮かべればいいだろう。

次に嗜好品は「栄養・エネルギー源」でもなく「生命維持に積極的な効果」もないため、一種の奢侈品として課税対象となってきたことである。日本において、タバコ、酒類への度重なる増税は、消費の人気と消費者の嗜好を物語っている［宮本又郎 1999; 村上 2001］。第二次世界大戦下のイギリスでは、国民の士気を高めるためにビールは配給制にされなかったが、税収を確保する手段として税率は三回引き上げられた［飯田 2008 : 207–208］。課税対象としての嗜好品は、為政者には二重の意味で魅力的なのである。

そして「通常の食物」でも「通常の薬」でもなく、「生命維持に積極的な効果」はないにもかかわらず、「ないと寂しい」という気持ちと、交易から得られる莫大な利益が、コーヒー、茶、タバコを世界中に広まらせる原動力となったことである［角山 1980; 上野 1998; ペンダーグラスト 2002］。この三つの嗜好品が植民地や奴隷制と関係して生産量を拡大させたことも思い出すべきであろう(4)。

ここで薬物と嗜好品を対にして考えることができる。課税対象となる合法的な嗜好品と、課税対象ではない、つまり取り締まり対象である違法の薬物ということである。課税対象としての嗜好品と、取り締まり対象としての薬物の線引きをするのは、あくまで時の為政者であり、科学的な線引きではない。現在は嗜好品として認められているものが、将来、薬物になる可能性は大きい。日本ではかつて合法だった覚醒剤や、あるいは現在過渡期にあると考えられるタバコがその具体的な例である。

筆者はイエメンのカートを嗜好品として扱っている。現在のイエメンにおいてカートは薬物として扱われていない。すでに述べたように、薬物は科学的な分類ではなく、政治的な分類である。イエメンで薬物として分類されていないカートを、あえて薬物扱いすることに意味はない。むしろカートは高田の定義を十分満たしている。

以下ここではカートを他の嗜好品と比較しながら、結衆の手段としての機能、消費する場所の特徴、消費形態の多様化について整理していきたい。セッションで消費される水ギセルおよび紙巻きタバコについてもあわせて考えていく。

2 結衆の手段

結衆の手段として酒は古くから利用されてきた。酒を飲むときは「回しのみ」をして酩酊感を共有するという飲み方は日本に限らない。「回しのみ」は日本の茶の湯やタバコにも継承された。酒よりも新しいコーヒーは「さめ」によって結衆の機能を果たした。カートは「カイフ」を共有することによって結衆の手段たりえた。

(1) 酩酊感の共有

衆を結ぶのに用いられた嗜好品にはまず酒があげられる。酒は酔い潰れるまで飲むものであった。柳田国男は「思う存分に飲んで酔わないと、この酒盛りの目的を達したことにはならなかった」[柳田 1979: 141] といっている。このことは日本に限らない。

イギリスでは一二世紀末まで、酒は一緒に飲んでいる者たちが同じだけ杯を重ねなければならなかった。酔い潰れるまでに飲む酒宴を一三世紀のカンタベリー大司教が「邪悪な慣行」と嘆いている [飯田 2008: 51]。ドイツの酒宴では一六世紀まで、最後の一人になるまで飲み比べをした [シヴェルブシュ 1988: 30–32]。勧められた酒を断ること、そして相手に返杯しないで済ますことは、決して犯してはならないタブーだった [シヴェルブシュ 1988: 180]。フランスでも一九世紀まで農村では飲酒癖は容認される素行であり、どちらかといえば良い素行であった。シャンパーニュ地方のある司祭は、祭りのときに酔うことは正しい態度であるとさえ断言している [ヌリッソン 1996: 109]。また都市部でもアルコールは諸個人を連携させるものだった。酒の量を控えるものは「猿」(経営者) の回し者、あるいは「赤毛」(警察) の犬という疑いがかけられた [ヌリッソン 1996: 140]。

酒は、酔っぱらうまで飲まねばならなかった。酩酊によって共同体の結束力を強める［飯田 2008: 53］こと、つまり結衆が、酒の担う古くからの役割であったのは日本に限らない。

酒には共同体的儀礼がついて回る。「回しのみ」(5)と「発声」である。さきほど引用した柳田の文章の前後を見てみよう。

酒は必ず集まって飲むものと決まっていた。手酌でちびりちびりなどということは、あの時代のものには考えられぬことであった。（中略）共同の飲食がすなわち酒盛りで、モルはモラフという語の自動形、一つの器の物を他人とともにすることであったかと思われる。（中略）思う存分に飲んで酔わないと、この酒盛りの目的を達したことにはならなかった。

婚礼とか旅立ち旅帰りの祝宴とかに、今でもまだ厳重にその古い作法を守っている土地はいくらもある。我々の毎日の飲み方と最も違う点は、簡単にいうなら酒盃のうんと大きかったことである。その大盃が三つ組五つ組になっていたのは、つまりその一々の同じ盃で、一座の人が順々に回し飲みするためで、三つ組の一巡が三献、それを三回くり返すのが三三九度で、もとは決して夫婦の盃には限っていなかった。

［柳田 1979: 141. 傍線は筆者による］

「回しのみ」は日本に限らず、ヨーロッパや中東にも見られた。ゲルマン民族の時代から一六世紀のドイツ社会まで、酒宴では酒飲みたちが回しのみをして競い合った［シヴェルブシュ 1988: 30］。アルコール類の禁止で有名な中東でも、酒は回しのみされた。一六世紀にメッカでコーヒーに関しての論争が起こったとき、「ワインのようにコーヒーを回しのみする」ことが法学者の間で議論となった［Hattox 1985: 118］。

回しのみによる結衆は、日本では茶の湯やタバコにも継承された。身分や名物によって格式を決めた古典の茶の湯の段階では、一服一人ずつのあてがいであった。これはいかにも分限者の茶の湯にふさわしいが、千利休（一五二二―九一）は吸い茶という飲み方、つまり回しのみを採り入れた［矢部 1995 : 135］。利休の創造した侘び茶の理念は、茶室という閉鎖的な空間で強い規範性を持つ行動を求め、喫茶の儀礼に、集中的に一座建立の盟約を実現しようとするものであった。それだけに結衆の儀礼として回しのみは重要な意義を持った［熊倉 1990 : 9］。

侘び茶が大成された一六世紀末から一七世紀の初頭にかけて、タバコが日本に渡来し、普及した。慶長年間（一五九六―一六一五）のかぶき者集団は、結衆の手段としてタバコを回しのみしていたと考えられる［熊倉 1990 : 9–10］。また明治・大正期の文学作品には、自分が吸おうとするときには人にも勧め、一緒に吸う、つまり場を共有するシーンが記述されている［松浦 1987 : 38］。

再び酒に話を戻そう。酔っぱらってしまってから、再び「乾杯」に戻るのは時間が前後することになるが、日本や中国では、乾杯はそれほど古い習慣ではない。日本の場合「乾杯」という言葉は一〇世紀の宮廷儀式書に使われているが、これによって「乾杯」が伝統的な習慣であったと考えるのは問題がある。むしろ明治時代に西洋文化との接触と日本の近代化の過程で定着していったものであろう(6)。日露戦争までは「乾杯」ではなく「万歳」といっていたが、大正初期に「乾杯」という発声が登場し、昭和初期には需要が高まったビールと関連して庶民に広まったようである［山本 2007］。

中国において杯を飲み干す行為は、古代から連綿と続いた相手に尊敬を表す作法の一つであるが、一九一〇年以前に乾杯《ガンベイ》と発声して盃を飲み干す習慣はなかったようである。乾杯の起源は不明であるが、現在では「乾杯」と発声し、杯を飲み干すことは必須条件である［ダニエルス 2007］。

日本や中国の「乾杯」のかけ声は歴史が比較的新しいが、いずれの場合も乾杯には相手が必要である。一人で飲むのに乾杯は必要ない。乾杯は人間同士を酒を通じて結びつけるために存在している結節点とみなすことができる［野林 2007 : 249］。

(2)「さめ」の共有

酒には共同体的儀礼がついて回ったが、酒よりもずっと歴史の新しいコーヒーは、酒とは異なる歴史を歩んだ。コーヒーには酒の持つ共同体的儀礼に相当するものがない。コーヒーは酩酊感をもたらさない、「さめ」た飲みものであり、普及した当初から個人主義的な飲み物であった。コーヒーのカップを鳴らしたり、カップを回して飲んだりすることがないのは、ヨーロッパだけでなく、日本も同様である。特にヨーロッパではコーヒーの「さめ」はアルコール飲料の酩酊に対比されるだけでなく、[7] 酩酊をさます働きがあるとさえ考えられた［シヴェルブシュ 1988：39–42］。中東において、一六世紀初期にはコーヒーの「回しのみ」が問題になったことはすでに述べたが、その習慣は後世には流行らなかった［Hattox 1985：117］。

コーヒーを飲む人は内的に結ばれた共同体を形成しない。あくまで個々人の集まりにすぎない［シヴェルブシュ 1988：184–185］。それでは「さめ」たコーヒーは、結衆の手段とならなかったのだろうか。

コーヒーは個人主義的な飲み物であるが、コーヒーハウスではいくつかの政治的な陰謀が語られ、実行されたことを忘れてはならないだろう。コーヒーも結衆の手段となりえ、コーヒーハウスも結衆の場を提供してきたのである。

コーヒーを片手に、コーヒーハウスではさまざまな議論が繰り広げられたため、コーヒーハウスが政治的な結社の場となる潜在性があった。実際中東では一六三三年に、イギリスでは一六七五年にコーヒーハウス閉鎖令が出されたが、どちらもうまくいかなかった［小林章夫 1984：114–115；Hattox 1985：102］。

コーヒーハウスでの議論が、実際に革命に結びついたこともあった。ハンガリーのカフェ・ピルヴァックスは、一八四八年の革命前の不穏な時期に、ラヨシュ・コシュートの改革思想を熱狂的に支持する芸術家や政治化した若者たちのたまり場だった。コシュートの信奉者の一人であったシャーンドル・ペテーフィが一八四八年三月一四日の夜にこのカフェで「立てマジャール人よ」と題された詩を朗読し、翌日にはこれを国立博物館の階段に立って大群衆の前で読み上げた。ペテーフィが行った革命の呼びかけとともに、オーストリア支配に対するハンガリーの蜂起が始まった［ティーレ＝ドールマン 2000：145–147］。

(3) カイフの共有

カートは回しのみや乾杯といった儀礼が発達していない（カートはそもそも「のむ」ものではないが）点で、ヨーロッパのコーヒーに近い嗜好品である。しかもコーヒーと違う意味で個人主義である。カートは持参するものであり、しかも持参したカートについてはお互い尋ねないということになっている。

自分が消費するものを持参して集まるというのは、他の嗜好品と比べてユニークである。一九七〇年代から、結婚式などの特別なときに主催者が客や楽隊にカートを用意することはあったが、それ以外の場合は当時からカートは持参するものであった。そして普段ガタルを噛んでいる人が、ルバトを抱えて会場に行けば「今日は奮発した」ということは周囲にわかる。ある人の職業や給料から、一日に費やせるカートの値段を想像することはそれほど難しいことではない。しかしそれを尋ねるのはマナー違反なのである。そもそもサナアで出回っているカートは、ほとんど似たように包装されている（つまりビニール袋に入っているか、ビニールシートに包まれているか）だけで[8]、商品情報はビニールには書かれていないので、見た目で生産地や値段をいい当てることは、紙巻タバコやアルコール飲料ほど簡単ではない。

カートは一九七〇年代には結衆の手段であったが、結衆のための「回しのみ」は行われなかった。そこで「回しのみ」されていたのは水ギセルである。水ギセルは数分ごとに隣の人にパイプを渡し、数時間かけて「回しのみ」するものである。しかし水ギセルを「回しのみ」することをわざわざ指摘する必要はない。カートはそこにいることだけで、つまりマフラジュに集まりカイフを感じ、スレイマーニーヤの時を過ごすことで、結衆の手段となったのである。酩酊感や「さめ」のように日常とは異なる感覚を共有することが結衆のきっかけとなったことを考えると、カイフとスレイマーニーヤの時を共有することは当然のことながら結衆のきっかけとなりえた。

3　消費する場所

新しい嗜好品が広まるとき、それを消費する場所も一緒に広まることが多く見られる。嗜好品を消費する場所は社交の場ともなる。特定の場所と関係が切れた紙巻きタバコは、その消費空間が拡大し、それと同時に社交性を失い、個人のテリトリーを獲得する手段となった。コーヒーハウスや茶室には多くの人が参加し、身分制社会でも時に社会的な区別がなくなるフィクションが見られた。

(1)　コーヒーハウスとサロン

コーヒーと一緒に広まったコーヒーハウスには、新奇さも手伝ってさまざまな人々が集まった。イギリスでは初期に限られたが、「身分、職業、上下貴賤の区別なく、誰でも出入りすることができた。いわば一種の人間のるつぼ」［小林章夫 1984 : 36］だった。(9) イギリスのコーヒーハウスは、「過度に理想化された施設」［セネット 1991 : 122］である。

できる限り情報を完全なものにするために、身分の区別は一時的に保留された。コーヒーハウスの中で座っている人は誰でも、他の人々を知っていようがいまいが、話すようにいわれようがいわれまいが、他の誰にでも話しかけ、どんな会話にも加わる権利があった。コーヒーハウスで他の人たちと話しているときには、彼らの社会的素性について触れることさえ無作法であった。なぜならそれによって会話の自由な流れが妨げられるからである。

一八世紀初頭は、コーヒーハウスの外では社会的地位が最も重要な時代であった。会話を通じて知識や情報を得るために、そこで当時の男たちは彼らにとっては一つのフィクションであったものを創りだした、つまり社会的区別は存在しないというフィクションである。

［セネット 1991：122–123］

このフィクションには二点補足が必要である。まずコーヒーハウスが隆盛した一七〜一八世紀においても、下層階級はコーヒーハウスとあまり縁がなく［小林章夫 1984：81；シヴェルブシュ 1988：158］、当時のイギリスのコーヒーハウスには女性は出入りしなかった点である。イギリスでは女性がコーヒーハウスに進出するよりも先に茶が広まり、家庭でのアフタヌーン・ティーが広まった［小林章夫 1984：218］ため、イギリスのコーヒーハウスが隆盛した時代に女性はほとんど登場しない。アルコールに代わる飲料がもたらした「さめ」た意識は、市民的中産階級の男性に限られたものであった。

次にフィクションはそう長く続かなかった点である。コーヒーハウスが発達するにつれて、政治的な立場を異にするものは同一の店にできるだけ出入りしないという現象が生まれ、初期のコーヒーハウスが持っていた雑然とした要素は徐々に整理され、客層の均質化が起こった。そして閉鎖的な色彩の濃いクラブという形態が発展していくのである［小林章夫 1984：121］。

イギリスのコーヒーハウスに対して、フランスではサロンが社交場として流行した。サロンは嗜好品を伴わなかったので[10]本論から少々脱線することになるが、フィクションの例として紹介する。

一七、一八世紀のフランスでは女主人のもとサロンが私邸で開かれた。サロンには男女がともに集まり、古い家柄の王族や貴族、町人上がりの新貴族、多くは町人階級出身の文学者が、同じ一人の、教養があり趣味のよい文化人として対等に自由に語り合った［赤木・赤木 2003：95］。その意味で、サロンにおいても社会的区別は存在しないというフィクションが創りだされた。

ところが一八世紀前半の有名なサロンでは，当時の危険な二大主題である「宗教と国家」を議論することは禁止されていた［赤木・赤木 2003：187］。男性はサロンではできない議論を，カフェでは女性抜きで，時事問題や政治論から神の存在，霊魂の非存在性といったきわどい話題まで，口角泡を飛ばして仮借ない議論を戦わせていた［赤木・赤木 2003：277］。男性だけで真面目な議論が展開されたという点で，フランスのカフェはイギリスのコーヒーハウスと似た役割を果たしたようである。

(2) 茶　室

茶の湯においても，茶会では社会的区別は存在しないというフィクションが作られた。茶会で避けるべき話題は「世間雑談」，具体的には「我仏《わがほとけ》，隣ノ宝，聟舅《むこしゅうと》，天下ノ軍《いくさ》，人ノ善悪」であった［村井 1987：59］。

秀吉が天下人となってから，利休は茶の湯の改革を行った。改革はすでに述べた回しのみ以外にも茶室の狭小化，茶室の素材，茶室内の装飾品など多岐にわたるが，利休の創作活動は茶の湯を「四民平等」の世界に開こうという意図のもとに進められた［矢部 1995：234］。限られた時・空の共有こそが，最も濃縮されたコミュニケーションであり，その要件であった［村井 1987：58］。武士と商人が同席することは，利休が茶の湯でめざしたことの一つであった。しかし慶長年間をすぎる頃にはもはやそれは許されなくなった［谷端 1999：53–54］。

(3) 中東のコーヒーハウス

中東においても，ヨーロッパ同様にコーヒーハウス（アラビア語でマクハー，トルコ語でカフヴェハネ）は公共の娯楽として広まった。それまで外食文化がなかった中東では，一六世紀の都市住民（主に男性）は仲間と夜を過ごしたいために，コーヒーハウスに出かけた［Hattox 1985：90］。ヨーロッパと異なり，イスラーム世界では酒は合法ではない。酒を飲みに居酒屋に行くことは、イスラーム教徒には後ろめたいものだった［Hattox 1985: 78］。ヨーロッパでコーヒーが酩酊感を「さます」飲料としてもてはやされたが、イスラーム世界ではそれ以上に合法対非合法という違いがあった。

一五〇〇年代の初めまでにヒジャーズ地方やエジプトではコーヒーがあらゆる階層に親しまれていた［Hattox 1985: 73］。ただしあらゆる階層の人がコーヒーハウスへ行ったということは、必ずしもすべての階層が同じコーヒーハウスへ行ったとか、社会的に地位の高い人と低い人が交際したり、異なる街区の住民が交際したりする場所だったということではない［Hattox 1985: 94］。コーヒーハウスが広まった当時の中東は、一七〜一八世紀のイギリス、オランダ、フランスほど市民階級が発展していなかった［cf. シヴェルブシュ 1988: 90］。そしてそのことと関連して、中東においてコーヒーはヨーロッパほど個人主義的な飲み物ではなかった。一六〜一七世紀のイスタンブルでは顔見知りにコーヒーをおごることで自分の寛容さを示すことがみられた。カイロでも兵隊がコーヒーをお互いに一杯ずつおごり合った［Hattox 1985: 99］。後者はイギリスのパブで見られるラウンドに近いものだろう。

コーヒーがヨーロッパほど個人主義的な飲み物ではないにしても、コーヒーハウスは社交の場として中東に長く存在している。一九世紀、カイロには一〇〇〇ものコーヒーハウスがあり、午後や夕方に人が集まった。パイプを持参し、コーヒーを飲み、水ギセルを吸った。ハシーシュはタバコと混ぜて吸った［Lane 1989 (1836): 335］。マクハーは、現在でも男性の社交の場である。飲み物以外に水ギセルやバックギャモンなどのゲームもあり、数時間を歓談して過ごす(11)。

イエメンのサナアではマクハーに相当するものはブーフェー（*būfī*）やガフワ（*qahwa*）と呼ばれ、マクハーと少々事情が異なる。ブーフェーは紅茶（ストレートティーかミルクティー、いずれも砂糖入り）や、ミキサーやジューサーでその場で作るフルーツジュースや野菜ジュース以外に、サンドイッチなどの軽食が出るもので、ガフワは飲み物だけを扱う。筆者の知る限りブーフェーやガフワでコーヒーやギシュルが出されることはなく、文字通り喫「茶」店である。店内は狭いことが多く、テーブルや椅子は見た目にも安価なことがわかるプラスティック製や木製で、座り心地の良いものではない。店内の装飾もミルクティー用の缶ミルクが棚に並んでいたり、ジュース用の果物がガラス棚に陳列されたり紐で吊るされたり、それ以外に風景画が貼ってあったり、プラスティック製の果物や植物が飾ってあったりするが、どちらかといえば殺風景である。調理場が客に丸見えのことも多い。

男性がこの喫茶店で飲食しながら歓談することは可能である。しかし喫茶店はあくまで喉を潤し、小腹が空いたときにちょっと立ち寄るところであり、長居をするところではなく、ゲームや水ギセルも置いていない。喫茶店で朝食や夕食を済ますことはともかく、一日のメインとなる昼食をとることは、よほど忙しいか食欲がない場合だけであろう。昼食は原則として家（自宅、親戚の家も含めて）で、それが不可能なら食堂（*maṭ'am*）でとるものである。しかし食堂も社交の場ではない。サナアにおいて喫茶店や食堂はカート・セッションほど社交の場として機能しておらず、「こみいった話をするときはカートを噛む」、つまり誰かの家でカートを噛みながら話し合いをすることになる。(12)

これら喫茶店に女性が喉を潤すために立ち寄ることはごくたまにあるが、腰を落ち着けて歓談することはない。喫茶店で食事をすることもほとんどない。多くの女性にとって、喫茶店に入り長居をすることは、はしたない行為なのである。

(4) セッション会場

コーヒーハウスと異なり、主なセッション会場となる個人の家は私的な領域である。コーヒーはヨーロッパにおいても中東においても公的な飲料として広まったが、カートはサナアでは私的な嗜好品として一九七〇年代に広まった。社交の場が私的空間にあるのがサナアの社交の特徴であり、消費形態が多様化しても、社交の場としてのセッション会場は、その役割を担っている。

セッションの開かれる家はだいたい決まっている。セッション会場は場所によって開始時間が異なるが、だいたい午後二〜四時に人が集まっていくので、気をつけていればセッション会場となる家はすぐにわかる。厳重に見える門は、セッションの間は施錠されていないことも多い。しかしセッション会場は、コーヒーハウスと異なり、誰でもふらりと入っていけるわけではない。そこは個人の家である。招待状は必要ないが、知り合いでもない人の家を訪問することはない。あくまで私的な領域でセッションは開かれる。

イエメンは男女の生活空間の分離が厳密であり、セッションも例外ではなく、男女別々に開かれる。多くの女性がカートを噛み始めた時期は男性よりもやや遅く、現在でも女性のカートを噛む割合は男性よりも低いが、女性は噛まない場合もセッションに参加することが多い。セッションが男女両方に開かれているという点で、男女平等である。

ただし男性には女性以上に話題に制限がある。日常生活の瑣末なことから時には国際情勢までありとあらゆる議論が展開しても、男性は身内の女性について語ることはない。そして男女とも、持参しているお互いのカートについても話題にしない。そのような話は親密な人が隣り合って密かに語るものなのである。

一九七〇年代のセッションでは社会階層は席順によって明確だった［Gerholm 1977 : 179; Kennedy 1987 : 85］。当時のセッションにはコーヒーハウスやサロンや茶室のように、社会階層をなくそうとするフィクションは創られず、むしろセッションでは社会階層が可視化された。

現在ではセッションは社会階層がかなり均質になった。確かに部屋には上座と下座があり、そこに座る人もだいたい決まっているが、一九七〇年代に見られたような異なる社会階層が一部屋に集まる機会は少ない。大人数が集まる結婚式場でも、特に上座と下座は厳密に区別されないことが多い。その理由は二つ考えられる。まず社会階層自体がなくなった、あるいは境界が曖昧になっていること。そして（少なくとも一九七〇年代に比べれば階層意識は薄れているが）社会階層はなくなったのではなく、異なる社会階層が一緒にカートを嚙まなくなったこと。セッション自体が横のつながりを重視するようになったということである。後者の点は、イギリスのコーヒーハウスで見られた客層の均質化と同じことであろう。

4　消費形態の多様化

結衆の手段であった嗜好品は、徐々に消費形態が多様化した。それは個人化、スピードアップ、そして酔い潰れないのみ方、という方向が指摘できる。ただしすべての嗜好品が同じような方向で変化しているわけではない。

(1)　個人化

結衆の手段であった嗜好品は消費形態が多様化し、個人で消費することも社会的に容認されるようになった。(13) 集飲から独飲へ［熊倉 1990: 13］という傾向は、嗜好品の近代化ともいえよう。ただし嗜好品それぞれの変化の仕方は異なる。タバコのように結衆の手段であったことがすっかり忘却され、まったくの個人的な嗜好品になった嗜好品もあれば、酒のように結衆の手段としての役割を現在でも十分担っている嗜好品もある。ただ単純に集団消費から個人消費という変化が起こったのではなく、消費の多様化という変化のなかで個人消費が社会的に容認されるようになったのである。嗜好品が集団消費から個人消費へ不可逆的に変化しているわけではない。

日本では酒、茶、タバコはもともと同じ盃、同じ茶碗、同じキセルで「回しのみ」され、それによって集まった人間が一つの心を持つようになったものであったが、近代以降個人的な消費が認められるようになった。

タバコは早くから結衆の手段としての機能を失った。明治・大正期の文学作品では、自分が吸おうとするときには人にも勧めるだけでなく、一人で飲むこと、つまり一人だけの場を作るためにタバコを吸うという描写もされている［松浦 1987: 38］。他の嗜好品に比べてはるかに広い喫煙空間を獲得しながらも［cf. シヴェルブシュ 1988: 133］、タバコは「個人のテリトリーを獲得する手段」となった（タバコは現在では喫煙所で「集飲」することになり、再び結衆の手段となっているともいえよう）。茶の湯においても井伊直弼（一八一五—一八六〇）によって独座観念という一人で飲む茶の湯が提唱された［熊倉 1990: 13］。

酒の場合、つい近頃までは一杯酒をぐいと引っかけるなどは、人柄を重んずる者には到底できぬことであった［柳田 1979: 143–144］。酒を飲む場所が、儀礼の席や寄合での宴から、レストラン、バー、スナック、居酒屋、家庭の食卓、私室というように多様化しているだけでなく、バーや私室では一人で飲む機会も増えてきている［鷲田 1999: 12–13］ことは、何も鷲田の指摘を待つまでもない。

日本の孤独な酒同様、ヨーロッパでも酒は孤独なものになる。一八世紀初めまで、ビールはイギリスの国民飲料として不動の地位を占めていたが、一八世紀半ばになると、蒸留酒の消費量が急激な伸びを占める。産業革命が労働者に悲惨な状況をもたらし、労働者は現実逃避を飲酒に求めた。蒸留酒はビールよりもアルコール分が一〇倍あるため、酩酊ではなく麻痺をもたらす。蒸留酒は社会的な連帯を強める酔いではない。蒸留酒によって孤独な飲酒が生まれた［シヴェルブシュ 1988: 158–166］。

カートは消費量が増える過程でセッションの儀礼性が失われ、セッションは日常化した。カートも個人で消費することが認められるようになったのはすでに述べた。しかしカートを噛むことは「個人のテリトリーを獲得する手段」とはならない。噛まない人に囲まれてカートを噛んだとしても「個人のテリトリーを獲得する」ことはできない。一人で噛みたいときは個室に行くしかない。個人で消費することは認められるが、カートは結衆の機能を失ったわけではない。

サナアでは喫煙もまた「個人のテリトリーを獲得する手段」となっていない。というのも、愛煙家であっても紙巻きタバコとライターを常に身につけているわけではなく、吸いたいときに持ち合わせがなかったら誰かから一本もらい、ライターも借りることがきわめて多い。反対に自分が吸うときに、近くにいる人に一本勧めることも多い。「回しのみ」はしていないが、水ギセルの「集飲」の名残が残っているといえるだろう。

(2) スピードアップとスピードダウン

多様化の次の特徴は、過程の簡素化、スピードアップである。ヨーロッパにおいて一七〜一八世紀ではパイプが一般的な喫煙具であった。一九世紀の初頭には葉巻が加わり、さらに一九世紀後半になって紙巻きタバコが登場した。この進化を一言で表すとすれば、まさにスピードアップである［シヴェルブシュ 1988: 118］。

パイプによる喫煙は、いろいろな小道具やコツが必要で、パイプをふかすまでの準備はおろそかにできない過程である。一九世紀初頭に葉巻が登場すると、このプロセスは不用になった。葉巻はちゃんとした完成品だから、後はただ吸い口を切って、口にくわえればいい。しばらくのちにマッチが発明されると、マッチはそれまでの骨の折れる火打ちのプロセスを、一挙に短縮した。葉巻が現れてから半世紀後、このスピードアップの過程は紙巻きタバコの登場とともにもう一度再現される。紙巻きタバコも、葉巻と同様にいつでも吸える状態で供給されるが、違うのは吸い終わるまでの時間であり、これが今度は大幅に短縮された［シヴェルブシュ 1988: 119］。

近代になって登場した新しいアルコール飲料である蒸留酒（医薬用としては中世から使われていた）もまた酔いをスピードアップさせた。蒸留酒はおおまかにいって伝統的なビールの一〇倍ものアルコール分を含んでいる。ビールやワインは何度にも分けて飲まれ、酔いもゆっくりと進行するが、蒸留酒はぐいと一気に飲まれ、酔うのもあっという間である。つまり酔うためにそれまで必要だった量の一〇分の一で済むのである。あるいは今までの一〇分の一の時間で酔っぱらえるということである［シヴェルブシュ 1988: 162］。

簡素化、スピードアップとは反対の道を選んだのが、茶の湯である。茶の湯は儀礼的な過程に時間をかけることに意味がある。それは武士や豪商から一般の町人、さらには女子の嗜み、女性の習いごととして参加者を変化させながらも［加藤恵津子 2004］、その過程を省略しないことにおいて変化していない。回しのみは現在でも行われている(14)。

カートもスピードアップは進んでいない。一九七〇年代と同様に三～四時間以上かけて噛むものである。仕事の関係などで短時間で切り上げなければならない人はいるが、セッション自体が短縮しているわけではない。カートは持続的に葉を補給し続けなければ効果が続かないという性質を持つが、三～四時間噛まなければならないということではない。五分や一〇分でカートの効果を期待するのは難しいが、三〇分や一時間あれば不可能ではない。カートは茶の湯のような儀礼的なプロセスは発達していないが、長く時間をかけることに意味がある。

水ギセルはスタンドの下部に水を入れ、長いパイプをスタンドにつなげ、炭を熾し、タバコの葉を洗うなど、準備に手間がかかる。また準備してしまえば二～三時間かけてゆっくりと数人でパイプを回して味わうが、炭やタバコの葉の様子を見て足りなかったら足したりするなど、飲んでいる最中も手間がかかる。後片付けも炭やタバコの葉を処分し、長いパイプをスタンドから外し、スタンドにたまった水を捨てなければならない。ここ一〇年で水ギセルの消費は減ったように思われる。手間のかかる水ギセルが減って手軽な紙巻きタバコが増えたことはスピードアップであるが、すでに述べたように個人化はあまり進んでいない。

(3) 制限あるいは禁止の動き

ヨーロッパや日本では酒は酔い潰れるまで飲むものであった。酩酊感の共有は回しのみに伴う結果であった。しかし回しのみが行われなくなると、酩酊感の共有も必然的になくなった。正体もなく酔っぱらうことは批判され、減少した。

宗教改革の時代にヨーロッパでは節酒運動が始まったが、成果はいまひとつであった［シヴェルブシュ 1988:

32］。一八世紀末および一九世紀の初頭、飲酒量の増大という社会現象とラエネック（一七八一―一八二六）による解剖医学の確立とともに、アルコール中毒の病理学に関する最初の研究がヨーロッパ北部と新大陸で始まった［ヌリッソン 1996: 169］。アルコール中毒は問題視されるというよりも悪徳だと考えられるようになった。一九世紀になるとイギリスやアメリカでは節酒運動（temperance movement）、フランスではアル中防止運動が起こったが、それほど効果を上げたわけではなかった［ヌリッソン 1996: 212–228; 見市 2001: 322］。イギリスでは国民的悪徳としての酩酊が事実上なくなったのは両大戦間期であり、その背景に民衆の著しい生活の向上と、ラジオと映画に代表されるレジャーの多様化などがあった［見市 2001: 306］。フランスにおいても一九世紀から住居、食事、余暇などの点で生活習慣の改善がさまざまなレベルで試みられたが、イギリスよりも早い時期に問題が解決したわけではない。一九世紀末には大多数の医者がアルコールこそすべての疾病の根源であるとさえ考え、犯罪との相関関係も指摘された［ヌリッソン 1996: 179–194］。

タバコに対する包囲網は、世界的に徐々に狭まっている（とはいえイエメンでは禁煙がほとんど進んでいないことはこれまで述べてきたことから明らかであろう）。タバコが身体に悪い影響を及ぼすという指摘は決して新しいものではないが、健康の観点からタバコの宣伝が控えられ、禁煙や分煙が進むようになったのは、日本では最近のことである。

カートもまたカイフを求めるような噛み方ではなくなった。結衆の手段としてのカートの機能が弱まったことの当然の結果であろう。しかし全体的な消費量は増加している。カート消費の低減や撲滅をめざす運動は行われているものの、今のところ効果は表れていない。カートを噛まないという個人的な選択は反社会的ではないものとして認められてきてもいるが、カートに代わる娯楽の充実は進んでいない。

イエメンの反カート運動について補足しておこう。一九九〇年の南北イエメン統合後、民間による反カート運動が始まった。一九九二年一月一六日に反カート協会が設立され、市民七〇人が参加した。カートのない社会をめざし、テレビ、雑誌、パンフレット、ポスターなどでカートの社会的・経済的・医学的な効果に対し人々の関心を向かせようとするものである［al-Motarreb et al. 2002: 412］。

イエメンのＮＧＯであるアフィーフ文化財団（*Mu'assasat al-'Afīf al-Thaqāfīya*）[15]は事典編纂やスポーツ交流などの文化事業を行っているが、カート撲滅運動も行い、カートに関する研究書も発行している［Mu'assasat al-'Afīf al-Thaqāfīya 1997］。

同財団に限らず、特に二〇一二年は反カート運動が盛りあがった。フェイスブックでカートなしで過ごす日を呼びかけたり［Yemen Times 2012-1538］、カートをやめてカフェで過ごすために新しいカフェがサナアに開店したり［Yemen Times 2012-1627］、カートなしの結婚式が行われたり［Yemen Times 2012-1635］している。実際のところこのような反カート運動はカート消費の減少を招くほどの効果は見られないが、一定の勢力となっている。一方、大多数を占めるであろう「親」カート派は生産者、商人、消費者を問わず組織化されていず、反カート運動に対抗する術を持っていない。

(4) 再び結衆の手段

消費の多様化が進んでいるにしても、酒は結衆の手段としての機能を失ったわけではない[16]。一九三〇年代でもイギリスでは居酒屋で数人がビールを順々におごり合うラウンドという飲み方が行われていた。たとえその気がなくても、たとえ払う金がなくても、このおごりのラウンドに参加しなければならない暗黙の義務があった［シヴェルブシュ 1988: 176–177］。

第二次世界大戦中、イギリスではパブは階級間の障壁を取り除くのに一役買った。ロンドン大空襲の際、パブの地下室は防空壕の役割を果たした。戦局が厳しさを増すにつれて人々の同胞意識が強まり、士官と兵士が、あるいは共通の敵ドイツに立ち向かう連合軍の兵士たちが一緒にビールを飲むことが、政府のプロパガンダの側面があったにしろ、人々に喧伝された［飯田 2008 : 211］。

フランスでは第一次世界大戦期に「アルコール飲料を擁護する者は無意識のうちに国民の敵となっている」とまでいわれた。前線で戦う兵士以外の国民には、酒類提供店の開店時間を短縮したり、出入りする時間帯を階級ごとに設定したりするなどといった、アルコールに対するさまざまな規制が作られた［ヌリッソン 1996 : 274-280］。しかし両大戦期にはフランスのワイン消費量は頂点に達し、フランスはかつてないほどワインを軸に団結した［ヌリッソン 1996 : 301］。

カートは消費の多様化がまさに現在起こっているが、結衆の機能を失ったわけではない。それはアンケートのなかで多くの人々がカートの長所や噛む理由で人々が集まる、あるいは誰かと過ごす点を指摘していること、カートを噛まない人々をセッションから排除することなく、噛まない人々もセッションへの参加を時には楽しんでいることからも明らかである。個人的な気分転換がカートに求められることが増えたが、カートを一人で噛むだけではそのような気分は十分には得られないのである。

(5) おわりに

いろいろな嗜好品を時間の幅を大きくとって比較してきた。カートは消費形態が多様化しているという点で、他の嗜好品と同じ道を歩んでいるといえる。カートは消費の個人化が進んでいるが、現在でも結衆の手段となりうる点で酒と似ている。また酒が酩酊を求めない飲み方になったように、カートもカイフを求めないようになった点でも酒と似ている。ただし消費にかける時間がスピードアップしていない点でカートは茶の湯と似ているが、茶の湯のように儀礼化が進んでいるわけではない。セッション会場は、客の均質化という変化の点ではイギリスのコーヒーハウスの変化に似ているが、初期のコーヒーハウスほどオープンではない。

他の嗜好品と比較すると、カートは個人が各自購入して持参することと、セッション会場が主に個人の家であることが大きな特徴である。カートの購入には個人の嗜好と懐具合が最優先されるが、それは表向き問われないことになっている。カートが普及する際、カート会場は新たに創設されず、個人の家が提供された。カートに手を加える必要がなく、特別な加工技術も必要なく、市場で買ってきて生の葉を噛むだけという単純さが、その理由の一つであろう。噛む場所は確かに多様化しているが、新たにカート専門の会場が創設されたわけではない。そして消費する割合や消費する場所には男女間で相違があるものの、セッション自体は男女別々であれ、男女に開かれていることも確認しておきたい。これは世界的に見てもユニークな特徴であろう。

カートは消費の多様化が進み、一九七〇年代に感じられたカイフやスレイマーニーヤの時を共有することによる一体感はない。同じ空間にいても個人的な行為は認められ、個人的なリラックスや活力が求められている。しかしカートは結衆の機能を失ったわけではない。カートは水ギセルや紙巻きタバコとともに、結衆の手段であり続けている。セッション会場はカートを噛まない人を拒まず、彼らも巻き込んだものである。

注

(1) 日本語の「嗜好品」はドイツ語から明治期に翻訳されたものだと考えられる［cf. 高田 2016: 1］。

(2) 喫煙の習慣は船乗りによって伝えられ、次第に庶民に広まったが、有識者たちはこれをアメリカ先住民の忌むべき陋習とみなし、タバコに対し強い拒絶反応を示した。彼らにタバコが広まるのはタバコの効用が説かれてからである［上野 1998: 55］。

(3) 現在でも、特にコーヒーが「身体にいい」「〇〇に効く」といった表現がインターネットに（数ヶ月に一度ともいえる割合で）出回ることを考えると、嗜好品にクスリの効果を期待するのは今も昔も同じといえるのではないか。

(4) コーヒー、茶、タバコのうちで、タバコは最も栽培地域が広く、ヨーロッパや日本でも栽培が可能である［上野 1998］。アルコールは世界各地の原材料で作られてきたため、世界規模での交易は展開されなかった。

(5) 回しのみされる酒は横のつながりを強化することにつながるが、酒礼を通して主従関係を確認したり、社会秩序を構築、確認したりすることも忘れてはならないだろう。日本の事例は今関［2007］、安藤［2007］、中国の事例はダニエルス［2007］を参照。

（6）官庁、軍隊、学校、会社などの内部の親睦、慰労、歓送会から、事業関係の外部との顔つなぎや県人会・同窓会などに至るまで、集まる機会が増える一方であった［宮本常一 1955: 182］ことも、明治時代の大きな特徴である。

（7）アルコールの酩酊に対するコーヒーの「さめ」は、感覚的で文学的な表現である。というのも中枢機能から考えると、アルコールは抑制、カフェインは興奮だからである。ちなみにニコチンは興奮、カートの成分であるカチノンも興奮である。

（8）タイズ市で売られているカートは、ビニール袋の色で主な生産地がわかるようになっている［大坪 2016: 154–155］。

（9）イギリスの初期のコーヒーハウスにはアルコール類、薬物、賭博はなく、売春とも無縁だった［小林章夫 1984: 38–41］。

（10）例えば弓削によるサロンの定義［弓削 1998: 253］にも嗜好品は挙げられていない。

（11）エジプトのマクハーの様子は小杉［1998］参照。

（12）サナアでは一九六二年の革命以前においても、喫茶店は男性の社交の場ではなかった。喫茶店にいるのは一種の不良で、喫茶店に行くことははしたない行為だった。当時の喫茶店ではカロムやドミノが行われていた（現在喫茶店ではほとんど行われていない）（二〇〇七年一月七日インタビュー）。現在男性が喫茶店に行くことははしたない行為ではない。

（13）集団消費から個人消費という変化（「近代化」）は熊倉や高田が指摘しているが、両者とも集団消費していた状態をそれぞれ結衆の手段、儀礼の媒介物と呼び、嗜好品と呼んではいない［熊倉 1996; 高田 2004-b］。しかし「近代化」以前においても、個人的な消費がまったく行われなかったわけではない［熊倉 1990: 58］ので、筆者は「近代化」以前の段階も嗜好品と呼ぶ。

（14）コーヒーの原産国エチオピアにおいても、コーヒー豆を選別するところから始め、炭を熾して豆を煎り、途中で乳香を焚き、実際にコーヒーを飲むまでに時間をかける。日本の茶道が英語でティー・セレモニーと訳されるのに対し、エチオピアのコーヒーを入れるまでの過程もコーヒー・セレモニーと呼ばれるが、後者は現在でも日常的に一般家庭で行われている（二〇一六年八月エチオピアでの調査）。

（15） http://www.y.net.ye/alafif/INDEX.HTM
（16） 日本の会社の飲み会に関しては、例えばベン＝アリ［2000］参照。

コラム
イルハームの決断

マリカの妹イルハームの婚約は、たまたま私が調査でマリカの家に居候していて、ラマダーン月まであと一ヶ月弱というときに行われた。相手はエジプト留学中で、一時帰国して婚約し、ラマダーン月が終わったら契約、披露宴を行うという段取りだった。

婚約はイルハームの家で行われた。イルハームの姉妹や従姉妹たちはイルハームの相手を盗み見しては大いに盛り上がった（彼が父親たちと一緒に家に出入りするときが盗み見をするチャンスである）。婚約成立後、イルハームは帰国する相手と別室で二人きりで会った。そのときイルハームは髪をスカーフで隠していた。

彼と会った後、イルハームは兄姉たちに「彼と一緒に断食したい」といった。つまり契約、披露宴を二ヶ月ほどくり上げてほしいということである。当時イルハームは二〇才。両親は他界していて、普段は兄二人とその家族と一緒に住むためか、マリカら四人姉妹のなかでも、従姉妹たちを加えても、他のイエメン人女性と比べても、非常におとなしく、自己主張するタイプに見えなかった。契約、披露宴をくり上げて行うのは準備が大変である。一人でエジプトに向かうことも、（若いイエメン人女性にとって）非常に勇気のいることだ。それを押して彼女は自分の意志を告げ、彼女の兄姉たちは彼女の意志を叶えることにした。

それからマリカの活躍が始まった。母親が生きていれば母親がやるだろう仕事を彼女が一手に引き受けた。私は彼女にくっついてどこにでも行った。結婚式場を押さえ、必要なものを買い揃え、家に戻って電卓を叩く(花婿側からの婚資はマリカが預かっていたようだ)。ウェディングドレスは結局新調せず、数ヶ月前に結婚した従姉妹のものを着ることにした。

私はイルハームの家で行われたジッバールの日とナクシュの日まで参加したが、その後は帰国してしまい参加できなかった。数ヶ月後にマリカと再会したときに、その後の様子を聞いた。イルハームは結婚式場でハフラの日を祝った後に実家に戻り、数日後一人でエジプトに旅立ち、エジプトの空港で彼に会い、ラマダーン月から一緒に暮らし始めた。妹の結婚を仕切ったマリカはラマダーン月が始まると、一気に疲れが出てダウンしてしまったそうだ。

ハフラの日に花嫁を迎える少女たち　(2003年撮影)

第Ⅲ部　カートを作る

カート生産地にて

二〇〇九年八月某日。一三時すぎにサナアの宿泊先を出発する。普段なら午前中に出発するところだが、今はラマダーン月だ。ラマダーン月は日中飲食が禁止である。飲食可能な夜間に活動して、明け方に寝る。一眠りしてからの出発というわけだ。運転手と助手席に座っているアシスタントは断食中である。私はイスラーム教徒ではないので断食する必要はないが、断食している。生活パターンが夜型になっていること、滞在先のホテルの男性スタッフ（前述の、タバコが大好きな連中である）が私が断食をすることを好ましく思っているということが、断食につきあう理由だ。午前中は眠っているから、実際に断食をするのは午後の六時間程度である。

四輪駆動車に乗ってしばらくすると、カート畑が見えてくる。深緑色の葉が、細い幹から空に向かって伸びる枝に密集している。

サナアは盆地にあるため、東西南北どの方向に向かうにしても、山を越えなければならない。市街地にカート畑はほとんどない。カート畑が見える頃には、登り坂になる。日本の山は木々に覆われて緑色だが、イエメンの山は雨季以外はベージュ色だ。カート畑は一年を通して深緑色で、しかも幹線道路沿いにあるのでいっそう目につく（ただしカートの木で重要なのは、車窓から目に入る深緑色の葉ではなく、ほんの先端の黄緑色の新芽である）。夏は雨季にあたり、山肌もうっすらと緑がかる。道を進んでいくと、カートの深緑色に加えて、大麦畑やトウモロコシ畑など明るい緑色が階段耕地を刻む。

今日の目的地はカートの生産地のA村である。数日前にサナアで知り合いになったムハンマド氏の持つカート畑を見せてもらい、話を聞くのだ。幹線道路を一時間半ほど行くと、ゆるやかな山道沿いにカート市場が見えてくる。通り沿いの店舗や、トラックの荷台でカートが売られている。カートを売る人も買う人も男性ばかりである。夕方に近づいたら、もっと混雑するだろう。通常カートは昼食後に噛むものだが、断食中は、断食明けの夕食（フトゥール）を食べ終えてから噛み始めるからである。われわれは市場を横目に、道を急ぐ。

カート市場をすぎてしばらくしてから、幹線道路を下り、岩だらけの急斜面を下る。四輪駆動車の面目躍如である。運転手はスピードを落として、慎重にハンドルを切る。私は後部座席から「ダラー、ダラー（ゆっくり、ゆっくり）」といいながら、体が滑らないように、窓の上のハンドルをしっかりと摑む。

途中で携帯電話で連絡しておいたので、ムハンマド氏は坂の下で待っていた。運転で疲れた運転手は車内で休むというので、アシスタントと私は車を降り、ムハンマド氏の後についてまず畑を見せてもらうことにする。丈が三メートル近いソルガム、トウモロコシ、豆、トマト、コーヒー、カート。畑の中を歩いているとはいえ、高低差があり、場所によっては岩山をよじ登り、飛び下りなければならない。豆の畑にはアーモンドの木も一緒に植えてある。カートとコーヒーが並んで植えられている畑もある。盗難防止のため葉が白いペンキで塗られているカートの木もある（第7章扉写真参照）。

カートを生産する側から見たときの利点は、手間がかからないことである。カートは寒さや暑さに比較的強い。主な作業は灌水と施肥だけ。新芽を摘んでビニール袋に入れれば、それで売れる。コーヒー豆のように洗ったり、乾燥させたりしなくてよい。そのため幹線道路沿いの、特に車のスピードが落ちるカーブの道路脇には、カートを入れたビニール袋を手にした少年や男性が立っていることがある。通過する車に乗っている人々にカートを売るためだ。またカート畑のそばには、見張り小屋が必ずといっていいほど建っている。カートを盗みにくる者に対する用心である。ムハンマド氏のカート畑にも見張り小屋がある。隣人から何度か嫌がらせを受けた話を聞く。

一通り畑を見て、母屋へ戻る途中、ムハンマド氏が夕食を食べていくよう勧める。自分の畑のカートも噛んでいけという。アシスタントと私は顔を見合わせて即答を避ける。そういう話が出ることは十分予想していたことだが、始めから快諾するのは少々厚かましく、また車の中で休んでいる運転手が、サナアに戻って夕食を食べたいと言っていたからだ。

母屋に近いカート畑まで戻ってくると、ムハンマド氏はカートを入れるビニール袋を取りに、足早に母屋へ戻った。今晩噛むためのカートをこれから収穫するのである。その間アシスタントと話をし、夕食の準備はすでに始められているはずだから、夕食とカートをいただくべきだろうということになり、戻ってきたムハンマド氏にあらためて告げる。

この畑のカートの木は高く、四〜五メートルある。樹齢は一七〜八年だというが、幹は細く、直径二〇センチ程度である。ムハンマド氏は見上げて適当な枝を探し、履いていたサンダルを脱ぎ棄て、木に登り始めた。両手両足を使い、幹をしならせながら、あっという間に登り、適当な枝を探し、折って下へ落とす。隣の木の枝にも手を伸ばして、どんどん折っていく。ムハンマド氏が落とす枝は長さが四〇〜五〇センチで、落ちた枝は、アシスタントが拾って、噛むのに適した葉のついた枝だけになるよう、さらに短く折っていく。私はムハンマド氏とアシスタントの作業を見ている（カートの収穫は木に登らなければならないというわけではない。梯子を使うことはまったく問題ないし、それほど高くない木も多い）。

ビニール袋にカートを詰め終え、母屋に向かう。母屋からムハンマド氏の母親が出てきたので、ムハンマド氏は軽く会釈をするが、アシスタントは素通りをする。私は近寄って挨拶（抱き合って頬にキスをし、挨拶の言葉を交わす）をしたため、二人からやや遅れてしまった。母屋に入ると中は真っ暗で、日差しの強い外から屋内に入ると、よく見えない。照明のない真っ暗な階段を上るのが難しいため、母親が手をとって助けてくれる。見えないのは私だけなのだ。ようやく屋上についた。

ムハンマド氏は用事があるので姿を消し、ムハンマド氏のすぐ下の弟が相手をしてくれる。幼い弟や妹も、外国人の客を珍しそうに眺めに来る。すでに運転手は屋上にいて、屋上からの風景を見て機嫌もよさそうだ。今晩の予定をムハンマド氏から話を聞いて、了解しているので、ちょっと安心した。

屋上には鶏が数匹放し飼いになっていて、一畳程度の青いビニールシートの上に、コーヒー豆が干してある。空気は澄んでいて、室内にいるよりも心地よい。眼下には緑の畑が広がる。A村のあるアハジュル地方は北から南へゆるやかな斜面になっているため、日当たりが良く、泉も多いので、数多くの農作物が生産されている。緑の間から茶色い石造りの家が顔を出す。あちこちの家から煙が立ち上る。夕食の準備である。

しばらくしてから三階の客間に通され、テレビを見て待つ。マグリブのアザーンが聞こえると、ナツメヤシの実とルフーフ（ソルガムから作ったクレープ状のパン）とサハーウィク（トマトをつぶしたものに、塩、ニンニク、香辛料で味付けしたもの）を食べ、コーヒーを飲む。それからムハンマド氏、運転手、アシスタント、ムハンマド氏の弟は並んで礼拝を始める。普段の礼拝は個々人でばらばらに行うが、ラマダーン月の間はなるべく一緒に礼拝を行うべきだからである。

しばらくして別室へ移動し、夕食を食べる。われわれ三人、ムハンマド氏と彼の親族の男性が三人。男性ばかりである。男女の生活の分離が比較的厳密なイエメンでは、男性の客がいるときに、女性は姿を現さない。台所から食事を運んでくるのはムハンマド氏や弟の仕事である。私はムハンマド氏の客なので、男性扱いなのである。しかしさきほどムハンマド氏の母親と会ったとき、アシスタントはマナー通りに素通りしたが、私は挨拶をした。私はムハンマド氏の客だから男性のように振舞っても問題はないが、私は女性同士の挨拶の仕方を知っているので、そのときは女性として母親に挨拶をしたのである。外国人女性は時に男性、時に女性扱いとなる、曖昧な存在である（男性女性両方の世界を見られるので幸運だといえる）。

夕食に出てきたものはタビーフ（野菜のトマト煮）、ヘルバ、[1] パン（インド料理のナンに似ているが、円形である。自家製）、デザートにバナナ。[2] 食べるときにはほとんど話はしない。話をするのは食後、カートを噛みながらする。

再び客間に戻ってカートを噛み始める。客人であるわれわれは上座である部屋の奥に座る。A村の湧き水を詰めたペットボトルを渡される。アハジュル地方には三六〇の泉があり、一年間毎日異なる泉の水が飲めるそうだ。サナアに帰りたがっていた運転手も、新鮮なカートと湧き水で上機嫌である。

カートを噛みながら、ムハンマド氏を交えて世間話を始める。A村の属する郡では、婚資が百万リヤル近くにまで高騰したため、この地方出身のサナア大学法学部教授が減額を提案し、人々が話し合って二二万リヤルに下げたそうだ。(3) ムハンマド氏はラマダーン月が終わったら婚約することになっている。

少しずつ噛む人が増える。ムハンマド氏のイトコのルトゥフ氏と弟、隣人が数名。同居しているムハンマド氏の父や兄、弟も部屋に入ってくる。もちろん男性ばかりである。ラマダーン月の特別番組を見ながら、それぞれが持参したカートをゆっくり口に運ぶ。

私が質問をすると、何人かが答える。A村のカート栽培の歴史。カートによる生活の変化。カートとコーヒー(アハジュル地方はコーヒー栽培で有名だ)。カート以外の農作物。

午後一一時半、数日後の再会を約束し、われわれは帰途についた。

注

(1) 英語で fenugreek というスパイス。インド料理などでは調味料として用いられるが、サナアでは調味料としては用いない。①スパイスそのものだけでなく、②ヘルバを水でふやかして攪拌し、ニラを加えたものや、③野菜のトマト煮などにヘルバをかけた料理全体もヘルバと呼ぶ。ここでは③の意味である。大坪[2007]参照。

(2) バナナは一年中出回っている安価な果物であるが、食後にデザートを食べるのは特に決まっているわけではなく、バナナが出たのは、われわれ客人がいたからである。

(3) 二〇〇九年八月の為替レートは一ドル=二〇四〜二四五リヤル。農村部なのでサナアよりも婚資の金額は低い。第2章の注21を参照。

第6章
生産者とカート

㊤ A村でカートを収穫するムハンマド氏
㊥ K村のカートと見張り小屋（手前は豆畑）
㊦ Q村のカート畑　　　　　　（すべて2009年撮影）

1　生産方法

(1)　栽培手順

カートは酸性で水捌けがよい粘土質の土壌でよく生育する［McKee 1987: 762］。どちらかというと痩せた土地でよい。K村では、カートには、雨水がすぐに捌ける砂利の混じった痩せた土壌がよいと聞いた。

カートは種ではなく、木の根元に生えている細い部分（*silkha*）を根から掘り返して、別の畑に植えかえて増やす。噛むのに適した葉が生長するまでに三～四年かかる。条件がよければその後五〇年間［al-Motarreb et al. 2002: 404］収穫できる。実際にはそれ以上の樹齢のカートの木も、カートの名産地には存在する。新しく植えてから五～六年で初期投資が回収できるのもカートの魅力である［Fara' and Alawi 2002: 78］が、特に最初の数年間は手をかけないと、いいカートに育たない（二〇一三年八月一八日インタビュー）。

カートは常緑樹で、年間を通して緑色の葉が生い茂っている。しかし夏季はカートの生長が早く、雨季であるため灌漑用水を使用する回数と量が減るので、カートは安くなる。ただし雨が多すぎると葉が黄みを帯び、カートの味が悪くなる。反対に乾季となる冬季は気温が低く、雨が降らないため生産量が減るので化学肥料や灌漑用水を使い、結果カートの価格は上昇する。化学肥料や農薬をまったく使用しなかったり、天水のみで栽培したりすると、市場では高値で売れるが、そのような栽培方法では生産量が減り、冬季に市場に出回らないこともある。

生産者は、実際に使っているにしても、化学肥料や農薬の使用を隠し、またカート商人も（それらの使用の事実を知っていたとしても）売るときに隠す傾向にある（とはいえ、簡単には消費者を騙せないのだが）。牛、ロバ、羊やヤギの厩肥は、下肥よりもよく利用され、化学肥料のように、使用方法や頻度によってカートの価格や品質に影響を与えることはない。収穫前などに、虫除けや病気対策にトゥラーブ（*turāb*）と呼ばれる細かい白い土をカートに投げつけるが、これもカートの価格に影響しない。ネッサと呼ばれる小さな虫がある程度カートにつくのはよいが（カートの余計な水分を吸い取ってくれると考えられている）、つきすぎるのはよくない。消費者は「有機栽培」を好むので、生産者はトゥラーブやネッサを使った方法を維持している［cf. al-Motarreb et al. 2002: 404］。しかし「有機栽培」でないカートは生産量が増えるため、比較的安価に出回り、それを求める消費者も少なくない。

カートは比較的寒さに強いが、しかしそれでも対策は必要である。寒さ対策としてトゥラーブ、壁土、獣糞、灰などを混ぜたジブル（*dhibl*）をカートの幹の下の方につけることもある。またトゥラーブだけを幹につけることもある（二〇〇七年一月五日インタビュー）。

(2) 収　穫

カート畑の土は通常乾燥している。収穫する時期が近づくと、収穫する区画のカートにだけトゥラーブをつけ、一週間ほど灌漑用水を入れる。水量は降水量にもよるが、夏季なら二～三回、一回につき三～四時間ほど行う。このときに農薬を与えてから収穫することもある［cf. Abdullah et al. 2002: 107］。

収穫は、生産者が家族で行うこともあるし、商人が労働者を使って行うこともある。機械化はされておらず、すべて手作業で行われる。高さが四～五メートルになることもあり、その場合は梯子を使ったり、木に登ったりして収穫する。ほとんどの場合、収穫は明け方暗いうちに行われ、すぐに市場に運搬される（ラマダーン月でも収穫は明け方に行われる）。サナアには夜もカートを売る市場があり、そこで売られるカートは午後に収穫されることもある。

収穫は年間で数回行われ、標高差や灌水のタイミングで収穫時期がずれるので、市場には年間を通してカートが出回る。

家族による小規模な生産方法［Weir 1985-a: 34］は一九七〇年代から変わっていない。所有する畑の広さに違いはあるが、大土地所有者が小作人を雇ってカート栽培を行わせたり、企業経営が導入されたりといった生産の大規模化は、筆者の知る限りサナア近郊では行われていない。

(3) 灌漑用水、農薬・化学肥料の使用

一九七〇年代にカートの生産量が増加した理由は、イエメン人男性の多くがサウディアラビアに出稼ぎに行き、農村部は人手不足となり、それまで栽培されていた農作物を凌駕して、手軽なカートが栽培されるようになったことである（第1章）。しかしその後もカートの生産量は増えている。それはサナア市内の市場に出回るカートの量や、郊外で幹線道路沿いに広がるカート畑の増加から実感できる。一九七〇年代以降の生産量の増加には、どのような背景があるのか、ここで検討したい。注目すべきは灌漑用水と農薬・化学肥料の使用であり、このためカートは手軽な農作物から、手間のかかる農作物になった。

灌水

カートの生産量の増加の要因は、まず灌漑用水の使用が指摘できる。一九七〇年代は多くの地域でカート栽培は天水に頼っていた。カート栽培には年間五〇〇～一〇〇〇ミリメートルの降水量が必要であり［Weir 1985-a: 30］、降水量が年間四〇〇ミリメートル以下か八〇〇ミリメートル以上では生長が遅くなり、最適な降水量は六〇〇ミリメートルである［Kennedy 1987: 136］。雨が十分に降れば収穫は年間二～三回できたが、雨が少ないと収穫は一回かあるいはできなかった［Weir 1985-a: 32］というように、雨頼みだったのが一九七〇年代のカート栽培である。

当時カートはソルガム（*dhura*）やコーヒーよりも水を必要としなかった。そもそも灌漑施設が普及しておら

ず、灌漑施設を用いたカート栽培はワーディー・ダハルなどに限られていた［Kennedy et al. 1983: 784］。カートは生産者にとって文字通り手のかからない農作物であった。

しかし徐々に灌漑施設の整備が広まった。井戸の掘削に使うディーゼル油や電気は補助金によって価格が低く設定され、またポンプの購入にはローンが組めた［FAO 2002: 40］。現在では天水だけで栽培していることはカートの価値と価格をあげるが、それは灌漑用水を利用しているカート栽培が増加していることを意味する。一九七〇年代であればカート栽培に適さない降水量の少ない地域でも、現在ではカート栽培が可能になった。例えば年間降水量が二五〇ミリメートル程度のサナア州のある村では年間に一ヘクタールあたり二八五七立方メートル、別の村では三六三三立方メートルの灌漑用水を用いてカートを栽培している［Abdullah et al. 2002: 116］。

現在では灌漑用水の利用が多いため、一九七〇年代に比べればカートは手のかかる作物となった。カートに水を多く与えれば、生産量をある程度増やすことができる。しかし水を過剰に与えたカートは味が落ち、消費者から嫌われる傾向にある。

雨水だけで育てたカートはカート・アガル（*qāt ʻaqar*）と呼ばれる。化学肥料を使うと灌水も必要となるので、雨水だけで育てたということは、つまり化学肥料も使っていないことを意味する。収穫は一年に一～二回しかできないが、市場では人気があり、高値で売買される。一九七〇年代には当たり前の栽培方法で生産されたカートは、現在では価値あるカートになった(1)。

農薬・化学肥料

カートは比較的病害虫に強いので、一九七〇年代は他の農作物がイナゴの被害にあっても、カートは無事だった。害虫に対してはトゥラーブをふりかける程度の対策しかとらない地方もあった。一部の地域ではＤＤＴなどの殺虫剤が使われたが、使用は限られていた［Kennedy 1987: 140–141］。現在では化学肥料には単肥や複合肥料、農薬にはトパーズやスーパーアシッドと呼ばれる殺虫剤が使われている［Abdullah et al. 2002: 107, 111］。

カートにある程度水や化学肥料を与えると、ルバトは年に一～二回、ルースは年に二回、ガタルは年に三～四回収穫することが可能である。さらに水や化学肥料を与えると、収穫回数をそれぞれ一～二回程度増やすことはできるが、カートの味が落ち、大量に化学肥料を使ったカートの人気は落ち、[2]その上カートの木の幹は太くならず、しかも寿命が短くなり、土地が痩せる（二〇〇七年一月八日インタビュー）。

農薬を使うのは収穫の直前である。カートの葉を食べる虫や小鳥がいるため農薬をまいて駆除してから収穫する。国際的に使用が禁止されているＤＤＴ、リンデン、パラチオンなどの殺虫剤が不法に国内に出回り、モノクロトホス、メソミルなどの危険な殺虫剤も使われている［Thabit 2002: 19］。

農薬や化学肥料が使われていても、生産者や商人はあえて公言しないので、消費者にとっては自分の視覚や味覚が頼りとなる。カートは生の葉を直接口にするため、農薬や化学肥料の人体への影響は大きいと考えられ、その点からカートに反対する声もある。消費者はカートを洗って防いでいるが、[3]カートを洗うとカートの風味が落ちると考え、カートを洗わない人もいる。

以上のことから、灌漑用水、農薬や化学肥料の多用が、カートの生産量の増加の一端を担っていることが指摘できる。[4]一九七〇年代のカートの生産量が増加した理由の一つに、カート栽培は手間がかからないという点が指摘されたが、現在ではカートは手間のかかる農作物になった。

2　生産者の生活

サナア近郊で古くからのカートの産地であるＱ村、比較的新しいＫ村、その中間であるＡ村の生産者四人とその家族や近隣住民に対し、カート栽培の開始、カートと他の農作物との関係、カートから得られる恩恵についてインタビューした。

(1) カート栽培の開始

Q村はサナア州ハムダーン郡にある。サナア市から北西一五キロメートルのところにあり、車で三〇分程度かかる。Q村周辺はワーディー・ダハルと呼ばれている。ワーディー・ダハルのカート栽培は古く、推定樹齢三〇〇年の木もあり、良質なカートの生産地として有名である。しかしワーディー・ダハルはブドウの生産地としても有名であり［al-'Amarī 1992: 590–591］、現在でも栽培されている。標高は一九五〇メートルで、周囲を山に囲まれているので、比較的温暖である。

K村はサナア州バニー・マタル郡にある。サナア市から西へ幹線道路を一時間弱、未舗装道路の山道を一時間程度上ったところにある。車のない時代は、徒歩では夜明けに村を出ると、昼にサナアについたそうである（二〇〇七年一月五日インタビュー）。コーヒーで有名なバニー・マタル郡にあるが、K村の標高は二七五〇メートルで、コーヒー栽培は不可能であり、カート栽培が始まったのも比較的遅い。二五年ほど前に村人がみなで始めたのだが、始めた頃は雨が多く、土壌が強い（*turāb qawwī*）ためカートが枯れた。最近は雨が少ないので、カート栽培がしやすい。村に電気が引かれたのは一〇年前である（二〇〇九年八月二五日インタビュー）。

A村はマフウィート州シバーム・コーカバーン郡にある。サナアから車で一時間半程度行き、未舗装道路を下りていったところにある。A村のあるアハジュル地方は北側が高く南側が低いなだらかな斜面になっているので比較的温暖であり、コーヒー栽培はカート栽培よりも古くから盛んである。A村のカート栽培は一〇〇年ほど前に、村人（ムハンマド氏の祖先）が、近隣の村からカートの苗を持ってきて始まった。しかしカート生産が盛んになったのはここ一〇年ほどである。

(2) カートと他の農作物

インタビューした四人(Q村のバシール氏、A村のムハンマド氏とルトゥフ氏、K村のヤヒヤー氏)の生産者は、いずれも現金収入をほとんどカートに頼っているが、カート以外にも自家消費用として果物や穀物なども作っている。カートへの依存の高い順に紹介しよう。

Q村のバシール氏はカートに非常に依存している。というのもカート以外の畑はなく、わずかなスペースに果樹を植えているだけだからである。この果樹は自家消費用で、プラム、アーモンド、マルメロ、梨などである。他の生産者のように自家消費用の穀物や野菜さえ作っていない、カートに極端に依存した状況である。

次にカートに依存しているがA村のルトゥフ氏である。数年前までコーヒーも栽培していたが、コーヒー豆は年間四〇キロ程度しか収穫できないので、コーヒーをやめてカートに転作した。自家消費用にトウモロコシとソルガムを栽培している。

同じA村で隣り合って住んでいるムハンマド氏の場合は、ルトゥフ氏とはやや異なる。現金収入はほぼカートに頼っているが、カート以外にも自家消費用として多くの農作物を作っている。自家消費用にはソルガム、大麦、トウモロコシ、トマト、ズッキーニ、大根、豆類(*bilsin, qilla, ʻatar, fāṣūliyā*)、コーヒー、プラム、モモ、レモンなど、それに飼料(*birsīm*)も栽培している。

カートに最も依存していないのがK村のヤヒヤー氏である。カート以外に自家消費用として大麦、ソルガム、トウモロコシ、小麦、ニンニク、ヘルバ、ジャガイモ、トマト、ニンジン、豆類(*bilsin, qilla, ʻatar, ʻadas*)、プラムなどを栽培している。

ルトゥフ氏、ムハンマド氏、ヤヒヤー氏の自家消費用の農作物は、余れば市場に売るが、現金収入としては少なく、現金収入はほぼカートに依存している。

(3) カートを売る

カート生産者がカートを売る方法はいくつかある。毎朝、カート商人が畑にやってきて、彼らに摘みたてのカートを売るというやり方がある。このやり方でカートを売っているのはA村のムハンマド氏とルトゥフ氏である。次に生産者が近くの市場(産地市場)へ売りに行くこともある。その市場にはカート商人がカートを仕入れに来て、商人はサナアなどの市場でカートを売る。このやり方でカートを売っているのはK村のヤヒヤー氏、A村のムハンマド氏とルトゥフ氏である。また非常に稀なケースであるが、良質のカートを生産すると、特定の人が畑ごと直接買い取ってしまい、市場にはまったく出回らないことがある。このやり方でカートを売っているのはQ村のバシール氏である。具体的な出荷方法を述べていきたい。

A村のムハンマド氏のカートの収穫は家族でファジュル(夜明け頃)に行い、ガタルとルースを袋詰めしておく。毎朝一〇人程度のカート商人が畑にやってくる。毎日ほぼ同じ商人が来るが、彼らはほとんど事前に連絡をよこす。収穫量が多ければ、予約なしで来た商人にも売る。商人には小分けしたビニール袋か、小分けしないで大きな袋で売る。サナアから来るカート商人のうち、小分けした袋を仕入れる商人と大きな袋を仕入れる商人は異なり、彼らは異なる市場でカートを売る。サナア以外にA村以西のハラーズ地方やマフウィート州のカート商人も仕入れに来る。また結婚式や葬式用にはルバトで売ることもあり、その場合は近隣から花婿や花嫁の家族や、遺族が直接買いに来る。

ルトゥフ氏もムハンマド氏同様にカートを売っている。そしてどちらも夏季はカートの生産量が増えるので、自分の畑でカート商人にカートを売るだけでなく、村の近くの幹線道路沿いにあるバーディヤ市場でもカートを自ら売る。

ルトゥフ氏によると、カート商人との取引は原則として即金払いだが、信頼があるカート商人には後払いも認めている。支払いは一〜二日待ち、一度に全額が支払えないのなら分割払いも認める。集金のためにサナアに行くこともある。夏季はカートが増え、つまり現金収入も増えるので、良い季節だという（二〇〇九年八月二〇日インタビュー）。

K村は標高が高く、年間を通して気温が低いので、化学肥料を使ってもカートの生産量は増えない。そこでヤヒヤー氏はもっぱらトゥラーブを使う。カートを市場に売るのは一～四月と九月だけで、それ以外の時期はカートを売らない。冬季はカートが寒さで枯れてしまう恐れがあるため、枯れる前にカートを収穫して売る。ただし冬季にカートに水をやると枯れてしまうので、水はやらない。

カートを売るときは、幹線道路沿いにあるマトナ市場でガタル、アマーン市場でルバトをカート商人に売る。マトナ市場やアマーン市場は村から近い上に、値段交渉に時間がかからずにすぐに売れるから、サナアに行ってカートを売る必要はないと考える（二〇〇九年八月二三日インタビュー）。

Q村は古いカートの木が多く、バシール氏の畑で最も古い木は樹齢二五〇年になる。木が古いと、そのカートの品質も良いといわれる。彼のカートは雨水とトゥラーブだけで栽培されていて、化学肥料や農薬は使わない。そのため収穫は年一回しかできない。しかしそのように栽培されたカートは非常に良質であるため、彼のカートは市場に出回らない。現在は地元の大商人（カート商人ではない）が、年間を通して買い占めている。カート畑は一五枚あり、一枚につき一ヶ月程度かけて順番に収穫している（二〇〇九年八月二一日インタビュー）。

(4) カートの恩恵

生産者は、噛む人の心身に悪影響を及ぼすのみならず、家計を蝕み、イエメン経済を圧迫し、環境を悪化し、イエメンの食料の安全保障を危うくする社会問題の根源であるカート（これらの「問題」に関しては第4章で検討した）をどのように考えているのだろうか。

生産者は総じてカートに肯定的である。A村のルトゥフ氏は、カートがあると市場が賑わうという。A村のムハンマド氏は自分の祖先が始めたカートのおかげで、自分も含め兄弟が大学に行けたという。他の村人はカートの現金収入のおかげで、生活が楽になったという。一〇年前、カート生産がそれほど広まっていない頃は、午後も農作業をしなければならなかったし、カートを噛む人も村ではほんの少数だった。しかしカートは現金収入につながり、手間もかからないので、今では午後はカートを噛んで過ごせるようになった。カートによる現金収入の増加のおかげでメッカ巡礼に行け、家を建てられた。病気になったとき、エジプトのカイロの病院にも行けた(5)。

カートによる経済的な恩恵を最も具体的に表しているのはバシール氏だろう。彼の祖父は妻が四人、彼の父は妻が二人いた。イエメンでは婚姻に際して花婿側が花嫁側に多額の婚資を支払わねばならないので、カートから得られる収入の大きさを物語っている。

おおまかな数値であるが、ムハンマド氏によると、カートは一ルブナ（約一一×一一メートル）あたり八〜一〇万リヤルの収入になる。これから必要経費が二五〜三〇%かかる。必要経費は灌漑用水（二〇〇〇リヤル／日）、化学肥料、見張り代、見張りの弾丸代などである。一方、豆類やトマトは、カートの利益の一〇%程度にしかならない。だから自家消費用の作物をやめて、カート畑を増やしたいという。

(5) おわりに

生産者たちの言葉からわかることは、まず生産者はカートを批判しないということである。彼らにとってカートは、確実な現金収入をもたらしている収入源である。カートによる現金収入のなかった時代は、A村やK村にとってはそれほど遠い昔ではない。一九七〇年代にカートの生産量と消費量が急増したことはすでに述べたが、その影響がA村やK村には遅れてやってきたといえるだろう。

カートは手間のかかる作物かどうかという点について、何度か触れてきた。一九七〇年代には手間がかからないことがカート生産が広がった大きな理由だったが、現在では灌水、施肥、農薬散布など一九七〇年代に比べれば手間のかかる作物になった。しかしA村のルトゥフ氏はカートの栽培に手間はかからないといい、ムハンマド氏はカートよりも豆類の方が手間がかかるという。実際の手間だけではなく、いかにその手間から利益が得られるかということも問題なのである。

ムハンマド氏によると、現在カートは年間五回収穫できるが、化学肥料を使うと、年間一〇回は収穫ができるという。一〇回というのはやや大げさな数字に思えるが、化学肥料を大量に使うとカートの味が落ちるので、実際には行っていない。生産者が自分のカートの品質に敏感なのは、品質がかなり密接に値段と関係するからである。化学肥料や農薬の使用は、たとえ生産者が隠していても、商人や消費者にわかるだろう。

しかし生産者はカートの利益ばかりを気にしているわけではない。摘みとって袋に入れれば売れるという手軽さから、カートは盗難に遭いやすい。カートの葉に白いペンキを塗って盗難を予防することがある。カート畑のすぐそばには見張り用の小屋が必ずある。主に夜間に盗難に遭わないように、見張り番がライフルを持ってカート畑を見張っている（こともある）。盗難を予防しても、嫉妬から嫌がらせを受けることもある。A村のムハンマド氏によると、隣人がムハンマド氏のカートに嫉妬して小火器で見張り小屋を攻撃したり（幸い怪我人は出なかった）、カートの木に釘を打ったりしたそうである。カートの木の持ち主が釘に気が付かないと、その木は一〇日で枯れてしまう。

カートが現金収入に直結しているとはいえ、すべての畑をカートにするわけではない。野菜や豆類や雑穀はカートに比べ生産量も利益も低いが、安易にやめるわけではない。バシール氏以外は自家消費用の作物を多種類作っている。カート畑だけが急増しているのではないことは次章で明らかにしよう。

夏季だけとはいえ、A村のムハンマド氏とルトゥフ氏は実際に市場でカートを売る。集金のためにサナアに自家用車で行き、カート商人のいる市場をまわる。K村のヤヒヤー氏も、自分で市場まで行って、カートを売る。カートの生産者は、市場と非常に近い。市場の動向をまったく知らないようなことはない。

かつて生産者自らが市場に行くこと、市場で売買をすることは、軽蔑すべき行為だった。そのため生産者は村にやってくる商人に農作物を売る方法をとっていた。カート商人もまた軽蔑の対象であった。そのことを考えると、生産者自ら市場でカートを売るのは、大きな変化である。一九六二年の革命による平等思想の流入、その後一九七〇年まで続いた内戦による社会的な混乱、一九七〇年代のサウディアラビアへの出稼ぎ、それに伴い農村部や都市部でも労働力不足となり賃金が上昇したこと、[6] 出稼ぎ送金によってイエメン社会に貨幣経済が浸透したことが、商業行為や商人蔑視を緩和した［cf. Stevenson 1985: 108–110］。K村のヤヒヤー氏はどちらかといえば市場での商売行為を嫌っているが、A村のムハンマド氏とルトゥフ氏はそうではない。カートの生産量の増加には、生産者の意識の変化も関係していると考えるべきだろう。

注

（1）雨水とトゥラーブだけで栽培されていた時代のカートは、今のカートよりも香りが良いだけでなく、収穫後すぐに萎れることなく二〜三日は十分嚙めたそうである（二〇〇七年一月九日および二〇一三年八月二五日インタビュー）。化学肥料を使ったカートは萎れやすいことは現在の商人も知っている（二〇一三年八月二七日インタビュー）。

（2）ある郡のカートはもともとサナアで人気があるが、村によっては化学肥料や農薬が使用されていると噂されている。別の郡のカートは、近年人気が出てきたが、急増した需要に見合うよう化学肥料や農薬を多用するようになったと噂されている。あくまで消費者がカートの見た目や味で判断したものなので、具体的な生産地名はここではふせておくが、消費者によるそのような噂はよく耳にする。

（3）ACMDもカートを洗うと、殺虫剤のリスクを減らせると指摘している［ACMD 2005: 26］。

（4）流通量の増加には道路開発が大きな役割を果たしたが、これは第8章で論じる。

（5）イエメンの医療はイエメン人の間でも信用が低く、経済的に余裕があるとヨルダン、エジプト、あるいはドイツに行って治療してもらうことが珍しくない。

（6）　一般的な労働の日当が一〇年で一リヤルから一〇〇リヤルに高騰した［al-Maqramī 1987: 168］。

第7章 コーヒーとカート

㊤ A村のカートとコーヒーが混在する畑。葉が白っぽいのがカートで，盗難防止のため白いペンキが塗ってある
㊦ コーヒーの実を屋上で干す（A村）　　　　（ともに2009年撮影）

1　はじめに

歴史学者のコートライトによると、世界で一番普及した「ドラッグ」はカフェイン、二番がアルコール、三番がニコチンである。そして経済的に見ると、カフェイン含有植物のなかで一番重要なのはコーヒーである［コートライト 2003: 19］。本章ではイエメンの代表的な嗜好品コーヒーとその敵役であるカートを比較する。

コーヒーの有名な種類であるモカ・マタリは、イエメンにある二つの地名を並べた名称である。モカは一六―一七世紀にコーヒー豆の輸出で栄えた紅海にある港の名前であり、マタリはサナア市西部に広がるコーヒーの生産地バニー・マタルに由来する。

エチオピア原産のコーヒーはイエメンに伝来し、モカ港から世界中に広まった。苗木や栽培方法などの情報は隠蔽されていたが、一六一六年にオランダがコーヒーの苗木を入手し栽培に着手したのを皮切りに、フランス、イギリスなども植民地でコーヒー栽培を始め、植民地産コーヒーがコーヒー貿易のシェアを広げていった［ワイルド 2007］。イエメン産コーヒーが世界生産に占める割合は一七二〇年をピークに減っていき、一九世紀半ばには〇・五％を占めるだけになった［al-Saʻdī 1992: 19］。現在ではイエメンがコーヒー交易で栄えたことも、モカ・マタリがイエメンに由来することも、イエメンがコーヒーを現在でも生産していることも、ほとんど知られていない。

コーヒーと同様にカートもエチオピアからイエメンに伝えられた。コーヒーとカートは生育条件が似ているが、前者が世界的に流通する商品となった一方で、後者は長い間紅海沿岸を中心とした地域に限定された嗜好品であった。両者の差は、乾燥させたコーヒー豆が長期間の貯蔵に耐えうるのに対し、カートの葉は時間が経つと急速に覚醒成分が減少するので、できるだけ新鮮なうちに消費する必要があることに基づく。

コーヒーとカートの原産地であるエチオピアではどちらも輸出され、外貨獲得源となっている［Anderson et al. 2007］。しかしイエメンではモカ港の繁栄は過去のものとなり、イエメンコーヒーの評判は悪くはないものの［USAID/Yemen 2005: iii］、生産量は非常に少ない。カートは原則として輸出入が禁止されているので外貨を稼ぐわけでもなく、現金収入の魅力から、カート畑が他の農作物の畑を駆逐して増加し、食料自給率低下を招いている。しかもカートの生産量増加はコーヒーから転作することでもたらされたとの誤解も根強く残っている［Zabarah 1982: 12; Stevenson 1985: xiv; FAO 2002: 2］。カートをやめて、コーヒーをはじめ他の農作物に転作する生産者がマスメディアでしばしば紹介されるが、政府は有効な抑制策を打ち出せず、カートの生産量≒消費量は右肩上がりを続けている。その一方でイエメン農務水資源省は二〇〇四年にワークショップ「イエメンコーヒーの現状と将来の発展」を開き［USAID/Yemen 2005］、二〇〇七年にイエメンは国際コーヒー協定に初めて参加した。イエメン政府はイエメンコーヒーの可能性を認識し、生かそうとしている。

本章はイエメンのカート化（カートの作付面積や生産量≒消費量が増加すること）の現状と、コーヒー化（国際的な商品作物であるコーヒーに転作すること）の可能性を検討することを目的とする。まずイエメンのコーヒーとカートの生産と販売について特徴を対比させながら説明し、民族誌と統計年鑑を用いてカートを含めた農作物の作付面積と生産量の変化を見て、右に述べたカート化の誤解を検討し、カートの代替案を紹介する。それからカートをすべてコーヒーに転作した場合の生産量を概算し、コーヒー化の可能性を、世界のコーヒー生産国で広まっているフェア・トレードや、コーヒー大国でありなおかつカート大国であるエチオピアの状況とあわせて検討する。

2　生産と販売の比較

(1)　生産地と生育条件

イエメンのコーヒー生産地は紅海に並行して走る山地の西斜面（サァダ州、ハッジャ州、サナア州、マフウィート州、タイズ州）と、ラヘジ州ヤーファァ郡などに限定される。カートの生産地もそれほど拡散しておらず、サナア州、ダマール州、ハッジャ州、タイズ州でカート栽培の九〇%を占め［Yemen Times 2002–3］、それ以外にサァダ州、アムラーン州、イッブ州、ダーラァ州、ベイダ州、ラヘジ州ヤーファァ郡などでも生産される。コーヒーとカートの生産地はかなり重なる。

イエメンではコーヒーとカートが同じ畑に栽培されたり、階段耕地でコーヒーとカートが段ごとに栽培されたりすることは可能であるので、確かにコーヒーとカートの生育条件は似ている。このためカートはコーヒーを駆逐して広がったといわれてきたわけである。しかし両者の生育条件はまったく同じというわけではなく、植物分類学上の区分は異なる。(1) カートはコーヒーよりも旱魃や霜害に強く、(2) カートの方が標高の高いところで栽培ができる［Weir 1985-b: 73; Kopp 1987: 369］。このことは、実は二〇世紀半ばから指摘されている［Scott 1942: 235］。実際のところ標高の高い階段耕地に栽培されているのはカートばかりであり、標高が高くコーヒー栽培に適さないK村でもカートは栽培できる。筆者はカートとコーヒーが同じ畑で植えられているが、雨季に雨が降らずにコーヒーだけが立ち枯れてしまった畑を見たことがある（二〇〇九年八月）。現地の人の説明では、カートの根の方が生命力が強いため、コーヒーの根が吸収すべき水分や養分まで奪ったそうである。

カートは比較的病害虫にも強い。一九七〇年代は他の農作物がイナゴの被害にあっても、カートは無事だった。害虫に対してはトゥラーブをかける程度の対策しかとらない地方もあった［Kennedy 1987: 140–141］。またカートには農薬や化学肥料が使われていることはすでに述べたが、コーヒー栽培には化学肥料は使われないことが多く［al-Sa'dī 1992: 84；大坪 2000: 8］、主に厩肥、緑肥が使われる［USAID/Yemen 2005: 5］。

イエメンでコーヒーを天水で栽培するなら降水量は年間一五〇〇～一九〇〇ミリメートルで、二～三ヶ月の乾季を年間一～二回はさむのが望ましい［Robinson 1993: 11］。ただしイエメン各地の降水量はその数字よりずっと少ないので（降水量の多いイッブ州で年間一五〇〇ミリメートル、サナア州で二〇〇ミリメートル、タイズ州で三五〇～六〇〇ミリメートルである［al-Sa'dī 1992: 75］）、何らかの灌漑設備が必要になる。現在コーヒー栽培地域の六六％は何らかの灌漑用水を使用している［USAID/Yemen 2005: 4］。カートも天水だけで栽培することは可能であり、一九七〇年代は天水で栽培されるカートが多かった。現在ではそのように栽培されたカートは人気が高く、時には高額で売買されるが、多くの生産地では生産量を増やすために、化学肥料や灌漑設備を導入している。

(2) 栽培と販売

第6章で述べたようにカートは木の根元に生えている細い部分を植えかえて増やし、噛むのに適した葉が生長するまでに三～四年かかり、条件がよければその後五〇年以上収穫できる。新しく植えてから五～六年で初期投資が回収でき、収穫後は加工の必要がなく、すぐに売れる。

一方コーヒーも種でなく、苗で増やす。実をつけるようになるまで三年、商業ベースで収穫できるようになるまで五年かかる。一五～二〇年の間よく実がなり、四〇～四五年たつと収穫量が減ってくる［al-Sa'dī 1992:38］。収穫は手作業で行い、収穫した後も干したり（ほとんどの場合、屋上で天日干しをする。乾燥機などの導入はほとんど行われていない）、殻と豆を分けたり（電動モーター式の石臼を使う）と手間がかかる。イエメンではコーヒーの殻（ギシュル）も飲料として用いるので、こちらも廃棄せずにとっておく。

カートは収穫したらできるだけ早く消費しないとその効果が薄れる。現在では早朝に収穫したカートが、その日の昼にはサナアのカート市場で売買され、その日の午後に消費される。カートを販売するのは零細な商人である。商人は毎朝新鮮なカートを仕入れて、その日のうちに売り切らなければならない（午後三時すぎから安売りが始まる）が、売れ残りを保存するスペースを必要としない。それに対してコーヒー（豆と殻）は国内のいくつかの商社に出荷され、国内外に販売される。生産者は市場の動向を見て、ある程度出荷時期をずらせる（ただし殻は乾燥すると軽くなるのでなるべく早く売る［大坪 2000：7］）が、保管するスペースを必要とし、国際的なコーヒー価格に左右されるリスクもある（後述）。

3　カート化の実際

(1)　民族誌に見られる一九七〇年代のカート化

第1章で述べたように、北イエメンでは一九七〇年代に出稼ぎ労働者の増加から農村部では人手不足に陥り、手間のかからないカートへ転作が進んだ。しかし実際のところイマーム・ヤヒヤーの治世（一九〇四—四八）にコーヒーや綿花や豆類への課税が強化され［al-Maqramī 1987：164］、一九六七—七三年に旱魃が続き［World Bank 1979-a：91］、その上コーヒー価格が下落した［Kennedy et al. 1983：784］といったことを考えると、一九七〇年代に突然コーヒーの生産量が減り、カートの生産量が増えたわけではないと考えるべきであろう。

北イエメンのコーヒーの生産量は一九二〇年代末から三〇年代初頭に年間二万トンだったが、一九四五—四九年には一万二〇〇〇トン、一九五〇年代から六〇年代にかけては三〇〇〇～五〇〇〇トンにまで減少した［al-Saʻdī 1992：19–22］。作付面積は一九四五—四九年には三万ヘクタールだったが、一九七〇／七一年には一万ヘクタールになった［al-Saʻdī 1992：24］。二〇世紀半ばからコーヒーの生産量と作付面積は減少傾向にあった(3)。

カートが具体的にどの農作物から転作されたのか、民族誌を見ていきたい。コーヒーからカートへの転作の具体的な事例は、筆者の知る限りは一例のみで、イェルホルムが調査したサナア州ハラーズ地方である。二〇世紀初頭ハラーズのコーヒーは最高の品質だといわれたが、この地方に二つあるコーヒーの生産地のうちのハラーズ山の東斜面では、彼の調査時（一九七四―七五）にはコーヒーは栽培されていなかった。東斜面では最も利益のある換金作物として、カートがコーヒーに取って代わっていた（もう一つの生産地である西斜面ではコーヒー栽培が続いていた）。この理由はいくつか重なり合っている。二〇世紀初頭にイスマーイール派の一部が宗教的・商業的な理由からハラーズからエチオピアへ移住してしまい、農業労働力が減っていたので、人手のかかるコーヒー栽培は難しくなっていた。また一九四〇年代初頭に旱魃があり、コーヒー栽培は打撃を受けたが、コーヒー価格が低かったこともあり、枯れたコーヒーの木の後にまたコーヒーの木を植える動機が強くなかった［Gerholm 1977: 53–55］。

イェルホルムはコーヒーに注目しているが、彼の民族誌を読むと、ハラーズでは穀物畑が多かったことがわかる。当時ハラーズで栽培されていたのはソルガム、大麦、小麦、トウモロコシ、コーヒー、カート、豆類、アルファルファ、野菜で、畑の割合はソルガムがおよそ六五％、カートとコーヒーがおよそ二〇％、大麦と小麦がおよそ一五％、豆類が数％である。穀物はほとんど自家消費用であり、余剰分は旱魃に備えて備蓄されるか、地元の市場に出荷されるため、ハラーズを出ることはない。市場向けに生産されるのはカートとコーヒーだけであった［Gerholm 1977: 53］。

ここで確認すべきことがある。ハラーズはコーヒーからカートへの転作が進んだ地域であるが、ハラーズのカート化は一九七〇年よりもずっと以前から進んでいたことと、この地方に特有な条件（イスマーイール派の流出）が加わっていることである。そしてハラーズはコーヒーの生産地として知られていた（とはいえカート化が進行していたわけであるが）としても、生産者の自家消費用の穀物畑の占める割合が多かったということである。

次に穀物からカートに転作された事例を見てみよう。[4] ウィアが調査したのは、サァダ州ラージフ地方である。ラージフではコーヒーは利益になる商品作物であった。国際的な貿易は激減したが、イエメン国内とサウディアラビアでの需要は高く、価格は高かった。しかしコーヒーによる利益はカートのそれよりも数倍低いため、必ずしも経済的な理由からコーヒーが栽培されているわけではない。作物の多様化は一種の保険であり、またコーヒーが威信を示すことも、コーヒー栽培を続ける動機になっていた。

ラージフで減っていたのは穀物畑である。特にソルガムは食料以外にその葉や茎は飼料や燃料（薪を拾うためには一五〇〇メートルも下りなければならなかった）にもなるので、多く栽培されてきた。しかし一九七九年に紅海沿岸からの道路が完成すると、トラックで薪が輸送され、また肉や乳製品も輸入されるようになり、家畜も必要ではなくなったため、ソルガムの価値が下がった。労働コストが高くなったため、労働集約的なソルガム栽培は敬遠され、他の農作物よりも労働力が少なくて済み、市場価値が高く、それゆえ利益も大きいカートが好まれた［Weir 1985-b: 73–77］。

農作物の変化は二〇世紀初頭から徐々に進んでいたが、カート化のスピードに拍車がかかったのが一九七〇年代であり、カート畑が増加するなか、減少したのはコーヒー畑や穀物畑であったことが右の事例からわかる。コーヒー畑だけが減ったというわけではないことをまず確認しておきたい。次に限られた資料ではあるが、カートも含めた農作物の作付面積と生産量について具体的な数値を見ていきたい。

(2) 統計年鑑による作付面積と生産量の変化

カートの生産量と消費量は一九七〇年代以降ずっと増加し続けていると考えられるが、統計年鑑ではデータが途切れている（第1章）。作付面積は一九七〇／七一年のデータが、生産量のデータは一九九五年のものが一番古いので、それらと二〇〇五年のデータとを比較したい。[5]

まず作付面積を見ると、カートの作付面積は一九七〇／七一年の八〇〇〇ヘクタールから二〇〇五年には一二万三九三三ヘクタールに飛躍的に増加している。しかしコーヒーの作付面積は同じ期間で一万ヘクタールから二万八八二一ヘクタールに、ブドウの作付面積は六〇〇〇ヘクタールから一万二四二四ヘクタールに増加している。(6) 分類別に見ると、同じ期間で野菜の作付面積は六倍、果物の作付面積は二〇倍になっている。カート畑ばかりが増えたわけではないのである。

次に生産量を見ると、カートの生産量は一九九五年の八万四七八七トンから二〇〇五年の一二万一三九九トンに増加しているので、一・四倍増加したことになる。同じ期間で生産量の増加率を比較してみると、コーヒーは一・三倍、ブドウは二〇〇四年以降生産量も半減し〇・七倍となる。しかし商品作物（カートは除く）は一・六倍、果物は一・九倍になっているので、数値を見る限り、カートだけが増加しているわけではないことが指摘できる。

実際のところ、農作物全体の作付面積は一九七〇／七一年の一五六万一八〇〇ヘクタールから二〇〇五年の一二〇万二一一三ヘクタールに減少している。それにもかかわらず、カートやそれ以外の農作物の作付面積や生産量がほぼ増加しているのはどういうことなのだろうか。

作付面積と生産量が大きく減少しているのは穀物である。まず作付面積から見ていこう。一九七〇年代までは穀物が作付面積全体の九割を占めているが、一九八〇年代には七～八割になり、一九九〇年代以降二〇〇五年には五～七割にまで減少した。

穀物以外の農作物の全作付面積に対する割合は、総じて増加している。一九七〇／七一―二〇〇五年では野菜は〇・八％から六・一％に、飼料は〇・五％から一〇・二％に、商品作物は一・八％から六・一％に、果物は三％から六・九％（二〇〇三年には九・一％）である。カートは一九七〇／七一年では〇・五％、一九九五年には七・六％、その一〇年後の二〇〇五年は一〇％になった。カートの作付面積が増加しているのは事実であるが、作付面積全体の割合からみると一〇%にすぎない。全作付面積は減少しているので、その減少分は穀物の畑であると考えられる。カート畑自体は飛躍的に増加しているものの、カート畑が全体に占める割合は一〇%程度である。幹線道路沿いに、一年を通して緑色の葉をつけているカートの畑の印象が強いことがあらためて確認できる。

生産量を見ると、穀物の減少はより明らかである。穀物は一九七〇年までは全体の生産量の九割を占めているが、一九七〇年代には六〜七割に落ち、一九八〇年代には三割、二〇〇〇年代には一割にまで減っている。野菜や果物の占める割合は増加しているが、商品作物やカートの生産量の割合は大きく増加していない。カートは一九九五年から二〇〇五年にかけて、生産量全体に占める割合は三%程度である。カートが他の農作物を圧倒しているわけではない。

次に穀物に分類される具体的な農作物を見てみよう。作付面積を一九六〇年代と二〇〇五年で比較すると、ソルガムと大麦は三分の一程度にまで減ったが、小麦は三倍、トウモロコシは九倍に増加している【7-4】。生産量を見ると、やはり小麦とトウモロコシは増加しているものの、ソルガムと大麦はそれぞれ三割、一割程度にまで減っている【7-3】。このことから、小麦とトウモロコシの作付面積および生産量は増加したが、ソルガムと大麦のそれらが大きく減少したことがわかる。

一九七〇年代の「開国」以降、安価な穀物が大量に輸入されるようになった影響は、主にソルガムと大麦が被ったことが確認できる。特にソルガムは、その実は食糧になり、茎は飼料や燃料となったが、現在ではその役割は小麦粉、飼料、ガスなどに分散された。

限られた資料なので、ソルガムや大麦の畑がカートになったとは断言できない。しかしカート畑だけが増加し続けているわけではなく、カートの生産量だけが抜きんでて増加しているわけではないこと、コーヒーの作付面積と生産量は減少する一方ではなく、一九七〇年代以降はむしろ増加していることは確認できる。小麦を主原料とした主食の増加や、野菜や果物の多様化という食文化の変化も指摘できるが、ここではこれ以上言及しない。

(3) カートの代替案

カート栽培をやめる生産者は時折マスメディアで取り上げられる。ハラーズ地方でカートの木二〇万本が伐採されコーヒーの木に植えかえられたり［Yemen Times 2005–847］、ハッジャ州の農民がカート栽培をやめてコーヒー、ブドウ、雑穀に転作したり［al-Thawra 2006/10/11］、といったものである。(7)

FAOはカートの代替作物を提案していて、最もよいのがコーヒー、次によいのがブドウという結果になっている［FAO 2002: 112］。しかしカートと生育条件が似ているコーヒーに対し、ブドウの生育条件はかなり異なる［FAO 2002: 20, 25 n. 2, 30］ので、もともとブドウ畑をカートにかえたのでなければ、ブドウへの転作には困難が伴うと思われる。コーヒーをやめてカートに転作したが、土壌が合わずコーヒーに戻したという話を筆者は聞いたことがあり［大坪 2000: 8］、またカートの方が厳しい条件で栽培できるので、コーヒーへの転作もそれほど容易であるとは思えない。その地域に適した農作物でなければ、転作は成功しないだろう。K村ではアーモンド栽培で成功した兄弟がいるので、カートの代替作物として考えられている。(8)

イエメンのカート生産・消費を抑制するため、エチオピアからのカートの輸入も検討されている。エチオピアのカートは七八％が天水によるものであり、化学肥料も農民によって制限されている［FAO 2002: 113］。エチオピア産カートを輸入すると、イエメン産カートの値段の半分で購入でき、イエメンのカート生産者はカートをやめてコーヒーやブドウ栽培に専念でき、水資源の利用を削減することにつながる。

イエメンにとってはいいことずくめのようである。消費者はより安く、より安全なカートを噛むことができる。安いカートを買うことで浮いた分を食費や教育費に回すことができる。イエメン産カートが高額なので誰も見向きもしなくなるので、生産者は安心してカートをやめてカート以外の作物を栽培することができる。加えて貴重な水資源をカート栽培に使わなくて済む［FAO 2002: 115; Fare and Gatter 2002: 94］。

しかし問題は三つ指摘できる。第一に安価なカートを輸入するということは消費量の減少を招くとは限らず、かえって消費量が増大する可能性がある。これによって第二、第三の問題を引き起こすことになる。第二に国産カートと異なり、エチオピア産カートを輸入することは外貨の流出を招くことである。国内で生産、消費されるカートに対し代替作物として登場するコーヒーは、外貨獲得源になることがその大きな理由である。たとえカートから転作したコーヒーの輸出が増えたとしても、エチオピアからカートの輸入が増えれば、結局のところ外貨流出を招くことになる。第三にイエメンへのカートの輸出量が増えれば、エチオピアではカートの生産量を増やすために化学肥料、農薬、灌漑用水が必要になるだろう。つまりエチオピア産カートの輸入は、現在イエメンで起こっている水資源枯渇や残留農薬などの問題を、近い将来エチオピアに転嫁するだけであり、問題の解決とはなりえないのである。

このように考えると、カート化は現在のところイエメン国内の問題であるが、すぐ背後にある国際的な事情に左右されてきたことがわかる。そしてカートの代替作物として考えられるコーヒーが、いかに国際的な情勢に左右されるかということも考えなくてはならないだろう。

4　コーヒー化の可能性

ここでイエメンから離れて、世界的なコーヒー問題を紹介し、エチオピアのカート化について述べてから、イエメンのコーヒー化の可能性を検討しよう。

(1)　コーヒー・サイクルとフェア・トレード

世界的なコーヒー問題は二つ指摘できる。一つめは価格が大きく変動することである。コーヒーの高価格は通常一～二年しか続かないが、低価格は一〇年間続く。コーヒーの国際価格が何らかの理由で上昇したとき、農民はその高価格に促されて、コーヒーの木をさらに植え付けたり、他の作物からコーヒーへと植えかえたりする。植え付けから収穫まで三～五年の時間がかかるが、普通はその間に価格が降下してしまう。さらに悪いことに、高価格に刺激されて、世界中で新たな植え付けが同時期になされ、市場は供給過多になる。価格は停滞、あるいは下落する。コーヒーの木は長期投資であり、農民たちは健康な木を引き抜こうとはしない。それゆえ次の価格ショックまで、著しい余剰と低価格の状況が続く。これが悪名高きコーヒー・サイクルである［ラティンジャー＆ディカム 2008: 87–88］。

コーヒー価格を安定させるために一九六二年に国際コーヒー協定（ＩＣＡ）が誕生し、翌年ＩＣＡの執行のために国際コーヒー機関（ＩＣＯ）が設立された。ＩＣＯは、生産国と消費国の両者に割当量を振り分ける、世界規模のカルテル組織だった。加盟国間のすべてのコーヒー貿易に認証書が付され、輸入国の税関によって回収された認証書は、ロンドンのＩＣＯ事務局に送付された。ＩＣＯが機能している間、コーヒー価格は比較的安定し、また比較的高値で推移した［ラティンジャー＆ディカム 2008: 135–136］。しかし一九八九年七月、加盟国間の見解の相違によって輸出割当制度が機能を停止すると、輸出量の上限規制がなくなり、各国の在庫が一斉に市場に放出され、国際コーヒー価格は暴落した。これが第一次コーヒー危機である。その後一九九四年にブラジルでの霜害を受け、一九九四―九五年にかけて国際コーヒー価格は回復し、一九九七年には一時的に価格高騰を見たが、すぐに暴落した［妹尾 2009: 206］。これが第二次コーヒー危機である。

コーヒー価格は二〇〇一年に三〇年来の安値となり、その後徐々に上昇し、二〇〇八年には一〇年ぶりの高値となった【7–5】。しかし三〇年続いたコーヒーの安値は生産者の生活を直撃した。世界中のコーヒー生産地域に住むほとんどの家族が、子供たちを学校に行かせたり、基本的な薬品を購入したりする余裕を失った。中米では一五〇万人が十分な食事をとることができなくなり、さらに八六〇万人が、それほどひどくないものの、食料不足に苦しんだ。二〇〇三年グアテマラのコーヒー生産地域において、七〇％もの子供たちが栄養失調になった。同年ニカラグア全体では三分の一の国民が栄養失調になった［ラティンジャー＆ディカム 2008 : 149］。

コーヒーの抱えるもう一つの問題は、流通過程のなかで価格が急騰していくことである。インスタントコーヒーとしてイギリスのスーパーに並ぶときには、生産者が生豆を売った値段の七〇〇〇％以上に、アメリカのスーパーに並ぶレギュラーコーヒーの場合は四〇〇〇％に上がる［Gresser and Tickell 2002 : 22］。コーヒーは、①途上国の農民→②途上国の仲買人・集荷業者→③途上国の輸出業者→④先進国の輸入業者→⑤先進国の焙煎業者→⑥先進国の卸売・小売業者→⑦先進国の消費者という流通経路をたどる。最も多く収入を得ているのが⑤で、これに次ぐのが⑥である［妹尾 2009 : 213］。

つまり利益のほとんどを先進国が得ているのである。そこで生産者の利益を守るためにＮＰＯなどが中心となってフェア・トレードが展開されるようになった。皮肉なことに、コーヒー危機の間にフェア・トレードは現場における優れた代替案であることが証明された［ラティンジャー＆ディカム 2008 : 284］。

しかしフェア・トレードの最大の問題点は、現時点ではフェア・トレードの規模が依然として小さく、その影響力がきわめて限定的な範囲に限られていることである。世界的には二〇〇〇年の時点で金額ベースで〇・八％程度、二〇〇七年でも一・〇八％程度である。フェア・トレードが発達しているスイスやオランダでも、コーヒーの全消費量のうちフェア・トレードの占める割合は金額ベースで四％未満（二〇〇三年）にすぎない［妹尾 2009 : 215］。世界のコーヒー生産者の多くは貧しく、コーヒー価格の変動に生活を左右されているのである。

(2) エチオピアのカート化

コーヒーとカートの原産地エチオピアでは、コーヒーが輸出額第一位を占める。カートの輸出量と輸出額もここ二五年急速に増加し、一九九〇年代半ばには脂肪種子や皮革より重要になり、輸出額で第二位となった。カートの輸出量は一九八四／八五年に一三八〇トンだったが、二〇〇三／〇四年には七八二五トンに増加した［Anderson et al. 2007: 33］。

エチオピアではコーヒーが重要な輸出品であるが、しかしイエメンと同様にカート化は免れていない。その理由は、コーヒーは国際価格の変動が大きい上に、課税などを通して政府の規制対象となっていることである。そのため国際的な価格の変動に左右されず、政府の規制から除外されがちなカートへの転作が、古くは一九世紀から行われてきた［Anderson et al. 2007: 16–17］。エチオピアのカートは山の斜面で栽培されるため、平地で栽培される他の野菜と競合することなく、また病害虫に強く、手間もかからない［Anderson et al. 2007: 22］ということも、カート栽培の大きな魅力となっている。そしてイエメン同様、エチオピアのカートも、コーヒーよりも作付面積あたりの純益がずっと大きい［Anderson et al. 2007: 24］。

エチオピアがイエメンと大きく異なるのは、カートも重要な輸出品であるということである。イエメンでは外貨を稼がないカートが、エチオピアではコーヒーに次いで稼いでいるのである。国際的にカートへの圧力は高まっているが、コーヒーに比べたら競合する国も少なく、価格の変動も小さい。エチオピア政府の思惑はどうであれ、カートの方が生産者にとって安定した商品作物といわざるをえない。

(3)　コーヒー化の試算とカートの魅力

さてここでイエメンに戻ろう。ここ数年、イエメンのコーヒー生産量は一万トン前後であり、他のコーヒー生産国と比べると微々たるものである。品種改良をしていないイエメンコーヒーは良質であるともいわれるが、梯子に登って手で収穫をする方法では、品種改良と機械化の進んだアフリカや南米の大農園のコーヒーに太刀打ちできない。しかもイエメン国内の雑貨屋には輸入されたコーヒー豆（ブラジル、エチオピア、インド産［USAID/Yemen 2005: 13］）が、国産コーヒー豆より安く売られているのである。

二〇〇五年のデータを使って、カートをすべてコーヒーに転作した場合の生産量を試算してみよう。カートの作付面積は一二万三九三三ヘクタール、生産量は一二万一三九九トンで、一ヘクタールあたりの収穫量は〇・九八トンになる。一方コーヒーの作付面積は二万八八二一ヘクタール、生産量は一万一三三一トンで、一ヘクタールあたりの収穫量は〇・三九トンになる。カート畑をすべてコーヒー畑にしたとすると、その畑から生産されるコーヒーの生産量は四万八三三四トンになる。もともとのコーヒーの生産量と合算しても六万トン程度にしかならない。ＦＡＯによると二〇〇五年のコーヒー生産量第一位はブラジルで約二一四万トン、エチオピアは第一一位で約一七万トン、二一位がカメルーンで六万トンなので（【7-6】）、イエメンはかろうじて二〇位に入る程度である。しかもこの数値はカートをすべてコーヒーに転作した場合に得られるものである。実際にはカート畑すべてをコーヒーに転作することは不可能であり、生産量はもっと少なくなるだろう。フェア・トレードを取り入れるのならば、厳しく品質管理しなければならない。カートをコーヒーに転作しても、厳しい現実が待っているのである。

⑷　おわりに

最初に述べたように、イエメン政府はイエメンコーヒーに可能性を見出そうとしている。コーヒーのワークショップの開催やＩＣＡへの参加だけでなく、スターバックス社もイエメンコーヒーに興味を示している［USAID/Yemen 2005: 16］。イエメンコーヒーの国際化は徐々に進んでいる。

懸念すべきことは二点ある。まずこれまでのイエメン政府のあり方を考えると、政府が強権的にコーヒー化を推進する可能は低いと思われるが、過度のコーヒー化には問題がある。エチオピアでは政府が積極的にコーヒー輸出政策を進めたが、生産者は規制のきつさからカート栽培に向かった。イエメンでも強引なコーヒー化は生産者の反発を招くだろう。第二に国際コーヒー市場の不安定さの影響を受けることがある。イエメン国内では、コーヒーは外貨収入源になるが、カートは国内市場に出回るだけで外貨収入源にならないというカート批判がくり返し行われてきた。イエメンコーヒーは確かに可能性が大きいかもしれないが、右に説明したように不安定なコーヒー市場に対してイエメンがコーヒー化を進めるのは、たとえ政府や国内外のNPOなどの支援があったとしても困難なことに間違いない。

USAIDはイエメンコーヒーの可能性を大いに評価している［USAID/Yemen 2005］が、この調査では国際価格の変動のリスクにはまったく触れていない。現在イエメン国内で輸入コーヒーよりも高額で売られているイエメンコーヒーが、品質管理を厳しく行い、高品質のコーヒーとして販売されるようになれば、さらに高額になることは明白であるが、このリスクもUSAIDの調査は考慮していない。イエメンでのコーヒー栽培の利点は「市場の動向を見て出荷時期をずらせる」点だと述べたが、国際的なコーヒー・サイクルに巻き込まれれば、価格上昇に一〇年かかる。はたしてイエメンのコーヒー生産者は一〇年も待てるのだろうか。イエメンではいまだにコーヒーがカートの代替案として謳われているが、世界的に見ればコーヒーにはフェア・トレードという代替案が（現時点ではその効果は限られているけれども）求められているのである。

確かに主食となる穀物や輸出可能な商品作物のコーヒーではなく、国内市場向けの嗜好品であるカートを生産することは、食料の安全保障の観点から考えると好ましいものではない。しかしカートをやめてコーヒーに転作しても不安定なコーヒー・サイクルに巻き込まれ、フェア・トレードを採用するのも簡単にはいかないだろう。カートを小麦に転作したとしても、国内の需要を満たすには程遠い。(9) カートをエチオピアから輸入すれば外貨流出につながる。カート栽培を禁止すれば階段耕地は放置され、そうなれば雨季に土砂崩れや洪水を招くだろう。カート以外の農作物を奨励するために、何らかの補助金を設定するにはイエメン政府は脆弱である。カートはコーヒーよりも霜害や旱魃に強い。現時点では、国内需要が上昇する一方のカート栽培は、経済的であるといわざるをえないだろう。[10]

カートの利益は他の農作物の群を抜いている。一九九一年のデータであるが、年間一ヘクタールあたりの利益は、カートが二五万リヤルであるのに対し、ブドウが九万リヤル、バナナが八万リヤル、野菜が五万リヤルである［Fara' and Alawi 2002: 78］。穀物と比較すると、カートは一ヘクタールあたり二〇倍の利益になる［Fergany 2007: 8］。一九七〇年代に比べればカートは手間のかかる農作物になったが、それでも利益を考えれば、生産する価値のある農作物なのである。[11]

カートに関係する職業も多い。すでに述べたように、イエメン人の労働者の七人に一人はカートに関係する仕事に就いている。食料の安全保障の観点から考えれば、確かにカートの増産は好ましいものではない。しかしカートの経済的効果を考えると、問題はカート畑にだけあるのではないのである。

注

（1）カートはニシキギ科、コーヒーはアカネ科である。カートはしばしばアラビアチャノキと紹介されるが、茶はツバキ科である［大塚秀章 2009］。

（2）イエメンコーヒーは、年間を通して気温が一五・五度以上二四度以下であるのが最適条件で、日中は三〇～三五度以上にならず、夜間も七～一〇度より下がらないことが望ましい［Robinson 1993: 11］。

（3）一九七〇年代以前に減少していたコーヒーがカートに転作され、カートの生産量が増加したとしても、貨幣経済の浸透が七〇年代以降であるため、七〇年代までは消費量はそれほど増加しなかったと考えられる。七〇年代までのカートの増加分は輸出に回された可能性が大きいが、資料がないので推測の域を出ない。

（4）穀物からカートへの転作は、地域は特定できないが、Kennedy［1987: 162］や Kopp［1987: 369］も指摘している。

（5）一九九〇年の統合までは北イエメンの、統合後は統合イエメンのデータを使う。南イエメンの作付面積は一九七六／七七年で一四万三〇〇〇エーカー［SYSY 1980: 93］、およそ五万七二〇〇ヘクタールであり、同年の北イエメンの作付面積一〇八万二九〇〇ヘクタールに比べると非常に少ない。カート、ブドウ、コーヒーは北イエメンに生産地が偏っているので、南イエメンのデータを無視してもおよその目安にはなると思われる。通年の生産量の変化は【7–1】、作付面積の変化は【7–2】を参照。

（6）ブドウの作付面積は二〇〇三年までの一〇年間、二万ヘクタールを超えていたが、二〇〇四年に半減した。

（7）他にダマール州でカートから果物や小麦への転作［Yemen Times 2010–1341］、ソコトラ島でのカート禁止［Yemen Times 2010–1374］、ダマール州でカートからコーヒーへの転作［Yemen Times 2010–1383］など。カートからバイオディーゼルの原料となるナンヨウアブラギリ（Jatropha）への転作も提案された［Yemen Times 2012–1551］。

（8）アーモンドは年一回（一一～一二月）しか収穫できないが、木の下では豆類を栽培でき、アーモンドの木はカートよりも大雨に強いので、階段耕地に有利である。またアーモンドは市場価格が低かったら、一年でも貯蔵できる。手間がかかるのは花が咲いてから二ヶ月間だけで、それ以外はときどき土を掘り起こすだけ、天水と厩肥だけで十分である。K村は標高が高いため、コーヒー栽培には適さず、カート栽培も盛んとはいいがたいが、村のなかにはカートをやめてアーモンドを始めたいと思う人も出てきている（二〇〇六年一二月二九日インタビュー）。

（9）カートから小麦に転作するのは難しいが、これも試算してみよう。二〇〇五年の小麦の輸入は一二三万六六九八トンで、国内の小麦の生産量は一一万二九六三トン、作付面積は八万六〇一〇ヘクタールである。カート畑は一二万三九三三ヘクタールだから、カート畑をすべて小麦に転作したとしても一六万二三五二トンにしかならない。

（10）Anderson et al.［2007: 166］を参考に、イエメン産カートをすべてイギリスに輸出すると、四二億四八九六万五〇〇〇ポンド（＝一兆二七四六億八九五〇万リヤル）になる。カート畑をすべてコーヒーに転作した場合は一億一八三五万七六一五・八ドル（＝二三六億七一五二万三一〇〇リヤル）になり、コーヒーよりもカートを輸出した方がいいという皮肉な結果になる。

（11）カートが利益の大きい農作物であることは、二〇世紀初頭から指摘されている［Arab Bureau 1917: 34］。

コラム
飲み物の話

カートは確かにイエメンの代表的な嗜好品であり、コーヒーもイエメンの伝統的な嗜好品といえるが、消費者層を考えれば、紅茶こそが子供も含めてみなが楽しめる嗜好品であるといえよう。

紅茶は一日に何度も飲む。湯を沸かすときから砂糖をたっぷり加え、カルダモンや丁子で香りがつけられる。沸騰して茶葉を入れてから火を止める。できあがった紅茶は魔法瓶に入れられ、居間に運ばれる。そこで魔法瓶からコップの縁ぎりぎりまで紅茶を注ぐ。持ち手のないガラス製のコップはフランス製やトルコ製である。コップは熱いので縁を親指と人差し指で持って、紅茶がこぼれないようゆっくりと口に運ぶ。来客があるとミルクティーにすることもあるが、普段飲むのはストレートティーである。

カート・セッションの客が去った後、家族だけで紅茶を飲む家もある。子供たちも一緒だ。カートを噛んでいた人も、カートを吐き出してしまい、紅茶を飲む。お菓子や軽食をとることもある(これが夕飯代わりになることもある。「夕飯が食べられなくなるから、おやつなんか食べてはダメ！」とは叱られない)。来客中も楽しいけれど、家族が集まる、何となくほっとするひとときだ。

サナアで売られている茶葉のほとんどは、紅茶の香りはほとんどしないので、香りは主にカルダモンと丁子が担当する。家庭によってカルダモンと丁子の両方を入れたり、どちらかだったりする。

家庭によって、寝起きにコーヒーを飲むこともある（筆者の知る限り一日中コーヒーを飲む家庭はない）。いわゆるトルココーヒーではなく、どちらかというとインスタントコーヒーに似ている。コーヒー用の小さいポットに水と砂糖を入れて火にかけ、沸騰したら粉末のコーヒーを入れて火を止める。コーヒーはたくさん作らず、一人一杯分だけで、魔法瓶には入れない。ポットから紅茶に使うのと同じコップに注ぐ。

既製品のコーヒー豆はあらかじめカルダモン等を混ぜて挽いてある。楽しむ香りはコーヒーだけではない。フレーバー・コーヒーなのである。断食明けにもコーヒーを飲む。空き腹にコーヒーがいいのだそうだ。

イエメンではまたコーヒーの殻も飲用に使う。この殻をギシュルといい、薬缶に半分ほどギシュルを入れて、ショウガやシナモンで香りをつけて煮出す。この飲み物はくすんだ茶色で、色は紅茶に近い。しかもコーヒーの馥郁とした香りも味もまったくしないので、コーヒーだと思って飲むと、まずい。ショウガやシナモンの香りを楽しんで飲む「ハーブティー」だと考えるとおいしくないこともない。

通常アラビア語でコーヒーのことをカフワというが、サナアではカフワ（サナア方言ではガフワ）は通常この殻を使った飲み物を指し、コーヒー豆（ブン）で作られたいわゆるコーヒーをブンと呼ぶ。正確に表現する必要があるときはガフワトルギシュル、ガフワトルブンと区別する。(1) 紅茶やブンが圧倒的な甘さを誇るのに対し、ギシュルで作ったガフワは家庭によって砂糖を入れる場合と入れない場合がある。ガフワは気取らない身内の集まりに飲むもので、客に出すものではない［大坪 2000］。

現在サナアでは年長者のなかにガフワを好む人がいればガフワを飲む程度で、それ以外は紅茶を飲むことが多い。ここ二〇年でガフワを飲む家庭が減ったように思える。伝統的な甘味屋では砂糖なしのガフワが用意されている。甘ったるいお菓子に、素焼きの容器に入れて飲むガフワはよく合う。

写真は知り合いの家でおやつに出された茹でたソルガムとガフワ。普段は紅茶を飲む家庭である。茹でただけのソルガムを食べたのはこのときだけだが、あまりおいしくなかった。

注

（1） 小杉は「殻と言っても、味はコーヒーそのもの」［小杉 1998: 78］と記しているが、小杉が飲んだのはブンであろう。

第Ⅳ部　カートを売買する

カート市場にて

サナア市のカート市場は一三時前後に喧騒に包まれる。カートは昼食後に噛むので、昼食をとる前後にカートを購入する人が多いからである。カート市場にいる商人も購入者も男性ばかりだ。女性がカートを買いに行くのははしたないと考えられているので、カートを噛みたい女性はカートを身内の男性に頼むことになる。外国人女性である私が、イエメン人男性と一緒にカート市場を歩き回るのは相当異常な光景であるが、まったく眼中になく商売をする人、じっと見つめる人、話しかけてくる人などさまざまである。

私はアシスタントと一緒に店舗が並んでいるところへ行き、店舗を一軒一軒のぞきながら歩く。店舗の内側の壁には扱っているカートの種類や商人の名前、携帯電話の番号が手書きで書かれ、政治家や有名なモスクの写真などが貼ってある。アシスタントはある店舗の前で足を止め、商人にカートを見せてもらい、二言三言言葉を交わすが、すぐにカートを商人に返して歩き出す。

店舗をざっと見てから、高さ七〇センチくらいのステージ状の売り場へ向かう。一区画が半畳程度に区切られていて、この半畳分が商人一人の売り場である。商人たちはあぐらをかき、足の上にカートを広げている。頭上にはパラソルが開いていて、直射日光が遮られている。

壁に多少の情報が書いてある店舗と異なり、こちらは商人と実際に話をしないと、どの種類のカートを扱っているのかわからない。アシスタントは何人かの商人に声をかけ、カートを見せてもらい、値段交渉を始めるが、買うまでには至らない。店舗の方に再び戻りながら「高すぎる」と小さくぼやくのが聞こえる。

店舗の方に戻る途中で、地面に直接腰を下ろしてカートを売っている商人に声をかけられる。「アルハビーだ」といってアシスタントにカートの入ったビニール袋を手渡す。アシスタントは手渡されたビニール袋を開いてカートの匂いを嗅ぎ、葉を数枚手に取ってみる。

「これはいい」といって私に渡すので、カートに顔を近づけて匂いを嗅いでみる。

「いいね」といって返す（実際はよくわからないのだが）。

アシスタントは値段交渉を始める。

「ビカム（いくら）？」

「一五〇〇」

「一二〇〇」

「一四〇〇」

「三袋買う」

「一三〇〇」

「一二〇〇」

商人はうなずいて三袋手渡す。アシスタントはジャケットの内ポケットからお札を数えて渡す。

アシスタントが特にせっかちというわけではなく、カートの値段交渉は概して短い。購入者は一人の商人と数十分もかけて交渉することはほとんどなく、数分あるいは数秒のやりとりで、買うか買わないかを決め、買わなければ、別の商人のところへ向かう。

第8章 流通経路とその効率化

㊤ シャーミー（ルース）を売る商人　(2003年撮影)
㊥ ハムダーニー（ガタル）を売る商人　(2005年撮影)
㊦ マタリー（ルバト）を売る商人　(2005年撮影)

1　はじめに

本章では、これまでイエメンのカート研究でほとんど注目されてこなかったカートの流通経路を明らかにする。流通経路とカートを仕入れる方法、カート市場について説明してから、流通の効率化に貢献した道路開発について説明し、現在のカートの流通を一九七〇年代のカートの流通やカート以外の農作物の流通と比較し、最後に流通の効率化について論じる。

カートを扱う商人はサナアではムカウウィト（*muqawwit*）と呼ばれる。彼らがカート販売以外に仕事を持っている場合もあるが、カートを販売するときはカートだけを扱い、カートと別のものを同時に販売することはしない。彼らはほとんどの場合本人一人か、手伝い（年少の親族であることが多い）を一人雇ってカートを販売する。(1) 生産同様、販売の点でも大規模化は進んでいない。サナアではカート商人は男性にほぼ限られていて、市場によって女性のカート商人が数人いる程度である。(2)

2　市場、商人、カート

(1)　流通経路と仕入れる方法

生産地からサナアの市場へ運ばれるのは、ほとんどの場合午前中になる。カートはできる限り新鮮な状態で消費されるという意味で生鮮食料品であり、貯蔵・保管場所を必要としない。灌水や施肥で収穫時期を調節することは可能であるが、早朝に収穫したら、その日のうちに（というよりもその数時間以内に）消費されるよう産地市場や消費地市場へ運搬される。

カートの流通経路は【8-1】のように数種類ある。取引場所は生産地、産地市場、消費地市場に限られ、農業協同組合や中央卸売市場は存在しない。卸売／小売の区別も曖昧である。カート商人のほとんどは零細である。生産者がカートを消費地市場に直接持ち込むことは少なく、【8-1】の六本の経路のうち、ⓐ～ⓓが卓越する。

イエメンには鉄道が存在しないため、毎朝カート商人は自家用車か乗り合いで、生産地か産地市場に向かう。生産地で仕入れる場合は四輪駆動車が必要であるが[3]、産地市場は幹線道路沿いにあることが多いため、カート商人は自家用車を持たなくても、乗り合いを利用することができる。いずれの場合も、その日に売り切れる量だけを仕入れる。

カートを仕入れた商人は、サナアにある消費地市場に直接運搬する。商人は消費地市場に自分の売り場を持ち、早ければ一〇時、遅くとも一二時には売り始める。市場が活況を呈するのは一三時前後の三～四時間である。カートが収穫されるのが早朝であり、一二時にサナアの市場で売り始めることを考えると、サナア在住のカート商人が仕入れにかけられる時間は、最長で六時間程度である。生産地や産地市場でのやりとり（カートの収穫、袋詰めの作業、市場であれば仕入れるカートの検討、値段交渉など）に一～二時間かかるので、移動に使える時間はサナアから片道二時間程度である。実際、そのような距離に位置する生産地からのカートがサナアに多く出回っており、そしてそれらのカートに人気が集まっている。

サナア市内にある消費地市場でもカートを仕入れることはできる（ⓓⓔ）。こうすると仕入れにかかる時間やコストは少なくて済むが、このようなカート商人は少数派であり、ほとんどのカート商人は生産地か産地市場でカートを仕入れる。

ⓒのように生産地で生産者から直接カートを仕入れる場合から説明を補足しよう。カート商人は仕入れたいカートの形状と量を、生産者と口頭で契約（*'aqd bil-kalām*）する。一人の商人が一人の生産者の畑のすべてのカートを仕入れたり、一つの畑から複数の商人がガタル、ルース、ルバトといった別々の形状のカートをそれぞれ仕

入れたり、商人たちが形状にかかわらず畑の区画のすべての形状のカートを仕入れたり、あるいはまた一人の商人が一軒のカート生産者とだけ契約したり、一度に数軒と契約したりするなど、契約方法はさまざまである。いずれの場合も、カート商人は数日分のカートを契約することが多いが、収穫はまとめて行わずに毎朝行う。

ⓐⓑⓓのようにカートを市場で仕入れる場合も、書面で契約を交わすわけではない。商人は、仕入れたい生産地と形状のカートを売っている生産者やワキール(4)を探して、交渉を始める。市場においても、商人はただ一人の仕入れ先からカートを仕入れることも、数人から仕入れることもある。

カート商人は信頼の程度に応じて支払い方法をかえる。生産地で仕入れる場合、前後に支払いを分けることが多い。これまで取引が少なく、信頼が醸成されていない生産者には前払いの金額が多くなるが、ある程度取引を重ねて信頼があれば、少額を前払いし、契約したカートを売った後に残額を支払う。充分な信頼があれば、契約したカートをすべて売ってから、全額支払うことも問題がない。

市場では、原則としてカートを仕入れるときに全額を支払う。しかし、売り手と買い手の間に信頼があれば、もし手持ちが足りなくて全額支払うことが不可能なら、後で支払うことが可能になる。

カート商人が生産者からカートの出来具合について情報を入手したり、後払いの期日について話し合ったり、あるいはまた購入者との連絡に使うのが、携帯電話である。特に雨天に移動や休業を余儀なくされる露天のカート商人は確実な連絡場所を持たないため、携帯電話を必要とする。

(2) サナアのカート市場（消費地市場）

サナア市内では、カートを扱う店舗が他の商品を扱う店舗と通りに並んでいることはほとんどない。カートを購入するときは、カート商人が集まってカートを売っている場所に行かねばならない（路上でカートを販売している商人もたまにいるが、取り締まりの対象となる）。そのような場所はカート市場（*sūq al-qāt*）と呼ばれる。

サナアにあるカート市場は大小さまざまあり、その確かな数を知ることは不可能に近い。調査ではそのうち主要な市場二四ヶ所で聞き取り調査を行った【8-2】。市場には個人名が使われていることもあるので、数字は筆者が便宜上振ったものである。

消費地市場の概要

多くのカート市場は、市場全体が特定の個人に所有されているが、市場全体の所有者がいない市場もある。後者の場合、例えば⑯は店舗の二階以上が民家となっていて、家の所有者それぞれが一階部分を店舗として提供し、さらに店舗使用者が店先にカート売り場を設定している。カート市場の中の一部の店舗がワクフ財源(5)になっていることもある(㉑)。

カートを売買している市場には、カートを専門に扱っている市場(③④⑤⑧⑩⑪⑭⑯⑰⑲⑳)と、カート以外に食料品なども扱っている市場(①②⑥⑦⑨⑫⑬⑮⑱㉑㉒㉓㉔)がある。後者の場合も、カートを売る空間は、他の商品を売る空間とは明確に分けられている。前者の場合も、敷地の中にジューススタンドや食堂が二～三軒設置されている。

市場の名前は、市場の所有者の名前(⑩⑭⑰⑳㉓)や、市場のある地域の名前(②⑥⑦⑬⑮)に因んだものが多い。市場のある通りの名前(③⑧)、市場の近くにある名家に因んだ名前(⑲㉔)、市場のそばにあるモスクに因んだ名前(⑪)、そこで主に扱うカートの名前に因んだ名前(④)もある。

売る場所の種類と場所代

市場の内部を見てみよう。市場では売る場所は大きく店舗と露天に分けられる。店舗は主にコンクリート製で、市場に整然と並んでいる。狭いもので一畳程度、広いもので一〇畳程度のものがある。店舗内の壁には扱うカートや商人の名前、携帯電話の番号が書いてあったり、メッカの聖モスクやイエメン内外の政治家の写真、あるいは風景写真が貼ってあったりする。店舗を提供する人（市場の所有者か店舗の所有者）は、鍵のかかる出入り口（出入り口は一ヶ所だけで、ここで客と応対する）のついた小屋だけを提供し、カート商人は必要なテーブルやクッションを自前で整える。上下水道や固定電話の設備は個々の店舗にはない。店舗はあるカート商人が一人で借りて商売をしていることがほとんどであるが、曜日によって複数の商人が共有したり、大きな店舗で同時に複数の商人が商売したりするように、一店舗を二〜四人で共有することも可能である。

店舗以外の販売場所には、主にダッカや地面がある。前者は五〇センチから一メートルほどの高さにコンクリートでステージ状のものを作り、その上に区画割りをして、そこで売る方法である。この区画をダッカ（*dakka*）という。一人分の空間は、あぐらをかいてその上に黒い布で包んだカートを広げられる程度である。ダッカは室内にあるもの（⑫）もあるが、屋根だけあるもの（⑥）、あるいは覆いが何もない場合（①）もある。地面に直接座り込んで売っているカート商人は、ムファッラシュ（*mufarrash*）と呼ばれる。彼らは市場の一画に集まっていることが多い。ムファッラシュたちを覆う屋根がある市場もあれば、直射日光に曝される市場もある。

いずれの場所でカートを売るにしても、カートの水分の蒸発を避けるために、カート商人は細心の注意を払う。屋根があり太陽光線が避けられるのであれば、半透明のビニール袋にカートを入れただけでも問題はないが、太陽光線に曝されやすい屋外や西向きの店舗なら、常に黒い布でカートを覆っておき、客が来たときにだけカートを見せる。店舗と一緒に日除けのパラソルを貸している市場もある（⑰）。

場所代は店舗、ダッカ、地面の順に安くなる傾向がある。店舗の場合は月極めで場所代を支払うことになる。同じ市場でも店舗の大きさや位置によって場所代が変わることがある。①では大きな店舗は一ヶ月で一万二〇〇〇リヤル、小さな店舗は七五〇〇リヤルである。[6] また⑱では市場の入り口にあり、表の通りに面した店舗の場所代は一万リヤルで、市場の中にある店舗は五五〇〇リヤルや六五〇〇リヤルである。また店舗がワクフ財源となっている場合は場所代が安く、㉑では通常の店舗の場所代は一ヶ月六〇〇〇リヤルだが、ワクフ財源の店舗は年間で三〇〇〜五〇〇リヤルである。

店舗を借りる場合、カート商人は所有者と文書による契約を交わすが、露天の場合は特に文書を交わさずに口頭で契約する。露天の場所代は月極めの場合と日払いの場合があり、日払いの場合、商売をしないときには支払わなくてもよい。

店舗とダッカには必ず場所代が課せられるが、ムファッラシュは場所代がかからないこともある。市場全体の所有者がいなくて、店舗の場所代はそれぞれ階上に住む家主に払っているような市場では、道路は政府の所有であるため、路上で商売をするムファッラシュには場所代がかからないという理屈である[7]。

たいていの市場には店舗とそれ以外の露天（ダッカや地面など）の両方がある。店舗のカート商人の扱うカートの方が比較的高額であり、ルバトは主に店舗で扱われる。露天のカート商人は、比較的安価なガタルやルースを扱っている。例外は一ヶ所あり（㉒）、ここには店舗と地面の売り場があるが、前者の場所代が一ヶ月で五〇〇〇リヤル、後者の場所代が一万二〇〇〇リヤルで、後者の方が場所代が高く、前者より良いカートを扱っている。

店舗と露天以外に、カートを仕入れてきた車の後部座席を開放してカートを売ることもあるが、この方法は市場の形態とも関係するので、限られている。車上で売るのが可能な市場は②⑩⑪だけである。

市場の広さはさまざまであり、狭い市場は、車一台がかろうじて通れるほどの狭い路地にカートを扱う店舗が並び、その通りの入口付近にムファッラシュが集まっている程度である（⑦）。一方広い市場では、五〇メートル四方ほどの空間の周囲に店舗が並び、中心部にダッカがありカート商人が座っている（㉓）。

その他の経費

サナアの消費地市場でカートを売っている商人は、場所代の他に、市場の清掃代、カート税、検問所を通過する際に支払う手数料がかかる。

市場の清掃代はバラディーヤ（*baladīya*）と呼ばれる。バラディーヤは一日につき一〇〇リヤル程度で、市場の所有者はその金で清掃業者に市場の清掃を依頼する。バラディーヤ分を場所代に上乗せしておき、バラディーヤとして徴収しない市場もある。業者に清掃を委託せず、カート商人たちが清掃をすることになっている市場もあるが、清掃が行き届いていないことが多い。

幹線道路にはところどころに検問所があり、サナアを出発して検問所を通過した先の生産地や市場でカートを仕入れる場合は、サナアに戻るときにいくらかの手数料（あるいはカートの現物）を払わねばならない。また市場では毎日徴税官に税金を支払わねばならない（ただし納税率が低いことは第1章で述べた通りである）。

カート商人にはライセンスはなく、所属すべき同業者組合や会社もない。カートを仕入れる資金として三〇〇〇〜五〇〇〇リヤルさえあれば、誰でも（ほぼ男性に限定されるが）明日から始めることができる。カート販売はある意味手軽で、誰にでも参入可能な商売である。(8)

市場と扱うカートの種類

消費地市場によって扱うカートの種類は異なっていて、サナアに出回るカート全種類を扱う市場はない。市場と扱うカートの種類を簡単にまとめよう。

サナアを起点にして東西南北に延びる幹線道路沿いにある生産地のカートを主に扱う市場がある。北部（アムラーン州、サァダ州）からのカートを主に扱う市場（②⑱⑳）、西部（サナア州西部、マフウィート州）からのカートを主に扱う市場（①⑧⑨）、南部（ダマール州、ベイダ州）からのカートを扱う市場（④）がある。

また特定のカートを扱うことで有名な市場もある。アルハビーを主に扱う（⑦）、サウティー（*Sawi*）[9]を扱う（⑫⑱）、シャーミーをサナアで唯一扱う（ただし季節によっては扱わないことがある）（⑤）などである。サナア市の東側にあるハウラーン郡のカート（ハウラーニー）や、サナア市の北西に接するハムダーン郡のカート（ハムダーニー）はどちらも人気があり、多くの市場で扱われている。人気のあるカートを数種類扱い、特定の方角や生産地と結びついていない市場も多い（⑩⑪⑭⑮⑰㉑㉔）。

市場によって扱うカートが異なることは、それぞれの市場の特徴となっているが、それは市場によってカートの品揃えが偏っていることを意味する。多種多様なカートがあっても、消費者は特定のカートを好む。消費者にとっては好みのカートが身近なカート市場で手に入らないという状況もありえるのである。

市場が賑うのは一三時前後の三〜四時間である。客は市場内を歩いて、好みの生産地と形状のカートを探し、カート商人と値段交渉をしてから現金で購入する。購入するのはその日に噛む分だけである。カートは通常昼食後に噛み始めるので、一五時をすぎる頃には客はほとんどいなくなり、カート商人は残ったカートを売り切るために値段を下げ始める。市場によっては夜間にカートを売っているところもある（①⑧⑫⑯など）が、ほとんどの市場は日中だけ開いている。夜間にカートを買いに行くのは、結婚式や夜勤など夜間にカートを噛む人である。[10]

以上、カートの仕入れ方と、サナアのカート市場の概要を説明した。生産者が直接消費者へ売るという方法はごく少なく、ほとんどはその間にカート商人が入る。生産者→カート商人→消費者というのが、主なカートの流通経路である。カートの流通経路は短く、また収穫から消費までにかかる時間も短い。それを支えているのは零細なカート商人である。官民いずれかの介入による組織的な流通網は存在せず、また使っている近代的な装置は四輪駆動車と携帯電話だけである（冷蔵、冷凍施設は使われていない）。このように近代化がほとんど進んでいない状態であるが、サナアを中心としたカートの流通はかなり効率的なものとなっている。

そこで次に流通を支えている道路開発について説明しよう。

3 道路開発と流通量の増加

(1) 交通網の整備

一九七〇年代にカートの生産量と消費量が急激に増加した理由は第1章で、その後は化学肥料や灌漑用水を用いることで生産量が増加し続けていることは第6章で明らかにした。ここでは流通量の増加に影響を与えた道路開発について述べたい。

カート畑は幹線道路沿いにあることが多い。何より収穫したカートを市場に持っていくのに便利である。畑のすぐ近くの道路で、袋詰めしたカートを通行する乗用車に売る光景もしばしば見かける。新鮮なカートを生産地からできるだけ早く消費地に運搬するのに、道路網の整備は大きな役割を果たした。

現在では幹線道路はアスファルトで舗装されているが、イエメンにおける道路開発はスムーズには進まなかった。原因の一つは紅海に並行して急峻な山地が走っていることであろう。その山地にあるサナアは標高約二三〇〇メートルで、周囲を山に囲まれているので、サナアに至るにはどの方角からも山を越えなくてはならない。特にサナアから紅海沿岸の港であるホデイダに進むルートは険しい山道となる。筆者の知る限り、イエメンの幹線道路には山を貫通するようなトンネルはないため、山道を九十九折りに進む。また道路開発に対し、地元住民が保守的な態度をとったことも、道路開発が順調に進まなかった理由である。

鉄道開発の失敗

道路整備の前に、イエメンの鉄道開発について触れておく。アラビア半島における有名な鉄道はヒジャーズ鉄道である。ヒジャーズ鉄道はオスマン朝のアブデュルハミト二世（一八七六—一九〇九）によって一九〇〇年に着工され、一九〇八年にダマスカスからヒジャーズ地方のマディーナ（メディナ）まで開通されたが、それ以南には延長されなかった［坂本 2002: 807］。ヒジャーズ鉄道には、不穏なアラビア半島へ軍隊を送る意味もあった［Zaidi 1999］。折しもアラビア半島南部ではハミードッディーン朝によるオスマン朝への反乱が激化していた。そのヒジャーズ鉄道は第一次世界大戦中に「アラビアのロレンス」によって爆破され、その後再建されなかった。

北イエメンにおける鉄道開発も、オスマン朝統治下で試みられた。ホデイダ港の整備とあわせてホデイダ―サナア鉄道が計画され、一九一〇年に予備調査が行われたが、当初の計画では工事費用がかかりすぎるため、ホデイダから紅海沿岸を南下し、ザビードを経由して山道を上ってタイズに向かい[11]、その後北上してイッブ、ヤリーム、そしてサナアに至る代替案が作られた。線路は山岳部のふもとまで延びたが、結局計画は頓挫した［Bury 1998（1915）: 127–129］。

南イエメンではイギリスの統治下で鉄道建設が計画された。一九一六年にアデンのマアラーシェイフ・オスマーン間に軍事鉄道が敷かれた。後にラヘジまで延長され、民間の使用も認められた。鉄道では民間人以外に石炭、野菜、皮革、水、郵便物が運ばれた。しかし一九三〇年には廃線となった[12]。

エチオピアのカートの輸送には二〇世紀半ばから鉄道や飛行機などが使われたことは第1章で述べたが、鉄道開発に失敗した北イエメンにおいて、輸送手段の発達がカートの消費量に影響を与えるのは、道路開発が本格化する一九七〇年代以降となる[13]。

北イエメンの道路開発

北イエメンでは急峻な山道が鉄道開発を阻んだが、道路開発も急峻な山道と当時の政治体制と保守的な態度が大きな障壁となった。第一次世界大戦直前に北イエメン（当時はオスマン朝支配下）を旅行したバリーは、サナア―ホデイダは片道一週間かかったことを記録している［Bury 1998（1915）: 41］。第一次世界大戦後にオスマン朝から独立したハミードッディーン朝のイマーム・ヤヒヤーは、列強諸国に分断されていくアラブ地域の状況を鑑みて鎖国政策を採り、結果的に国内の開発の停滞を招いた。車が使える道路はサナア―ホデイダとサナア―タイズのみで、いずれもアスファルト舗装ではなく、サナア―タイズの途中にある険しいソマーラ渓谷では徒歩とロバが使用された［Peterson 1982: 54–55］。

ヤヒヤーの後を継いだ息子のアハマドの治世（一九四八―六二）に、インフラストラクチャーの整備が徐々に行われた。サナア―ホデイダ道路のアスファルト整備が中国の援助で始まった［al-ʿAmrī 2002: 3］。全長二二〇キロメートルに及ぶ険しい山道の道路工事を行った中国人労働者は、部族領土に「侵入」してくる「よそ者」として殺害されることもあった。そのため道路整備の途中で命を落とした中国人を葬る墓地が、サナア市郊外に作られた。

一九六二年の革命で共和制政府が成立したが、その時点でアスファルト舗装道路はサナア―ホデイダ道路しかなかった。イマーム・アハマドが整備を始めた北イエメン最初のアスファルト舗装道路は、革命直後に共和派を支援するエジプト軍の上陸を容易にさせるという皮肉な結果になった。共和派と王党派による内戦が続くなかで、幹線道路の整備は進められた。一九七〇年代には主な幹線道路がアスファルトの舗装道路として整備された【8-3】。

政府による幹線道路の整備と並行して、支線道路は地方の住民が自発的に行った。一九七〇年代のオイルブームに乗って、イエメン人男性はサウディアラビアへ出稼ぎに行ったが、その出稼ぎ送金(14)を資金にして、村から幹線道路まで、ブルドーザーなどを用いて、ピックアップで村に乗り入れられる程度の道路が整備された。主に出稼ぎ送金を資金にして行われた「下から」の開発はタアーウン（*taʿāun*）と呼ばれ、道路以外にクリニック、学校なども建設された。タアーウンによる事業は、一九八一年までに道路一万七三〇〇キロ、学校八〇二校、クリニック四八棟、水道事業九六七件、電気事業二〇〇件に及んだ［Barakāt 1992-a］。政府の統計に掲載されている一九八一年の幹線道路の長さは、アスファルト舗装道路が一五七八キロメートル、それ以外の舗装道路が八四四キロメートルにすぎない。幹線道路の七倍に及ぶ距離の支線道路が、タアーウンによって整備されたことになる。政府がタアーウンに資金援助することもあったが、幹線道路から集落へつながる支線道路を作ったのはタアーウンといってもよいだろう。

出稼ぎブームが去り、タアーウンの政治化が進むと[15]、タアーウンによるインフラ整備は影をひそめるが、政府による道路整備はその後も続けられた。

南イエメンおよび統合イエメンの道路開発

南イエメンでも、道路開発はイギリス統治時代にほとんど進められなかった。イギリスが必要としたのはアデン港だけであり、港の安全のためにアデン後背地を保護領にし、後背地の開発には積極的ではなかった。

南イエメンにおいて一九六七年の独立までの舗装道路は四七〇キロメートルで、そのほとんどはアデン内かアデン周辺に集中していた。それ以外に未舗装道路が四〇〇〇キロメートルあったにすぎない。六七年の独立後に道路整備が進み、八三年までに舗装道路は一六五〇キロメートルに延長された。道路建設に大きな役割を果たしたのは、北イエメン同様に中国であった。中国人労働者によって、アデン湾に沿ってまず海岸沿いのアデン―ムカッラー道路が整備され、その後八〇年代にシフルからセイフートまで延長された。これ以外にムカッラー―ワーディー・ハドラマウト、アデン―タイズなども整備された［Lacker 1985: 163］。

一九九〇年の南北イエメン統合後、特に二〇〇〇年代以降も道路の整備は進んだ【8-4】。舗装道路の距離に比例して、カートの生産量≒流通量≒消費量が増加しているという関係は単純すぎる。しかし幹線道路を使って、カートは生産地から離れた地域にも、新鮮さを保ったまま運搬できるようになったのは事実である。

カートは何より鮮度が求められる。朝摘んだカートをその日の午後に噛むことは理想であり、現在のサナアでは容易なことであるが、カートの生産地が北イエメンの山岳地方に偏っていることを考えると、生産地から遠い地方で新鮮なカートを手に入れることは、現在でもそれほど容易ではない。ハドラマウトでは南イエメン時代にはカートの消費が禁止されていたが[16]、南北統合後、カートが生産地から遠いハドラマウトまで輸送されるようになった。一九九七年には二〜三日かけて南イエメンのヤーファァから未舗装道路で運ばれていたが、二〇〇七年にはダマールから延びるアスファルト舗装道路を使い、夕方ダマールを出発したカートが翌日の明け方ハドラマウトのセイウーンに到着するようになった。アラビア海に浮かぶソコトラ島にも、カートが空輸されるようになった[17]。交通網の整備によって、イエメン各地にある程度鮮度の高いカートが運搬され消費されることが可能となった。

(2) 鮮度の追求と消費者の嗜好

サナア市を起点として東西南北に延びる幹線道路と、カートの種類を説明しよう。

サナア市の東部にはそれほど急峻な山道はないが、砂漠に向かい、大きな都市は存在しない。カートの種類も少なく、有名なのはハウラーニーである。

サナア市の西部は急峻な山道に入る手前にカートの生産地が広がっている。ガティーニー、アハジュリー、マタリー、ドラーイー、アル=ガルヤ、ハイミーなどである。

サナア市の北部は比較的なだらかな山道が続く。ハムダーニー、ウンマーリー、アルハビー、バラティー、ニフミー、ホシェイシー、サウティー、スレイヒー、サァディーなどがある。

サナア市以南からのカートには、サナア市のすぐ南に位置するサンハーンから来るサンハーニー、ダマール州のアンシー[18]、ベイダ州のゲイフィー、ラダーイーがある。

現在の道路の整備状況と収穫などを手作業で行っている技術レベルを考えると、サナアで新鮮なカートを仕入れるのに必要とされる上限は六時間ということになる。もちろんそれ以上時間をかければサナアに出荷されるカートの種類は増えるが、朝摘みの新鮮なカートを噛むことがごく当たり前に行える現在のサナアの状況で、たとえどんなに上質であっても、鮮度の落ちたカートに魅力はないだろう。

シャーミーというカートは、サナアよりもホデイダに多く出荷される。生産地はハッジャ州で、地図で見ると生産地とサナアはそれほど離れていないが、運搬の利便性を考えるとサナアよりもホデイダにずっと近く、サナアまで往復六時間以上かかる。カート自体の人気はサナアでもないわけではないが、サナアではごく一部の市場で（しかも生産量が多い季節だけ）扱う程度である。サナアに出荷される量が少ないため、サナアではシャーミーは比較的高値で売買される。

本調査で最も遠方から運搬されるカートはサァダ州のサァディー㉔やベイダ州のゲイフィー④で、片道五～六時間かかってサナアまで運搬されている。カート商人（や生産者）が生産地に住んでいて、早朝収穫したカートを運搬してサナアに来て売り、午後に生産地に帰るか、あるいはサナア在住のカート商人が前夜に生産地に向かい、早朝カートを仕入れるか、という方法がとられ、仕入れる日の午前中は仕入れと片道分の移動時間だけがかかる。このようにすれば、片道が六時間程度かかる生産地のカートが、サナアに出荷されることは可能である。片道に五～六時間かけるような、地方在住のカート商人が増えたり、サナアまで直接運搬するような生産者が増えたりすれば、結果サナアに出回るカートの種類が増える可能性はある。

しかし現在のところ、片道六時間で運搬できるあらゆるカートがサナアに集まっているわけではない。イッブ州やタイズ州で人気のあるカートは、片道六時間かければ、サナアまでカートを運搬することは可能であるにもかかわらず、筆者の知る限りサナアには出荷されていない。これらのカートはイッブやタイズやその周辺で消費されてしまい、またサナアではあまり人気がないため、サナアまで運搬されないのである。

一九七〇年代には、イッブやタイズのカートもサナアに出回っていた［Kennedy 1987 : 143］が、当時の道路状況を考えると、それほど量が多かったとは考えられないし、新鮮だったはずがない。むしろ当時からサナア近郊のアル＝ワーディー、ドラーイー、ホシェイシー、ラウディー［Kennedy 1987 : 143］などが多かったと推測してよいだろう。ラウディーはサナア近郊のラウダ産であるが、最近は都市化が進み、自家消費用のみ生産されていて市場には出回っていない。カート畑が都市化の影響で減ったのは、筆者の知る限りラウダだけである。

道路開発によってカートの流通量は増加し、カートの生産地から遠く離れたところでもカートが消費されるようになった。しかしサナアに出回るカートはサナア周辺が多く、サナア南部のタイズやイッブからのカートはサナアには出回らなくなった。それはサナアだけでなくそれ以外の地域でもカートの消費量が増えていることを意味するが、ここではこれ以上立ち入らない。

サナア南部からのカートが供給されなくなったからといって、サナアのカートの種類が減っているわけではなく、一九七〇年代よりも多くの生産地のカートがサナアの市場では売られている。鮮度の高い良質なカートを供給する上で、近郊の生産地の重要性は今後とも変わらないだろう［cf. 内藤重之 2001 : 79］。

カートは何より鮮度が重要なので、道路が舗装され、速やかに運搬されることは消費者にとって好ましいことである。道路開発のおかげで、イエメン国内のより広範な地域で、より新鮮なカートが大量に流通し、消費されるようになった。カートほど鮮度を求められる食物はないだろう。生鮮食料品とはいえ、野菜や果物は収穫から消費されるまで、数日かかることが珍しくない。昨日収穫したものと、今朝収穫したもので大きく値段が変わることはない。道路開発の恩恵を最も受けている農作物はカートといってよいだろう。

サナアに限定していえば、タイズやイッブ産のカートが出回らなくなったものの、それ以外のカートの種類は増えた。それはカート商人が消費者の嗜好に合うカートを仕入れようとする戦略に基づくといってよいだろう。

カートの生産量≒流通量≒消費量は増加しているが、その背景にはすでに述べたように貨幣経済の浸透、灌漑設備の充実、化学肥料や農薬の多用、そして本章で取り上げた交通網の整備がある。しかしカートは単に増産されているわけではなく、市場に出回るカートの多様性は、消費者の嗜好とカート商人の商品開発によるものである。ただし農薬や化学肥料の使用量が多い（という評判が立つ）と、そのカートの人気が下がり、結果価格が下がることもある。現在では一九七〇年代とは異なった要因でカートの流通量は増え続けているのである。

4　流通の特徴と変化

ここでは現在のカートの流通経路を、一九七〇年代のカートの流通経路と、カート以外の農作物の流通経路と比較する。カート以外の伝統的な農作物は近代的な流通管理システムが導入されているが、カートの流通経路は七〇年代から変化がほとんどない。

(1)　一九七〇年代のカートの流通

一九七〇年代のカート研究は消費に関するものが多く、当時の流通経路はあまり明瞭ではない。しかしカートの流通経路は、七〇年代からほとんど変化していないと思われる。というのは、当時カートは生産者→ワキール（*wakīl*）→ムファーウィド（*mufāwiḍ*）→消費者というように、時にワキールが直接消費者に売ることもあったが、生産者と消費者の間にカート商人が一〜二人介在するものだったからである［Dostal 1983: 271］。

もちろん一九七〇年代との変化は指摘できる。ドスタルは小売商人をムファーウィドと呼んでいるが、現在では小売商人はムカウウィトと呼ばれている。また現在ではワキールを介さずにカートを仕入れる商人も多い。このように変化を指摘することは可能であるが、生産者から消費者までに介在する商人が少ないのは変わっていない。

ただし、流通にかかる時間は格段に短くなったことは大きな変化である。当時の道路整備状況とモータリゼーションの程度を考えると、新鮮なカートを消費できたかどうかは疑問である。例えばラージフ地方からサァダ市に運ぶのに、ロバでまる二日かかった［Weir 1985-b: 67］。あるいは収穫から二～三日後に売っていた［Weir 1985-a: 34］。K村でのカート栽培は一九八〇年代に入ってから始まったが、一九七〇年代にカートが必要なときは片道四時間かけて最寄りのカートの生産地まで買いに行った（二〇〇七年一月四日インタビュー）。また一九六三年の記述になるが、「収穫してから四～五日以上たったカートは噛まない」［Yaḥyā 1968: 689 n. 1］とあるので、収穫から二～三日程度のカートは消費されていた可能性が大いにありうる。運搬に要する時間は道路整備とモータリゼーションの普及により格段に短くなったが、流通経路自体はほとんど変化していない。

(2) 野菜・果物・香辛料・フブーブの流通

ここまでカートだけに注目してきたが、カート以外の農作物の流通経路も確認しておきたい。野菜、果物、香辛料[19]、フブーブ[20]で、いずれもカートよりも古くから栽培されている農作物である。野菜や果物は生鮮食料品であるが、カートに比べればはるかに日持ちがする。香辛料やフブーブは野菜や果物以上に日持ちがする。野菜、果物、香辛料、フブーブに関してはカートよりも古い伝統的な流通経路があるはずである。

カート生産が盛んな地域である上イエメンでは、一九七〇年代まで、農作物の生産者が自ら農作物を売るということはまれだった。生産者が市場で農作物を売買することははしたない行為であり、避けるべき行為だった。例えばK村では一九七〇年代まで自家消費用のフブーブや野菜の生産が中心であり、余剰作物は近隣の市場に持っていくこともあったが、商人が村にやってきて、物々交換したり現金と交換したりして衣類や砂糖などを手に入れた。カートも生産者自ら売るのははしたないと考えられたので、知り合いの商人に村まで来てもらっていた（二〇〇七年一月四日インタビュー）。現在のA村のムハンマド氏やルトゥフ氏は、カートを市場で売りに行くが、それ以外の農作物は基本的に自家消費用であり、余ったとしても自ら市場で売ることはしない。

サナア近郊の野菜や果物は、中央卸売市場に集荷される。かつては両方ともマズバハ中央卸売市場に集荷されていたが、同市場が手狭になったため、野菜をマハユーブ、果物をダハバーンの二つの中央卸売市場に分けて扱うようになった。どちらも二〇〇四年に開設され、サナア近郊で収穫された野菜や果物はほとんどがこの市場に集まる。例えばA村の野菜や果物は収穫期に週に二回程度、トラックに積んで卸売市場に運搬され、その後地方の市場や小売商人を経て、消費者に届けられる。この二つの中央卸売市場を含む、イエメン国内の一一ヶ所の中央卸売市場では二〇〇四年にＭＩＳ（コンピューター管理情報システム）が導入された［Wizārat al-Zirā'a wa al-Riyy 2005: 76–79］。野菜や果物の流通はある程度政府の管理下に置かれていることになる。

香辛料やフブーブは、収穫した後に乾燥させる必要がある。その後、例えばA村では香辛料やフブーブはサナアに行く途中にある地方都市に住む商人に売却され、その商人はサナア旧市街にあるR商事に売却する。[21] R商事の倉庫に集められた香辛料やフブーブは、R商事の地方の支社や他の市場を経て、小売商人や消費者の手に届く。香辛料やフブーブを専門に扱うR商事のような商社が数社あり、イエメン国内の卸売だけでなく輸出も手がけている。

カート以外の農作物も、流通経路は比較的単純である。野菜、果物、香辛料、フブーブのほとんどは中央卸売市場か民間会社へいったん集荷されるが、生産者と消費者の間にいる商人はせいぜい二〜三人である。いわゆる途上国の流通過程は、組織化されていない数多くの零細な流通業者によって担われている［諸岡 1995: 260］が、イエメンではカートに限らずそれ以外の農作物も短い流通経路を経ている。その理由の解明は今後の課題となるが、カートの流通経路が特に短いというわけではないことがここで確認できる。[22]

カートの流通と異なる点が二つ指摘できる。まず生産者が自ら野菜、果物、香辛料、フブーブを市場で売ることは、現在でもまれだということである。商人に販売を任せてしまう点で、野菜、果物、香辛料、フブーブは伝統的な方法が維持されているといえる。二つめはカートと異なり、野菜、果物、香辛料、フブーブは中央卸売市場か民間会社かという違いはあるものの、集荷され、一括管理されているということである。それは商人が各々生産地や産地市場から仕入れているカートとは異なり、近代化された方法である。

カートの流通について振り返ろう。生産者が直接カートを売ることは、産地市場はともかく、サナア市内の消費地市場では非常に少ない。また生産者がカート商人を排除し、直接消費者にカートを販売しようという意識は低い。そこにはいくつかの理由がある。サナアの市場でカートを売った場合の利益は一割程度にしかならないので、消費地市場までのガソリン代や食事代などの経費や税金を考えると、生産者自ら消費地市場でカートを売ることはそれほど利益が多いわけではない。また生産者のなかには市場での売買交渉を不得手にする者も多く、市場での商売行為を蔑視する風潮がなくなったわけではない。このためカート商人に苦手な販売を任せてしまうことは、生産者にとってそれほど不利益ではない。産地市場でカートを売っているA村のムハンマド氏やルトゥフ氏も、消費地市場で売ることは現時点で考えていない。

もちろん消費者の立場からすれば、中間マージンはない方がいい。中間業者にマージンが発生し、販売価格に上乗せされるのは消費者にとってメリットではない。消費者は大量にカートを消費するとき、直接生産者と口頭契約を結んだり、あるいは産地市場で購入したりする。そのような手段は可能であるが、流通経路そのものは一九七〇年代と大きく変わっていない。

カートの流通経路はもともと短いが、一九七〇年代からすでに「生産者が直接市場で商売すると一割の儲けが得られるが、そのために多くの時間を失うことになる」［Dostal 1983 : 271］と指摘されている。当時から生産者側からの流通経路の短縮化は、積極的に進んでいないのである。

ただし、道路開発によって流通の効率化は進んだ。より新鮮なカートをより広い地域に運搬することが可能となった。サナアを中心に考えると、より多くの種類のカートがサナア近郊から集まるようになった。筆者が確認できた範囲であるが、一九七〇年代前後にはサナア市内にはカート市場は四ヶ所しかなかった。市場の数の増加は、カートの流通量の増加と商人の増加を意味する。早朝収穫されたカートを午後に噛むことが、サナアではごく当たり前のことになった。生産と消費が国内に限定されているカートでは、生産量の増加はすなわち消費量の増加を意味するが、それをつなぐ流通の効率化は、その両方の増加に大きく貢献したといえる。

カートに限らず、他の農作物の流通経路も短いが、カートの特徴は、生産者が販売にわずかながらも参加しているという点である。カート以外の野菜、果物、香辛料、フブーブを、生産者が直接に販売することはほとんどない。その意味でこれらの農作物は伝統的な流通を保持しているといえる。しかし香辛料、フブーブは数社の商社によって取引され、野菜、果物は中央卸売市場が介入している。いずれも近代的な流通管理が導入されている。その反対に、カートには流通管理システムはなく、産地市場と消費市場を零細なカート商人がつなぐ伝統的なやり方が続けられている。近代的なカートは、伝統的な流通経路を保持しながらも、生産者の販売の道が開けている。

5　おわりに

資本主義社会では卸売市場制度が確立されていて、国家の市場経済を支える基本的インフラストラクチャーを構成している。日本に限らず、多くの先進国が近代に入って法律を制定し、卸売市場を整備し、公正な取引が行われるよう監督し、あるいは価格情報サービスを充実させている［小林康平 1995-a: 47］。日本の卸売市場制度は、一九二三年に制定された中央卸売市場法の公布によって始まった。中央卸売市場を設立することは、それまで長年にわたり問屋という独立した店舗を構えて青果物卸売業を営んできた問屋制度の廃止を意味した［小林康平 1995-a: 26］。

花卉《かき》は品目、品種数が膨大であり、規格化が困難である上に、貯蔵性に乏しく、とりわけ切花類では鮮度がきわめて重要である［内藤重之 2001：5］という点でカートに似ている。しかし需要・供給ともに経済主体が零細多数であるため、卸売市場が非常に重要な役割を果たしている［内藤重之 2001：5］という点でカートと異なっている。

花卉流通は、長い間、卸売市場の零細性や閉鎖性とあわせて、卸売業者と出荷者との個人的な結びつきが集荷力や価格形成に大きく影響し、代金決済が不確実であるといった前近代性が問題視されていた。花卉が卸売市場を経るようになったのはそれほど古い話ではない。嗜好品的な性格が強い花卉を、生活必需品である生鮮食料品と同様に公設市場で取り扱うことの必要性については意見が分かれるところであるが、一九八〇年代後半以降、市場整備が本格化した。流通機構の整備によって、前近代的な商慣行や物流上の問題は大幅に改善された[23]［内藤重之 2001：5］。

しかしながら卸売市場の確立された先進国では、卸売市場を通さないルートが新たに開拓されている。例えばイギリスなどヨーロッパ諸国のスーパーマーケットは郊外にデポ（荷物の集配配送センター）を建て、そこで青果物や食料品を集荷、荷分け、包装し、傘下のチェーン小売店に配送するシステムが確立したため、従来の卸売市場の役割は低下している［小林康平 1995-b］。卸売市場の設置が資本主義あるいは近代国家の象徴であるが、先進国はすでに脱卸売市場の道を歩んでいるのである。

日本では一九六〇年代に流通革命が登場し、中間業者排除論が台頭し始めた。流通革命によって中間業者である問屋が無用となり、流通機構が合理化され、流通コストが節約されて物価も下がるという論調であった。流通革命をめぐる議論はその批判も含めて活発になされた。しかし問屋無用論の誤りを指摘する声が高まり、事実、統計データでも卸売商の数は減少するどころが、逆に増加する傾向を示した（ただし卸売事業所数は平成三年をピークに、小売事業所も昭和五七年をピークに減少している）［鍋田 2005］。

卸売業が流通に介在する理由を鍋田は以下のように論じている。生産資本が脆弱でしかも小売商も零細・過多の時代には、生産物の集荷・分散機能を担う中間の卸売商の存在が重視されるのは当然のことである。しかし零細小売商の減少と量販店の増加という小売構造の変化によって、次第に太くて短い量販チャンネルが形成されるようになっている。流通革命論でいう「細くて長い流通経路から太くて短い流通経路」は、取引単位の大規模化と経路の短縮化を進め、効率的な流通体制にすることの必要性を説いている。しかし市場経済が拡大して社会的分業が進むと、全般的に流通経路は長くなる。だから長い経路が非効率的で、短い経路が効率的であると決めつけるのは誤りである。流通経路の長短を問題にするのではなく、どのような経路形態であれ、経路が効率的に機能しているかどうかを問題にすべきである［鍋田 2005］。

流通経路の長短ではなく、効率性を問題視するのであれば、カートの流通経路はもともと短いものであるが、道路整備とモータリゼーションにより、一九七〇年代に比べれば効率化が進んだといえる。生産者もカート商人も、基本的な経営は七〇年代と同様に個人かせいぜい家族が主体［Weir 1985-a: 35］であり、カート産業ではいまだ規模の拡大はほとんど行われていない。この状況で生産物の集荷・分散機能を担う中間業者の存在が重視されるのは当然である。経路自体の短縮化は行われていなくても、効率化は進んでいる。鍋田の表現を借用すれば、カートの流通経路は「細くて短い」といえる。この「細くて短い」流通経路がカートの生産量・消費量の増加を支えているのである。

注

（1）成人男性を数人雇っているカート商人は大坪［2015-a］を、収穫する者、仕入れる者、販売する者など二〇〇人近く雇っている大商人は大坪［2016］を参照。しかし会社組織による経営は筆者の知る限り存在しない。

（2）エチオピア、ジブチ、ケニアには女性のカート商人も存在し、ジブチではカートの小売商人はみな女性である［Anderson et al. 2007: 51］。イエメンでもタイズでは女性のカート商人を見かける。タイズ市の南に聳えるサブル山の女性は、カートに限らずに小売に参加している「進んだ」女性である。しかし経済的に自立している彼女たちが、他の地域の女性より社会的な地位が高いというわけではない。大坪［2016: 164 n. 28］参照。

（3）幹線道路以外はアスファルト舗装されていない道路も多いので、四輪駆動車は必要不可欠である。

（4）産地市場にはワキールという仲介が存在する。第9章注13を参照のこと。

（5）ワクフは、イスラーム世界における一種の寄進制度である。序論注37を参照のこと。

（6）二〇〇五年当時の為替レートは一ドル＝一九二リヤル。

（7）このような路上販売は不法占拠である。当局が黙認しているだけで、いつ販売が禁止されるかわからない。⑯は二〇〇五年当時は路上販売が行われていたが、二〇〇七年に調査に行ったときは路上販売は禁止されていた。

（8）とはいえカート販売は決して簡単な商売ではない。彼らがつねに「局所的知識」［塩沢 1990］を更新しなければならないことは大坪［2015-a］を参照。

（9）アムラーン州シャハーラ郡で栽培されている。サウティーは地名にちなんだ名前ではない。

（10）地方都市のタイズやホデイダは夜中までカート市場が賑う。サナアよりも夜間にカートを噛む人が多いからである（二〇一三年八月の調査による）。

（11）紅海沿岸からタイズへ至る道は、紅海沿岸からサナアへ至る道よりもずっとゆるやかであるため、この方法がとられたと考えられる。

（12）http://www.adenairways.com/page72/page22/page22.html

（13）フランスのワインの国内消費量が伸びるきっかけとなったのも、国有鉄道の整備である［ヌリッソン 1996: 24］。

（14）出稼ぎ送金は一九六九／七〇年の四〇〇〇万ドルから、一九七九年の一〇億ドルに跳ね上がった。送金はエージェントを通して家族にもたらされ、出稼ぎ労働者は必要なものを購入して帰国するので銀行を介さず、そのため出稼ぎ送金が増加しても北イエメン政府には恩恵は少なかった［Peterson 1981: 256, 1982: 149; Swanson 1985: 135–137］。

（15）一九七三年に地方開発協同協会連合（*al-Ittiḥād al-ʻĀmm li-Hayʼāt al-Taʻāwun al-Ahlī li-al-Taṭwīr*）が結成された。連合は各地のタアーウンの活動を監督し、プロジェクトの評価を行い、技術的な支援を提供し、資金の調達と分配を行った。後に第三代大統領になるハムディー（*Ibrāhīm Muḥammad al-Ḥamdī*）が連合の初代議長に選ばれた［Peterson 1982: 155–156］。第五代大統領サーレハは八五年に連合を地方協同開発会議（*al-Majālis al-Maḥallīya li-al-Taṭwīr al-Taʻāunī*）として改編し、当時サーレハの支持基盤であった総合人民会議の下部組織にした［Burrowes 1987 : 143］。九〇年代になると、国際機関やNGOの役割が増したため、タアーウンは衰退した［Enders et al. 2002 : 50］。二〇〇〇年以降は地方評議会が州、郡の両レベルで発足したため［松本 2005 : 28］、タアーウンの役割は消滅した。

（16）しかしハドラマウト出身者がカートの味をまったく知らなかったというわけではない。南北イエメン時代に南北国境警備をしていたあるハドラマウト出身者は、そのときにカートの味を覚えたという。かつての南北国境地帯は有名なカートの生産地に近い。

（17）二〇〇三年一二月ソコトラ島の空港および現地で確認した。二〇一〇年一月にソコトラ島の地方議会はカートを禁止したが、「密輸」されている［Yemen Times 2010–1374］。

（18）アンス地方はカート栽培には気温が低いので、寒さ対策で畑にビニールシートがかけられている。同地方のカートの木は一メートルくらいにしか生長しない。

（19）香辛料（*bahārāt*）のなかに塩、ニンニク、コーヒーも含まれる。

（20）フブーブ（*hubūb*）は、穀物と豆類を合わせた呼び方である。

（21）R商事を創設したR家は一九四〇年頃からフブーブと香辛料を扱い、卸売と輸出を行っている。兄弟二人で創業し、現在はその息子たちの世代が中心となって会社組織にした。R商事は三〇〇種類以上の香辛料と、四〇種類以上のフブーブを扱う。生産者や商人が生産物を旧市街のR商事のもとへ持ち込む以外に、R商事の社員が地方に赴き、現地で生産物を買い取ることもある（二〇〇九年八月二七日インタビュー）。

（22）エチオピアのカートは四～五人の商人を経て消費者に至る［Anderson et al. 2007 : 46］ことを考えても、イエメンのカートの流通経路は短い。

（23）花卉流通で問題となった卸売業者と出荷者との個人的な結びつきと代金決済が不確実である点は、カートの流通では少なくとも大きな問題になっていない。第9章を参照。

第9章 商人、生産者、購入者の関係

㊤㊦ サナア市内のカート市場　（いずれも2005年撮影）

1　はじめに

前章では流通経路に注目した。本章は経済主体間の情報の非対称性について議論する。情報の非対称性がもたらす非効率性を解消する方法として、堅い信頼関係が注目されてきたが、それ以外の関係もカート商人らに選択されること、そしてその選択はカート商人個々人に任されていること、主体間の関係は流動的であることを論じる。前章で図示した流通経路【8-1】は、あくまでカートという商品の流通経路であり、カート商人の取引先の人々との関係を表しているわけではない。彼らがどのような人間関係を通してカートを売買しているのかは別の図が必要になる。

2　情報の非対称性と信頼関係

経済学では一九七〇年代から情報の非対称性に関する研究が多数生まれている。[1] 完全情報（complete information）を仮定してきた新古典派経済学に対し、これらの研究は、信頼関係という経済外要因に注目するようになった。例えば日本型経営の代表例である生産系列の長期的・継続的取引や株式持ち合いが指摘できる。完成品メーカーと部品メーカーとの間で形成される生産系列の長期的・継続的取引では、両者の間で技術開発などに関する情報の密接な交換、調整、共有、蓄積や両者の関係に固有な投資が効率的に行われる。したがって明示的な契約関係とは異なった協調的、信頼的関係が生まれ、このような協調的関係がさらに情報の交換や当事者の関係に固有な投資を促進し、信頼関係を高めるという好循環を生んでいると考えられる［鶴 1994: 105–106］。また株式持ち合いによって、お互いに持ち合っている株式が「人質」や「担保」という性格をも有し、「人質」の交換を行うことが、潜在的に信頼関係を裏切ることへの抑止力になる。さらに企業間の長期的な取引を促進することで互いの情報の共有が進み、それが相乗効果を生むことも考えられる［鶴 1994: 45］。

人類学を始め、途上国のいわゆるバザールを研究対象としてきた諸学も、一九七〇年代以降は情報の非対称性を踏まえ、経済外要因を重視してきた。ギアツの表現を借りれば、バザールの情報は欠陥があり、不足していて、不均衡に分布し、非効率に伝達され、非常に価値がある［Geertz 1978: 29］。バザールではその情報を握るのは商人であると考えられてきた。商人は商品に関する情報や、市場に関する情報を独占かつ隠蔽しているため、購入者や生産者に対して圧倒的に有利になる。購入者は商人と長時間交渉してようやく商品を手に入れるが、購入後もその商品の品質に関して疑心暗鬼にならざるを得ない。生産者もまた、たとえ市場参入志向が高くても、商人が市場の情報を独占・隠蔽しているために、やすやすと市場に参入することはできない。情報強者である商人は、バザールを支配し大きな利益を得ている。このような情報の非対称性を補完する方法が信頼関係である［Davis 1973; Geertz 1979; Fanselow 1990; 福井 1995-a; 諸岡 1995; 古田和子 2004; 堀内 2005］。

信頼関係の一つは地縁血縁関係である。卸売業者が出身地の農家や集荷業者を利用したり［福井 1995-a: 228］、流通業者が農家の兼業であったり［諸岡 1995: 263］する。ある種の商品を特定の親族集団やエスニックグループが独占することもあり［Davis 1973: 241］、これもまた地縁血縁という信頼に基づく関係によるリスクマネジメントといえる。

地縁血縁関係者が顧客になる可能性もある［Davis 1973: 212］が、地縁血縁関係にない他人同士が顧客関係を築くこともある。購入者はある商人の顧客になれば、商品を購入するときに顧客関係になかったら必要となるはずの膨大な時間や費用を削減でき、商人もまた信頼を購入者に与えることで、未来の需要を独占することになる。顧客関係にはさらに種々のサービスが伴うことが多い。商人が良質の商品をとり分けておく、商品の運搬を助ける、他の商品を手配する［Davis 1973: 222–223］といったものや、卸売業者が顧客関係にある集荷業者に対し出荷した野菜の全量買取り、値引き、支払い猶予、市場情報の提供、財政的支援などを行う［Geertz 1979: 223; 福井 1995-a: 244］といったものもある。経済主体は互いに顧客関係を利用し、顧客関係から利益を受けるという点で対等である［Geertz 1978: 30, 1979: 218］。このように経済学とバザール研究に共通して、経済主体間の情報の非対称性が取引にもたらす非効率性は、信頼関係によって解消されると議論されてきた。

信頼関係は長期的で安定的であるからこそ信頼関係と呼ばれるのであるが、そのような信頼関係に対して疑問を三つ指摘できる。まず、購入者や生産者は、現在信頼関係を築いている商人が、最高の取引相手であると信じてよいものだろうかという点である。確かに信頼している商人との取引は時間や費用を削減することになるが、他によりよい商人がいる可能性に目をつぶることになる。よりよい取引相手を探す費用や時間を惜しむことは、最終的に自らの不利益になるのではないだろうか。

この疑問に関し、経済学の議論が答えを提供している。公正取引委員会「自動車部品の取引に関する実態調査」（一九九三）によれば、完成品メーカーが部品を注文する場合、部品メーカー一社のみに発注するケースは少なく、従来から取引のある部品メーカーを中心に二〜五社程度発注する場合が多い。完成品メーカーはより優秀な部品メーカーと取引を拡大しようとする意欲が強い。完成品メーカーと部品メーカーとの関係は完全に固定化されたものではなく、一定期間ごとにリシャッフルが行われる場合も多く、その際、価格のみならず品質、納期、開発力、マネジメントが重要な選定基準になっている。つまり潜在的なものも含めて、比較的少数の代替的な取引主体が存在するのである［鶴 1994: 110］。また同様な事例はバザールにも見られる。マニラの市場では経済主体の間にスキと呼ばれる顧客関係が結ばれている。スキは一対一の関係というわけではなく、産地集荷業者とその取引相手の卸売業者もお互いに複数のスキを抱えていて、幾重にも情報ネットワークが張り巡らされている［福井 1995-a: 224］。福井はスキの固定性、閉鎖性を強調している［福井 1995-a: 225, 229］が、自動車メーカーの事例と合わせて考えれば、顧客関係にもある程度の「遊び」が必要であることはいうまでもないだろう。

二つめの疑問は、個々の商品や商人個々人の商売方法には相違があるはずであり、商品や商人によっては信頼関係がリスクマネジメントにならない場合があるのではないだろうかという点である。

この疑問に対し、一つの答えを提供するのが田村［2009］である。トルコ西部のイズミル市の定期市には大きく分けて巡回商人と生産者商人が存在しているが、買い手は「もの・人・情報の不確実性」ゆえに巡回商人の固定客にならず、妥協のない品定めがくり返せるような回路を閉ざさないために「その場限り」の関係を維持する（生産者商人とは固定的顧客関係を結ぶ）。これまでバザールの特徴でありなおかつマイナス要素として扱われてきた「その場限り」の関係が、条件によっては顧客関係よりも重要であることを田村は指摘している。またここまで日本型経営の長所を述べてきたが、その長所が時にはしがらみや馴れ合いに発展し、マイナスに機能することもあり、特にバブル期以降はその見直しが求められている［鶴 2006］。

三つめの疑問は、従来のバザール研究では顧客関係は所与のものとして登場し、いかに顧客関係が築かれるのかという過程がほとんど語られてこなかった点である。同じ商人から数回商品を買えば、顧客扱いとはいかないまでも、商人が初回とは異なる対応をするようになることは経験的に明らかである［例えば田村 2009: 62］。長々として非効率に見える交渉のなかで、お互いが信頼に値する相手であるかどうか吟味しているわけであり［Khuri 1968: 705］、このような交渉が顧客関係を築く上で重要なはずである。しかし交渉の意義は軽視され、顧客関係に変化する過程もまた重視されてこなかった。

三つめの疑問に対し、ギアツの議論がヒントを与えてくれる。モロッコのセフルーでは、探りを入れる交渉と、取引を決定する交渉とを用語上区別し、この二つの交渉は異なる場所で行われる。前者を弱い顧客関係（weak clientship ties）にある人と行い、後者を堅い顧客関係（firm clientship ties）にある人と行う［Geertz 1978: 32］。つまり購入者は時間をかけずに外延的な吟味（extensive search）を行った上で、堅い顧客関係の相手と内包的な吟味（intensive search）を始めるのである。ギアツは外延的な吟味は内包的な吟味の補足的なものであると考えている［Geertz 1978: 32, 1979: 215］が、弱い顧客関係を経て堅い顧客関係が形成されるだろうことは想像に難くない（もちろんすべての弱い顧客関係が堅い顧客関係に発展するわけではないし、する必要もない）。

以上の三つの疑問に共通するのは、信頼関係に対して多くの研究者が抱くゆるぎない信頼である。実際バザール研究から顧客関係があてにならない事例も紹介されている［Geertz 1963; Fanselow 1990］。しかし原［1985］(2)や福井［1995-b］(3)も含めて、バザール研究者は長期的で安定的な信頼関係にばかり目が行き、「遊び」の部分に相当する不安定さや変化する過程に目を向けてこなかったのではないだろうか。

本章で注目するのは、ギアツの弱い顧客関係にほぼ相当する。顧客関係よりもずっと弱い関係をあえて「顧客」扱いする必要はないので、以下「顔見知りの関係」と呼ぶ。本章では、イエメンのカート市場の事例を通して、情報の非対称性がもたらす非効率性を解消するには、信頼関係よりむしろ顔見知りの関係や一見関係(4)が重要であり、経済主体間は流動的であることを論じたい。バザール研究で観察された長期的で安定的な信頼関係は、経済主体間のいわば「両想い」によって成立しているが、カート市場では経済主体の「浮気性」ゆえ顔見知り関係や一見関係が多く見られる。まずカート市場を、バザールや近代的市場と比較して、その特徴を明らかにする。ここではカート市場の特徴を際立たせるために、Fanselow［1990］を参考にバザールや近代的市場を類型的に記述する。ファンズローはバザールに対する市場を「規格化された商品を扱う市場」（standardized goods market あるいは standardized commodity market）［Fanselow 1990］と呼んだが、規格化は近代的な市場の特徴の一つと考えられるため、ここではバザールと対置される特徴を持つ市場を近代的市場と呼ぶ。次にカート市場の情報の非対称性を述べてから、地縁血縁関係と顧客関係の特徴を説明し、情報弱者である買い手は信頼関係よりも顔見知りの関係や一見関係を重視するために「浮気性」になることを論じる。最後に情報強者である売り手もまた「浮気性」にならざるをえないため、カート市場では経済主体間の関係が変化することを図示し、カート商人は購入者に対しては情報強者であり、生産者に対しては情報弱者であるため二重に「誠実」でかつ「浮気性」であることを指摘し、図が他のバザールや近代的市場にもあてはまるかどうか検討する。

情報の非対称性に関して少し説明を付け加えておくと、商人が情報を独占・隠蔽し、情報強者となっているバザールに比べ、近代的市場は確かに情報公開が進んでいるが、情報の非対称性は解消されない。経済学で情報の非対称性の議論が行われている理由はまさにここにある。この点でファンズローは誤解をしている［Fanselow 1990］。情報の非対称性はバザールだけの特徴ではなく、近代的市場の特徴でもある。

本章の議論の中心となるのはサナア市のカート市場（消費地市場）で商売をしているカート商人であるが、生産者や購入者も視野に入れ、生産者と商人、商人と購入者の関係を考察する。どのような情報が経済主体にとって重要であり、どの経済主体が情報強者／弱者なのかを明確にする。

3　カート市場の特徴

ここではカート市場の特徴を公的機関の介入、規格化と交渉時間、流通経路の三点からバザールや近代的市場と比較して紹介していきたい。

(1)　公的機関の介入

バザールでは商人が恣意的な商業活動を行っているため、商品が規格化されず、定価も存在せず、購入するには値段交渉が必要となる。長い流通経路を経る過程でマージンが添加されていくだけでなく、商品は出所が不明となり、類似品が混入される可能性があるため、商品の規格化はますます困難なものになる［Fanselow 1990］。

商人の恣意的な商業活動を抑えるために、公的機関の介入が必要になる(5)。この一例が卸売市場であるのは第8章で述べた。中央卸売市場の成立する以前の青果物流通では、問屋などの卸売業者が私的基準と個人的に収集した情報に基づいて価格決定を行ったため、彼らの恣意的範囲が大きかった［堀田忠夫 1988］。中央卸売市場は公正かつ迅速な取引を確保し、生鮮食料品などの円滑な供給と消費生活の安定を図ることを目的として、地方公共団体が衛生的かつ効率的な施設の建設や、一定の経費負担を行うなど、市場の管理・運営にあたっている(6)。

カート市場には公的機関の介入がきわめて少ない。カートは自給用の穀物だけでなく、国際商品であるコーヒーさえも駆逐してきた上に、「薬物」とも分類される農作物であるため、イエメン政府はカート削減を望んでいるものの、効果的な対策はほとんど実施されていない。またカート市場は大きく産地市場と消費地市場に分類できるが、ほとんどが私設市場であり、卸売市場・商人／小売市場・商人の区別は厳密ではない。第8章で述べたようにカート以外の農作物の場合、野菜や果物はイエメン政府が中央卸売市場を国内各地に設置してコンピューターで管理を行い、サナア近郊の香辛料やフブーブは民間会社が買い付け、国内販売、輸出を手がけている。このことと比較すると、サナア近郊の農作物のなかで公的私的機関の介入が少ないのはカートの特徴である。

現在のところ、イエメン政府のカートへの介入は徴税に限定される。しかし筆者がカート商人から聞く限り、脱税と徴税官への贈賄は行われているようである。さらに付け加えると、カート商人が所属すべき組織は官民ともに存在せず、取得すべきライセンスもない(7)。カート商人のほとんどが一人で行う零細商人である。年少の親族（息子や甥）を手伝いに雇うことはあるが、成人男性が共同で商売することは非常に少ない。カート商人が恣意的な商業活動をしているのは事実であろう。「公正」かどうかは判断が難しいが、「迅速な取引」が行われていることはすでに述べた。以下でもその詳細にふれておこう。

(2) 規格化と交渉時間

バザールでは商品の品質が多種多様で規格化されておらず、定価も値札もない。購入者は商品を購入するには値段を尋ねることから始めなければならず、より安く手に入れるには値段交渉が必要となる。飲み物を飲みながら、雑談を交えながら、交渉は時には数時間に及ぶ。[8] しかも商品の計量は商人に任されているため、購入者は常に騙される危険に曝されている［Fanselow 1990；黒田 1995］。

近代的市場では商品が規格化されている。規格化するのは必ずしも公的機関である必要はない。例えば保証書、ブランド、チェーン店［Akerlof 1970 : 499–500］も一種の規格化である。規格化は品質と値段、あるいは量と値段を関連させるものであるから、商品に定価や値札がつけられる。購入者は値段交渉することなく、値札を見て購入する。

カート市場において商品の規格化は一見すると曖昧である。市場で売られているカートは水分の蒸発を避けるためビニール袋に入っているか、ビニールシートに包まれているが、ビニールにはカートに関する情報が何も書かれていないことが多い。生産地も値段も明記されていない。重さも明記されているわけではなく、季節によって明らかに重さが異なる。店舗の壁には扱っているカートの生産地が書いてあるが、露天の商人にはそのような場所はない。カートは種類によって値段が大きく異なり、日本円で一〇〇円程度のものから一万円近いものまである。商人に尋ねれば、扱っているカートの情報を教えてくれるが、どこまで信用したらよいのか、誰を信用すればよいのか、慣れない人にはまったく見当がつかない。その上サナア市には消費地市場が二〇ヶ所以上あり、市場によって扱うカートに偏りがある。

しかし公的に決まったものではないが、カートは形状（ガタル、ルース、ルバト）や生産地、色、水分量によって分類できる。しかも異なる生産地を混ぜることはないので、例えばハムダーン産のカートにアルハブ産のカートが混ざっているということはありえない。

カート市場には、以上のように分類できるカートが一年中出回っているが、カートの生産量、消費量、品質は短期的にも長期的にも変動する。雨季にあたる夏季に生長が早くなりカートの生産量は増加し、反対に乾季にあたり気温の低くなる冬季には生長が遅くなるためカートの生産量は減少する。そのため夏季にはカートが市場に多く出回り、カート一袋の量が増え、値段も下がるが、反対に冬季にはカートは市場に出回る量が減り、一袋の量が減り、値段も上がる。また週末にあたる木、金曜日は消費者が増加するのでカートの値段が上がり、イードには消費者が増えるにもかかわらずカート商人が故郷に帰るなど商売をする人数が減るため、カートの値段が高騰する。(9)

カートの木一本に注目すると、栽培方法(農薬、化学肥料、灌漑用水の与え方)や収穫方法によって差はあるものの、年間二〜四回収穫できる。しかし生長の早い夏季と遅い冬季ではカートの味が異なり、夏季であっても、降水量によって味が変化する。またその木が数年たつと、栽培方法によってカートの味も変化する。このようにカートはさまざまな要因で値段が変動するだけでなく、品質も数年単位どころか年間を通して、いや毎日変化している。

カート市場では購入者は値段交渉をしてから購入することが多いが、筆者の観察する限り、交渉は非常に短時間である。購入者は商人に生産地や、さらにこだわるのであれば色や水分量を確認し、好みのカートであれば、商人から差し出されたカートの匂いを嗅ぎ、葉を数枚手に取って見てから値段交渉を始める。値段交渉は以下の通り短いものである。

購入者「ビカム(いくら)?」
カート商人「一二〇〇」
購入者「八〇〇」
カート商人「一〇〇〇」
購入者「ハラース(おしまい)」

これは交渉決裂の場合である。購入者はすぐに別の商人に近づき、カートの吟味を始める。交渉はせいぜい数分、長くても一〇数分である。雑談に花を咲かせたり、飲み物を飲んだりしながら交渉することはない。値段の折り合いがつけば、購入者はすぐにカートを受け取って支払いを済ます。原則としてその場で現金で支払う。

筆者の観察する限り、値段交渉でカートが半額以下になることはほとんどなく、通常の値段交渉でカートの値段はせいぜい二～三割安くなる程度である。交渉時間が短く、値切り幅も小さいのがカート市場の特徴である。

(3) 流通経路

バザールの流通経路は「細くて長い」。つまり組織化されていない数多くの零細な流通業者が、さまざまな商慣習、契約関係で結びついている［Geertz 1963: 31; 諸岡 1995: 260］。流通経路を経る過程で商品は出所不明となり、あるいは品質の異なるものが混入される［Fanselow 1990: 253］こともあるため、トレーサビリティは低い。流通業者を通過するごとにマージンが発生し、最終的には商品の売値に転嫁される。

一方近代的市場では「太くて短い」流通経路をたどることが、流通革命で求められた［鍋田 2005］。前近代的な慣習に縛られた「細くて長い」日本の問屋制度は、卸売市場の整備とともに廃止された。流通過程で生じるマージンを削減するため、より太くて短い流通経路が模索され、より安く売るための価格競争が生じ、商人は薄利多売を目指す。流通経路は太くて短い上に透明化されているため、トレーサビリティが高い。そのことは結果として商品の品質の維持にもつながる(10)。

カートは早朝にサナア近郊で収穫されると、その日の昼にサナア市内の市場に並び、その日の午後に消費されるという非常に効率のいい流通経路が形成されている。カート商人は生産地か、生産地に近いところにある産地市場でカートを仕入れ、サナア市内の消費地市場で売る場合がほとんどであり、カートが生産者から消費者の手に渡るまで、商人は一～二人しか介在しない。第8章で述べたようにカート以外の農作物は流通経路の近代化を経ているが、カートはそのような近代化を経ておらず、零細な生産者が作るカートを零細な商人が組織化されずに、「細くて短い」独自のルートで仕入れることで、迅速な流通が可能となっている。そして異なる生産地のカートを混ぜることはないので、トレーサビリティは高い。

さてこれまでバザールと近代的市場を対比させて、カート市場の特徴を紹介してきた。カート市場は公的機関の介入が少なく、定価がない点でバザールに似ているが、流通経路が短く、トレーサビリティも高い点で近代的市場に似ている。規格化がゆるやかながら存在するが、品質がかなり変化するのがカート独自の特徴である。カートとカート市場の特徴が明らかになったところで、カート市場における情報の非対称性と信頼関係のあり方について述べたい。

4　カート市場における信頼関係

(1)　カート市場の情報の非対称性

バザール商人は、商品に関する情報や市場に関する情報を独占・隠蔽し、生産者や購入者に対し圧倒的に情報強者であると議論されてきたが、カート商人はそうではない。市場に関する情報から考えてみよう。

実際のところ、カート生産者の市場参入志向は高いわけではない。一割程度の儲けのために時間と費用をかけてサナアの消費地市場まで行く生産者はまれで、地元の産地市場でカートを売る程度である。自分のカート畑まで商人が来てくれるのなら、産地市場に行く手間も省ける。加えて新聞などのメディアは市況を公表していない。このため生産者は、カート商人に比べたら市場の情報は持っていない。しかしだからといってまったく入手できないわけではない。生産者はほぼ毎日産地市場か自分の畑でカート商人と顔を合わせる。ある商人の言葉が信用できなければ、別の商人に携帯電話で確認することもできる。サナアに出かけるついでに消費地市場の動向を知ることも可能である。生産者は商人の情報を鵜呑みにしているわけではない。

購入者もまた市場に行けば情報を得ることができる。数人、時には数十人のカート商人と話をすれば、その日の動向（どこの生産地のカートが多いか少ないか、安いか高いか、人気があるかないかなど）を知りえる。カートの交渉はそもそも数分しかかからないから、多くの商人から情報を聞き出せる購入者の方が、カートを売るだけの商人よりもむしろその日の市場の状況を把握できるかもしれない。またカートを消費するときも、情報交換が可能である（〇〇産のカートは最近農薬を使っているとか、××産のカートは最近雨が少なくて品薄だとかという話題で議論するのはまったく問題ない）。購入者は、毎日自分の目でカートを選び、商人と交渉して購入し、そのカートを噛むことで、自分の得た情報を確認することができる。

このようにカート商人が市場に関する情報を独占・隠蔽できない理由は、毎日新しいカートが生産地から届き、その日のうちに消費されるため、毎日情報が更新されるということが指摘できる。昨日の情報はもう古いのである。カートの品質の不安定さも商人には不利に働く。カートの品質は日々変化しているので、カートの品質に関する情報は生産者が握ることになる。市場の動向に関しては生産者や購入者もある程度入手可能であるから、カート市場においてカートの品質に関する情報が重要である。[11] カートの品質に関する情報は「生産者＞カート商人＞購入者」という不等号で表せる。

ただし品質に関する情報も、情報強者が圧倒的に有利な立場にある、つまり情報強者が情報を独占・隠蔽できるというわけではない。カート生産者や商人がカートを売るときに、カートの品質をごまかすことはまったくないわけではないが、それほど簡単ではない。異なる生産地のカートを混ぜることはないため、特に問題となるのは化学肥料、農薬、灌漑用水を利用しているかどうかである。それらを利用して生産量を増やす生産者は存在するが、多くの消費者は「有機栽培」のカートを好む。そのため生産者や商人はそれらの利用を隠す傾向にある。また前日に売れ残ったカートを一晩暗室に保存しておき（サナアでは冷蔵庫では冷えすぎるため）、翌日に仕入れたカートと混ぜて売る商人もいるといわれているが、そのようなカートの見分け方も購入者は知っている。[12] カートの品質をごまかしているという商人、生産者、あるいは生産地の噂は消費者によって広められ、最終的にはその生産地のカートの価値を下げることもある。

品質に関する情報が重要であり、その情報の非対称性は「生産者∨カート商人∨購入者」と表せるカート市場の信頼関係について、地縁血縁関係と顧客関係に分けて整理したい。

(2) 頼りにしない地縁血縁関係

サナアで出回っているカートの多くの名称となっている郡の名称は、そこに居住する部族の名称でもあることが多い。サナア周辺以北の部族民は特に閉鎖的であることが知られている。部族領土はその部族民が守るべきものであり、見知らぬ者が無断で入れる場所ではない［大坪 1995］。一九六〇年代から始まった幹線道路の舗装工事において、作業に従事した中国人労働者が部族領土への「侵入者」として命を落としたことは、サナア郊外にある中国人墓地から現在でもうかがえる。サナアに出回る多くのカートは、そのような閉鎖的な土地で生産されている。以上のことから、カート商人は出身地との関係を利用して商売をしていることが予想できる。

確かに商売を始めるときに、地縁血縁関係に頼るカート商人は多い。先にサナアに出てきていた兄、妻の親族など、その「先輩」が仕入れに行っている産地市場に連れて行ってもらい、そこでカートを仕入れ、「先輩」が商売をしている消費地市場でカートを売り始める。あるいは故郷がカートの生産地であれば、毎朝故郷に戻って地縁血縁関係にある生産者からカートを仕入れる。

しかし地縁血縁関係はすなわち堅い信頼関係ではない。カート商人は最初は地縁血縁関係を頼るにしても、共同で商売をしているわけではない。露天で並んで商売をしている兄弟でも会計は別である。妻の親族と仕入れは一緒に行っても、売る場所は店舗と露天というように異なる。またカート商人が地縁血縁関係を使って商売を始めても、その後は自由にカートの種類や仕入れる場所を替えていく。自分の故郷のカートを仕入れている商人も、調査の限り地縁血縁関係を利用してカートを仕入れるのが有利であるとはいわない。商人が優先しているのは、自分や消費者の嗜好やカートの品質なのである。

産地市場は市場周辺のカートを扱っているので、生産地が地理的に離れているカートに替えたいのなら、仕入れる産地市場も替える必要がある。事例を紹介しよう。

《事例1》

ムダッレス氏は高校在学中にサナアに出てきて、同郷の友人とカート販売を始めた。はじめは故郷の近くにあるカート生産地に行って（車で片道二時間程度）、カートを仕入れていた。しかし現在では仕入れる市場もカートの種類も替えた。現在扱っているアルハビーは味がよく、良質であること、さらに自分自身がアルハビーを好むこと、何より消費者が多いこと、仕入れ先も近いことが、アルハビーに替えた理由である。現在の仕入れ先はアルハブ郡にある小さな産地市場である。ここはサナア市の消費地市場で知り合った、地縁血縁関係のないカート商人に教えてもらった。自家用車は所有しておらず、乗り合いで仕入れに行っている。

（二〇〇七年一月六日インタビュー）

このように産地市場を変更するのはそれほど困難なことではないが、カート畑で仕入れる場合は異なる。閉鎖的な部族領土にあるカート畑を、商人がきまぐれに訪問することはない。カートは新鮮な葉を摘んでビニール袋に詰めればすぐに売れるので、カート畑には窃盗が多い。カート畑のそばには必ず見張り小屋があり、見張り番がライフル銃を持って畑を監視している（場合もあるが、無人の場合もある）。カートが気に入ったからといって、カート商人が畑の持ち主に許可なく畑に入ったら、命を落としかねない。

《事例2》

ダイファッラー氏は以前は産地市場で仕入れていたが、カート畑を見てカートを仕入れたいと考えていたので、まず自家用車を購入し、産地市場で知り合いになった生産者のカート畑に行くようになった。現在では数軒の生産者のカート畑から直接仕入れている。知らない生産者Aからカートを仕入れたい場合は、自分とAを知っている生産者BにAを紹介してもらう。

（二〇〇六年一二月三一日インタビュー）

このBのことをダミーン（*damīn*）と呼ぶ。商人はダミーンに謝礼を払う必要はないが、商人が支払いを滞らせた場合はBが代わりにAに支払わなければならない。

また産地市場には、カートを売りに来ている生産者と、カート商人の値段交渉を助けるムスリフ（*muslih*）がいることもある。ムスリフは、生産者、商人それぞれから売りたい値段と買いたい値段を聞き、双方の要求を満たす金額を探り、それぞれに告げる。双方が合意したら、カートと代金のやりとりは当事者同士で行い、ムスリフは手数料として折り合った金額の五％程度ずつ、合計で一〇％程度を受け取る。生産者と商人が知り合い同士であればムスリフを使う必要はないが、知り合いではない場合、ムスリフを使うと値段交渉の時間を短縮することができる。このようにダミーンやムスリフを利用すれば、カート商人は地縁血縁関係を頼ることなく、自分や消費者の嗜好やカートの品質を優先してカートを替えることができる。

(3)　リスクの高い顧客関係

カート商人は、見知らぬ生産者からカートを仕入れ、見知らぬ購入者にカートを売ることから始めることが多いが、やがて取引を重ねる相手が出てくる。さらに取引を重ねれば、顧客関係が成立することもある。

生産者と商人の関係を見てみよう。生産者はカートを産地市場で売るにしろ、自分の畑で売るにしろ、より多くのカート商人が仕入れに来ることを望む。そのうちの何人かが毎日仕入れに来るようになれば、収入の安定につながる。収入の安定と引き換えに信頼したカート商人には後払いも認める。売り手は買い手の未来の需要を独占するために、相手に信頼を与え、その証しとして後払いというデメリットを負うのである。

カートを仕入れる商人の視点に立つと、生産者のデメリットはメリットになる。つまり生産者との間に信頼関係が築かれれば、商人は後払いというメリットを手に入れることができる。カートを産地市場で仕入れる場合、カート商人はその日に売る分だけを仕入れる。商人は仕入れたいカートを扱っている生産者を見つけ、生産者（あるいはムスリフ）と値段交渉し、代金を支払う。代金は原則としてその場で現金で全額支払うが、生産者との間に信頼があれば、万が一持ち合わせが足りないときには後払いができる。産地市場で仕入れるカート商人がほとんどの場合即金払いをするのに対し、カート畑で仕入れるカート商人は前後二回に分けて支払うことが多い。これは生産地でカートを仕入れる場合には数日分（三～一〇日分）を契約することが多く、そのため扱う金額も大きくなるからである。契約は口頭で行い、契約の段階で前払いと後払いの金額を決める。数日分の契約をしてもカートをまとめて収穫することはなく、商人は毎朝新鮮なカートを仕入れに行く。生産者と信頼関係が築かれれば、前払いの金額が少なくなり、あるいは全額後払いも可能になる。

カート商人にとって、「毎日同じ生産者から仕入れて、滞りなく支払うこと」が生産者からの信頼を獲得する唯一の方法である。そしてカート商人はみな「信頼は重要である」という。生産者との間に信頼関係が築かれれば、商人は値段交渉の時間が省け、安く仕入れられる可能性が高く、持ち合わせが足りないときには後払いができる。しかしカート商人が持ち合わせが足りないときに後払いできるといっても、支払い期限はその日の午後か、せいぜい二、三日後である。信頼できる人間関係を持続させるために、その場での決済をあえて延べ払いや支払い延期に持ち込む［堀内 2005 : 29］ことはない。反対に、完全に支払われてしまえば、債務者と債権者の関係は終わってしまう［リーチ 1989（1985）：192］ように、カート商人は、債務者と債権者の関係を引き延ばそうとせず、むしろ反対に、現金決済によって毎日関係を清算していくのである。それはカート商人が一日に扱う量も金額も少なく、カートを現金で仕入れ、現金で売っていること、カートは鮮度が重要で、その日のうちに収穫、流通、消費されてしまう生鮮食料品であることとも関係しているだろう。現金決済によって関係を清算しながら作られていくのがカート商人と生産者の間の顧客関係であり、その証しとして持ち合わせが足りないときは後払いが認められるが、顧客関係が築かれた後でも現金決済は続けられる。

このように築かれる顧客関係は、しかしながら万能ではなく、リスクマネジメントとしては顧客関係よりも顔見知りの関係の方が重要であり、顧客関係や顔見知りの関係を築かないということもカート商人の選択肢として存在する。

カート商人にとって、生産者と堅い顧客関係を築くことは、最良の方法とはいえない。くり返しになるが、カートは同じ畑で同じ方法で栽培されても、気候や季節、降水量などで品質が変化する。商人が同じ生産者から同じ品質のカートを仕入れ続けられる保証は何もない。たとえある畑のカートが常に同じ品質を保ったとしても、生産者が別の商人にカートを売ってしまうかもしれない。もちろん商人が支払いを滞らせたり、あるいは支払いをしないで逃げてしまったりして、信頼を失うことは論外である。しかし一つだけの堅い顧客関係を築くよりも、より多くの選択肢を持つことの方が安全である。カート商人たちはそれぞれの方法で複数の仕入れ先を確保している。

《事例3》

ムダッレス氏の仕入れるカートは、生産地で分類すると一種類であるが、同じ生産地であっても、複数の生産者から色や水分量の異なるカートを四〜五種類仕入れる。仕入れる先は顔見知りである。

《事例4》

アリー氏は数日前まではアハジュリーを、調査当時はハイミーを販売していた。これからマタリー、ホシェイシー、スファヤーニー、サァディーを扱う。アハジュリーは生産地に行って生産者から仕入れる。ハイミーとマタリーはアマーン産地市場で生産者から仕入れる。ホシェイシーはハターリシュ産地市場に行って、ワキール[13]から仕入れる。スファヤーニー、サァディーはサナア市内の市場(【8-2】の②)でカート商人から仕入れる。仕入れ先は顔見知りであることもないこともある。

(二〇〇七年一月六日インタビュー)

(二〇〇七年一月九日インタビュー)

ムダッレス氏はここ数年アルハビーを扱っているが、仕入れる生産者を数人に分けている。アリー氏はそのときどきで扱うカートは一種類だが、年間を通してみると複数のカートを扱うことになり、種類に応じて仕入れる場所や仕入れる方法も替えている。どちらも複数の仕入れ先を確保しているという点では共通し、顧客関係とはいかない顔見知り程度の関係を利用している。アリー氏は顔見知りでない人から仕入れることもあるが、顔見知りの関係さえも重視しない商人もいる。

《事例5》

サーニー氏は産地市場で年間を通してマタリーかハイミーのどちらか一種類を仕入れている。自分の仕入れたい品質のカートを扱っている生産者なら誰とでも取引する。もちろん顔見知りの生産者もいるが、特に彼らとの関係を優先させているわけではない。

(二〇〇七年一月八日インタビュー)

サーニー氏の場合、複数の仕入れ先を確保しているというよりも、仕入れ先を限定していないといえるだろう。サーニー氏は一種類しか仕入れないが、そうすることによって一度に取引する量が大きくなり、まとまった金額をその生産者に支払うことになる。その結果、その場の信頼を生産者から得ているのである。

以上のようにカート商人は、カートを仕入れるときには堅い顧客関係を築くよりも複数の取引相手を確保したい浮気性であるが、自分がカートを売る立場になると、購入者に対しては堅い顧客関係を望む。商人は何度も購入しに来ていて支払いも滞っていないという実績のある購入者に対して、好みのカートが入荷したことを携帯電話で知らせ、彼らから連絡があれば選り分けておき、彼らの持ちあわせが足りなければ後払いを認める。ムダッレス氏は一五～二〇人、アリー氏は二〇人ほど顧客を抱えている。仕入れるときに顔見知りの関係さえ優先しないサーニー氏も顧客を一〇人ほど抱えていて、できれば増やしたいと考えている。

しかし購入者の立場になると、仕入れるときの商人と同様に、同じ商人からカートを買い続けることはメリットが大きいわけではない。確かに特定の商人からカートを買い続ける購入者も存在する。顧客になると、値段交渉の手間が省け、安く買える可能性が高く、持ち合わせがなくても支払いを待ってもらえるというメリットがある（ただしカートの値段交渉はそれほど長時間行われず、値段交渉してもそれほど大きな値引きはないことはすでに述べた）。電話一本で多少のわがままを聞いてもらえる。しかしカートの品質は日々変化するので、同じ生産地のカートを扱う商人であっても、扱うカートの品質は日々異なる。カートの品質にこだわるのであれば、特定の商人の顧客にならない方がむしろいい。自分の嗜好に合ったカートを扱うカート商人を数人、顔見知り程度に知っていれば、多少の値段交渉は必要であるが、自分が消費するカートの品質の維持につながる。購入者にとって後払いはそれほど魅力的ではない。カートはその日の懐具合と相談して買うものである。

ここでカート生産者の立場に戻ろう。確かに生産者は収入の安定のために毎日仕入れに来てくれる商人をより多く望むが、だからといって生産者の立場は弱くない。生産者はカートの品質に関しては情報強者であり、市場の情報も得ることができるからである。より高い値段でカートを仕入れる商人を見つければ、前に予約していた商人など、電話一本で断ってしまう。時にはカート商人に対して数日分のカート代金を前払いで要求する。[14] 化学肥料、農薬、灌漑用水をまったく使っていないカートは人気があり、良質のカートを生産するという評判が上がれば、年間契約を獲得することも(カート市場では非常に珍しいが)可能である。

《事例6》

K村のバシール氏は、カート畑を一五枚所有し、一枚につき一ヶ月程度かけて順番に収穫する。つまり一本のカートの木から年間に一回程度しか収穫しない。化学肥料、農薬、灌漑用水をまったく与えないと、このような収穫回数になると彼はいう。収穫回数は少ないが、彼のカートは非常に良質であることが知られているため市場には出回らず、特定の商人が長期契約をしている。調査当時は地元の大商人が年間契約をしていた。この大商人はカート商人ではなく、自分と家族用にバシール氏のカートを購入していた。

(二〇〇九年八月二一日インタビュー)

5 考 察

(1) 売り手と買い手の関係

カート商人の多くは、地縁血縁関係を頼って商売を始める。仕入れ先の生産者から信頼を得るには、「毎日仕入れて、滞りなく支払うこと」だけでよい。そのくり返しによって、地縁血縁関係に依存しない顧客関係を築くことができる。しかし顧客関係は商人にとって万能ではない。品質の変わりやすいカートゆえ、商人は生産者と堅い信頼関係を築くよりも、多くの選択肢を確保しておく必要がある。顔見知りの関係を多く維持しようとする商人や、顔見知りの関係さえも重視しない商人もいる。後者が最優先しているのは、自分の仕入れるカートの品質であり、顧客関係や顔見知り関係から得られるメリットは二の次なのである。[15] カートの品質にこだわる購入者もまた多くの選択肢を確保しておく必要がある。

買い手（商人、購入者）が浮気性であることを知っている売り手（生産者、商人）もまた、既存の顧客関係に満足せず、顔見知りの関係やできれば顧客関係を増やそうとして新たな客を開拓する。そのためカート商人は一見客にも顧客と同じ値段で売ったり、別のカート商人からカートをすでに購入した人に対しても声をかけ、次回は自分のところに買いに来ることを期待して（それは明日かもしれない）カートの品質について相談に乗ったりするなどのサービスを提供する。生産者もまた商人に対し強気になるだけでなく、より多くの商人と取引しようとする。

このようにカート市場の経済主体間の関係は流動的である。もちろん浮気性だからといって何をしてもよいということではない。浮気性だからこそ買い手は売り手に滞りなく支払うことが重要なのであり、売り手は買い手が浮気性であるとしても、いや浮気性であるからこそ、カートの品質に関して相手を騙すようなことをしてはならない（騙そうとしても見破られる可能性が高いことはすでに述べた通りである）。経済主体はみなそれぞれの商売相手に誠実でなければならない。[16]

このようなカート市場における経済主体間（売り手と買い手）の関係は【9-1】のように表せる。一見関係の場合、買い手は売り手と交渉し、その場で現金払いをする。顧客関係が築かれると、買い手は交渉せずに購入でき、持ち合わせが足りなければ、後払いもできる（必ず後払いになるわけではない）。顔見知りの関係は両者間の特徴を持っていて、買い手は多少の交渉が必要であり、その場で現金払いをする。買い手は何度も特定の売り手と交渉することによって顔見知りになり、やがて顧客になるかもしれない。しかしその売り手が気に入らなければ一見客のままで終わるだろうし、顧客になるほどでもなければ、顔見知り程度の関係を続けることになるだろう。また買い手が特定の売り手の顧客であっても、何らかの理由で（例えば他によりよい売り手を見つけて）その売り手のところに買いに行かなくなり、その後再び買いに行けば、顔見知り程度の関係に戻ることもあるだろう。顔見知り程度の関係も、売買が途絶えた後に再びその売り手のところに買いに行けば、一見関係から始まるだろう。

地縁血縁関係はきっかけにすぎない。もともと知り合いであることもあるし、話をしていくうちに同郷だとわかる程度のこともあるだろう。地縁血縁関係があるからすぐに堅い信頼関係が築かれることもありうるが、ほとんどの場合、堅い信頼を築くまで、地縁血縁関係のない人同士が信頼を築いていくのと同じ過程をたどるので、図に地縁血縁関係は示さなくてもよいだろう。

いずれの関係も契約して成立するものではなく、厳密に数値や金額で定義できるものではない。ある瞬間を見れば、経済主体間の関係はそれぞれ一見関係か、顔見知りの関係か、顧客関係かにかなり明確に分類できるが、長いタイムスパンを考えれば変化する。カート市場全体としてみると、経済主体間の関係はこの三つの間に収まっている。

顧客関係について説明を付け加えると、顧客関係を欲するのは売り手であり、買い手は浮気性によって顧客関係を避けようとする。売り手は買い手の浮気を抑えるためにサービスを提供するが、それでもほとんどの場合、買い手の浮気は抑えられない。カート市場では例外的に長期的で安定的な信頼関係を築いているバシール氏でさえ、契約はせいぜい一年である。

(2) カート商人の浮気性

カート商人は生産者に対して情報弱者であり、購入者はカート商人に対して情報弱者であるが、同じ情報弱者であっても、両者は異なる。カートの品質にそれほどこだわらないのであれば、購入者にとって、特定のカート商人の顧客になることは、それなりにメリットがある。カートの品質よりも、特定のカート商人との顧客関係を優先する購入者はいないわけではない。特に経済的に余裕がある場合、このような方法でもある程度の品質のカートを、かなりの割合で手に入れることができる。

しかしカート商人がカートの品質よりも特定の生産者との顧客関係を優先することは、商売上リスクが非常に大きい。カート商人は自分の仕入れるカートの品質を維持しなければならない上に、消費者の嗜好が変わったら、仕入れるカートを替える必要もある。仕入れ先のカートが天候不順で壊滅状態に陥るかもしれない。バシール氏のような良質のカートを仕入れることができたら幸運かもしれないが、そんなカートはまれである。カート商人はたとえ経済的に余裕があるとしても、生産者やワキールと顧客関係を維持するメリットはほとんどないのである。同じ情報弱者とはいえ、カート商人は必ず浮気性でなければならないが、購入者はそうである必要はない。

カート商人は二重に浮気性であり誠実である。カート商人はカートを仕入れるときは情報弱者であり、カートを売るときは情報強者になる。カートを仕入れるときは顧客関係を避けたいから、顔見知りの関係を増やそうとしたり、一見関係を維持しようとしたりする。しかしカートを売るときは顧客関係を増やしたいから、顧客にサービスを提供しつつ、顧客の浮気性を知っているがために、顔見知りの関係や一見関係にも目を配る。そしてカート商人は生産者に対し支払いの点で誠実でなければならないし、購入者に対しては品質に関して誠実でなければならない。動機は異なるけれども、経済主体間の関係において中心に位置するカート商人は、生産者と購入者のどちらに対しても誠実であり浮気性なのである。

(3) おわりに

カート市場は、顧客関係よりも顔見知りの関係や一見関係の方が重要な市場である。経済主体はそれぞれ浮気性であり、経済主体間の関係は流動的である。この理由はカートの品質が変わりやすく、しかも嗜好品であるために、消費者の嗜好も多種多様であるということにある。カートの品質が長期的に安定するならば、ある程度長期的で安定的な顧客関係も可能となる（その例が事例6である）。そして経済主体は互いに浮気性であるからこそ、商売相手には誠実にならなければならず、商人は経済主体のなかで最も浮気性であり誠実でなければ商売を続けることはできない。

　カート市場に見られる経済主体の浮気性に比べると、バザール研究で指摘されてきた、長期的で安定的な信頼関係を築く経済主体は、いうなれば一途な両想い関係である。【9-1】で示した関係が、他のすべてのバザールや近代的市場にあてはまるわけではない。[17] しかしいうまでもなく、顧客関係や地縁血縁関係があるから信頼できるのではなく、信頼できる相手だからこそ、それを顧客関係や地縁血縁関係と呼ぶのである。はじめから信頼できる相手などそういない。従来のバザール研究は、長期的で安定的な信頼関係に注目してきたため、この当然のことを見落としてきたのではなかろうか。[18] 長期的で安定的な信頼関係が築かれるまでにはそれなりの過程を経るということを考えれば、【9-1】が必ずしもカート市場特有のものであるとはいえないだろう。

　カートは流通経路が短いため、比較的容易に経済主体をたどり、生産者、商人、購入者を比較し、情報弱者としての商人の側面も検討することができた。従来のバザール研究は、商人ともう一つの経済主体だけを取り上げ、前者が常に情報強者であり、後者が常に情報弱者であった。商人は購入者に対し商品の品質に関して情報強者であり、また生産者に対し市場の情報に関して情報強者であるというように、商人が情報強者である側面ばかりが強調され、結果として長期的で安定的な信頼関係に注目が集まったのかもしれない。

　バザールでは圧倒的に情報強者である商人が、さまざまなサービスを情報弱者に提供し、またカート市場においても情報強者である商人が、情報弱者である購入者に（バザールの商人に比べればささやかながらも）サービスを提供したり顧客関係を欲したりしている。情報強者が実は「強者」ではないという点では共通している。商人と購入者の関係で考えると、情報弱者である購入者が実際に買いに来なければ、商人は情報強者になれないのである。情報強者が必ずしも市場を支配しているわけではないというところが、情報の非対称性の面白さではないだろうか。

巨視的に見れば、カートの流通経路は【8-1】のように矢印で表せる。【8-1】はあくまでカートの流通経路であり、取引先の人間関係を表したものではない。売り手と買い手の関係は変化するもので、それを表した【9-1】は【8-1】とは重ならない。【8-1】の矢印から人間関係を読み取ろうとするならば、その矢印は点線か細い線の集合にすぎない。

注

（1）例えばAkerlof［1970］、スティグリッツ&ウォルシュ［2005］を参照。

（2）ギアツの調査地モロッコのセフルーとインドネシアのモジョクトは、前者では顧客関係が重要である［Geertz 1979: 218］が、後者の商人は固定的な顧客関係を重視していない［Geertz 1963: 36］。前者では地縁血縁関係は商売をする上であてになる［Geertz 1979: 140–150］が、後者では兄と弟、父と息子、夫と妻はあえて別々に商売をする［Geertz 1963: 46］といった相違が見られるが、原［1985］はそのような相違には目をつぶっている。

（3）マニラの青果物流通において、スキを持つ生産者は、持たない生産者に対し二倍近い収益を上げているにもかかわらず、生産者は産地集荷業者や卸売業者に比べると、スキに生産物を売る割合が低く、五七・六%である［福井 1995-b: 3］。なぜ半数近い生産者が収益性の高いスキを持たないのか説明されるべきであろう。

（4）必ずしも初回とは限らないが、売り手も買い手も、お互いの顔も名前も認識しておらず、交渉にかかる時間は初回客と同じ程度であるという関係を、本書では一見関係と呼ぶ。前述した田村［2009］の「その場限り」の関係とほぼ等しい。

（5）バザールに公的機関の介入がまったくないわけではない。シリアのアレッポのバザール（アラビア語ではスーク）に関しては黒田［1995: 71］を参照。

(6) 東京都中央卸売市場のホームページより。http://www.shijou.metro.tokyo.jp/

(7) カート商人にライセンスを発行することは、カート会議やFAOでも提案されたが、実現していない。第1章参照。

(8) 生活必需品を購入するときに値段交渉に数時間かけることはありえないと思われるが、商品による交渉時間の差異というものは、バザール研究ではあまり注目されていない。具体的な事例はKhuri［1968］を参照。

(9) イードの初日は特にカートの値段が高騰する。イード・アル＝アドハーの初日にあたった二〇〇六年一二月三〇日には、通常八〇〇リヤル程度のカートが二三〇〇リヤルに高騰した。当時のレートは一ドル＝一九二リヤル。

(10) ただし現在では脱卸売市場の方策もとられている。第8章で述べたヨーロッパで見られる大型小売店が郊外に独自のデポと呼ばれる集荷センターを設置する方法以外に、産地直送野菜のように生産地と消費地を直接結びつけるような動きや、インターネットを利用した販売など、いずれも卸売市場を経由しない方法である。以上の方法は流通経路の短縮の一環と考えられるが、その一方でインターネット販売などの普及で、消費者の多種多様なニーズに応えるための「細くて短い」流通経路を経る商品も増えてきている［アンダーソン 2006］。

(11) 商品の品質に関する情報の非対称性が問題となるのは一般的なことであり、カート市場に特殊なことではない。多くの市場では、売り手の方が買い手よりも商品の品質に関してより多くの情報を持っている［Akerlof 1970; 藪下 2002］。

(12) 以下は複数の購入者から聞いた識別方法である。化学肥料や農薬を使ったカートは匂いがよくなく、葉が光っていてすぐに萎れ、噛んでいると無駄な唾液が出てきて、口内炎になりやすい。前日収穫した古いカートは、茎の断面が黒ずんでいて、匂いがよくない。

(13) ワキールは複数の生産者からカートを仕入れ、産地市場でカート商人にカートを売る仲介人である（【8-1】参照）。ワキールの仕事をしている者を市場によってはムスリフと呼ぶこともある。ワキールを介さずに生産者から直接仕入れた方が安く仕入れられるというわけではなく、生産者とワキールのどちらから仕入れる方が安く仕入れられるかは、商人のこれまで築いてきた仕入れ先との関係によって異なる。マトナ産地市場でカートを仕入れているサミール氏は、ワキールとはみな知り合いで、ワキールを通してカートを仕入れた方が安いという。サーニー氏もマトナ産地市場でカートを仕入れるが、ワキールよりも生産者から仕入れた方が安いという。

(14) 二〇〇六年一二月下旬、イード・アル＝アドハーが始まる数日前に、カート商人ムフシン氏は知り合いの生産者から連絡があり、イード中のカート四日分の代金を現金で前払いした。生産者はイードの準備のために現金を必要とし、ムフシン氏はカートの需要が大きく増えるイード中のカート四日分を確保したかったからである。生産者はムフシン氏以外の商人数人に声をかけた。

(15) カートの品質を最優先することは、そのカートが高品質であり高価であることを意味しない。実際事例5のサーニー氏が仕入れているカートは、かなり廉価である。

(16) もちろん不誠実な行為がまったく見られないというわけではない。カートの品質をごまかす売り手や、後払い分を踏み倒す買い手も存在する。

(17) 通信販売のように売り手と買い手が対面ではない場合、一見関係、顔見知りの関係は物理的にありえない。しかし特にインターネットで商品を購入するとき、購入者はそのサイトにまず登録し、最初から顧客として商品を購入し、購入金額や購入回数に応じてランク付けされることが多い。対面しない分、明確に数値化されて顧客関係が示されることになる。

(18) バザールにおいて信頼関係が情報の非対称性によってもたらされる取引上の非効率を解消するのであれば、前近代的な日本の問屋制度もまた堅い信頼関係によって効率的に運営されてきたといえる。例えば岡崎［1999］は歴史制度分析という方法を用いて、江戸時代の株仲間が市場経済の発展に寄与したと評価している。

コラム

女性と買い物

イエメンでは家計を預かるのは男性で、夫は妻に財布を渡さない。だから日常品を買いに行くのも夫の仕事である。昼前に市場で野菜や果物を買っているのは、ほとんどが男性である。そしてビニール袋に入った野菜や果物を両手に下げて家に向かう。

男性が帰宅すると「こんな傷んだタマネギを買ってくるなんて！」と女性に怒られる（こともある）。もちろん男性（や男の子）が忙しいときは女性も買い物に行くが、女性に日常品の買い物をすっかり任せてしまう男性は、それなりに問題がある。

女性は自分の衣類やアクセサリーなどを買いに行くときは必ず自分で行く。たいていの場合、一緒に買い物に行くのは姉妹、母親、義理の姉妹など女性である。夫婦で買い物に行くというのは、あまりない。

女性は外出するときに必ず「外出着」を着用する。しかしだからといって売り手（サナアではほとんど男性）に遠慮して交渉しないとか、やさしい口調で断るということは、まったくない。がんがん値切って、こちらの言い分が通らなければ、さっさと次の店に行く。さんざん粘って値切ったのに、あっさりやめてしまうこともある（マリカが妹の結婚式の準備の買い物をしていたときである。その場で見物していた私は、その潔さに唖然としたことをよく覚えている）。普段は穏やかな人でも、買い物のときにはすっかり別人に見える。もちろん交渉事が苦手な女性もいるわけで、その場合は交渉が得意な身内の女性が駆り出される。

訪問先で「外出着」を脱ぐのであれば、中にはそれなりの服装をしていくが、買い物に行くときは「外出着」は脱がないので、中はパジャマということもある。「外出着」がめくれて中が見えるということは絶対ありえない。

結論

ゆるやかな関係

大統領退陣を求めるデモ（サナア）　［Yemen Times 2011–1508］

1　議論の総括

(1)　イエメンのカートと世界のカート

イエメンのカートの歴史は一九七〇年代が一つの転機であった。北イエメンの「開国」。サウディアラビアへの出稼ぎ増加による国内の労働力不足と貨幣経済の浸透。道路開発の本格化。これらを背景にしてカートの生産量と消費量と人類学者による現地調査が増加した。カートはイエメンの伝統的な嗜好品というよりは近代的な嗜好品であるといえる。これまでのカート研究はこのような流れで説明されてきた。

しかし南イエメンを含む紅海沿岸地域に目を向けると、事情はずいぶんと異なる。イギリスの支配下となったアデンではカートは一九世紀半ばから消費され、一九四〇年代から消費量が増加したが、そのカートは対岸のエチオピアや陸続きの北イエメンから輸入されたものだった。それから七〇年代初頭までの三〇年間というわずかな期間であるが、カートは紅海をはさんだ地域で活発に貿易された。七〇年代の調査に基づくカートの先行研究が、北イエメンしか視野に入っていなかったのは当然かもしれないが、近隣諸国との関係とほんの数年前の歴史を無視していたのは、視野が狭かったといわざるをえないだろう。

そして北イエメンも一九七〇年代に突然カートの生産量が増加したわけではない。カートの生産量の増加は、ムタワッキル王国時代からすでに始まり、輸出も行われていた。六二年の革命後の北イエメンにとっても、カートは貴重な外貨獲得手段であった。七〇年代初頭まで、北イエメンのカートの生産量は、国内のカートの消費量を上回っていた。生産量が増加していくなかで、周辺諸国がカートの輸入を制限・禁止したため、輸出分が国内市場に出回った。当時の具体的なデータがないためあくまで推測の域を出ないが、このような「外圧」によっても北イエメン国内のカート消費量は増加した。カートが輸出品から国内流通品となったのもまた七〇年代のことである。

カートの輸出の道が閉ざされ、国内で消費される商品になったのは、皮肉なことに北イエメンが「開国」してからのことである。「開国」したばかりの国にさまざまな近代的な装置が流入してくるなかで、カートはその流れに押されるかのように海外に出る道を失った。生産量、流通量、消費量が等号で結ばれるようになったのは一九七〇年代半ば以降であり、その等号はずっと続いている。

「開国」が進むなかで唯一カートには「鎖国」政策が敷かれた。しかし紅海の対岸ではカートは国際的な商品となり、エチオピアでは輸出量、輸出額ともに急速に増加している。イエメンではカートは外貨獲得につながらない「無駄」な商品作物であるが、エチオピアでは外貨獲得につながる貴重な商品作物である。付け加えるなら、コーヒーもまたエチオピアでは外貨獲得手段となっているが、イエメンではカートとは異なる理由で、外貨獲得につながらない商品作物となっている。

イエメンやエチオピアではカートは嗜好品であるが、カートを違法薬物と認定している国も存在する。内戦の激化によって世界中に離散したソマリア系移民は、離散先でカートを輸入・消費し、それが当該国に問題視される傾向にある。現在のところ移民先の国民にカートの消費が広まることはなく、カートは移民内部で流通、消費されているため、消費地域が拡大している割に消費者層は拡大していない。このこともまたカートが移民の社会問題と関係づけられて非難される要因となっている。カートを違法薬物と認定しても、移民問題は解決しない。カートを違法薬物と認定することで流通や消費の実態が把握できなくなり、結果として地下活動化を招いている。カートの違法化によって移民の当該社会への統合が進んでいるわけでもない。

イエメンではカートは違法薬物ではないが、政府は生産、流通、消費の実態を把握できていない。カートの生産量や作付面積などのデータがそもそも少なく、商人たちによる脱税も横行している。政府が薬物に類するものとしてカートを扱っていた時代もあり、人類学者による研究も途絶えた。序論で述べたように、本書の第一の目的は止まった時計の針を動かすことであった。本書で明らかになった現在のカートの消費、生産、流通の特徴は、次のようにまとめられる。

消費形態は多様化し、噛まないという選択も社会的に容認されるだけでなく、噛まない人もセッションに参加するようになった。

生産者は現金収入の多くの割合をカートに依存している。カートに転作されたのはコーヒーよりもむしろ穀物であり、そのうちソルガムと大麦が大幅に減少している。

カートの流通経路は細くて短く、経済主体は「浮気性」である。

以下では一九七〇年代と比較しながら現在のカートの消費、生産、流通を振り返ろう。

(2) 消費

一九七〇年代のカート消費は、昼食後に「マフラジュ」という小部屋で「カイフ」という陶酔感を満喫し、情報交換や人間関係の構築を行い、「スレイマーニーヤの時」という静寂に包まれたひとときを堪能するものであった。カートは結衆の手段であり、マフラジュで共同体の成員がカートを噛むこと、つまりカイフとスレイマーニーヤの時をともに体験することは共同体の紐帯を確認する場であった。共同体の成員はセッションに参加するべきであり、参加しないことは反社会的であると非難された。

二〇〇〇年代のカート消費の特徴は、一言でいえば多様化していることである。噛む場所が多様化し、一人でカートを噛むことや噛まないという選択も社会的に容認されるようになった。個人の家で他の人々とカートを噛む人が多いので、その意味では一九七〇年代と同様の消費形態といえるが、リラックス感や活力が求められている点で、七〇年代とは異なっている。

カートの消費形態は多様化したが、カートは結衆の手段であり続けている。それは多くの人々がカートの長所や噛む理由として、人々が集まる、あるいは誰かと過ごす点を指摘していること、カートを噛まない人々をセッションから排除することなく、噛まない人々もセッションへの参加を時には楽しんでいることから明らかである。噛まない人がセッションに参加するというのは七〇年代にはなかったことである。しかし集まる人々にも変化が見られることを忘れてはならないだろう。七〇年代のセッションでは社会階層が座る位置によって可視化されたが、現在では社会階層自体が曖昧になり、セッション自体が横のつながりを重視するようになった。

他の嗜好品と比較すると、カートは持参してセッションに参加すること、セッションが主に個人の家で開かれること、男女が分かれてセッションに参加することが特徴であるが、それ以外の点、すなわち結衆の手段となること、セッションに参加する人々の均質化、消費形態の多様化において、他の嗜好品と大きく異なる特徴はない。

(3) 生産

一九七〇年代に北イエメンでカートの生産量が増加したのは、イエメン人男性の多くがオイルブームに沸くサウディアラビアに出稼ぎに行ったため、農村部が人手不足となり、それまで栽培されていた農作物を凌駕して、手軽なカートが栽培されるようになったからである。増産されたカートを消費するだけの貨幣経済も発達した。出稼ぎブームが終わってもカートの需要は増加し続け、灌漑施設の整備と農薬、化学肥料の使用によって対応した。カートは人手のかからない手軽な農作物から、手間のかかる農作物になった。

それにもかかわらずカートの利益は他の農作物に比べて大きく、生産者によってカートへの依存度は異なるものの、生産者は現金収入の多くの割合をカートに依存している。自給自足に近い農業を行っていた生産者は、もともと市場や商行為へ嫌悪感を抱いていたが、その感情が薄らいでいることも、カート生産の増加を支えていると考えられる。

生育条件が似ていることから、カートはコーヒー畑を駆逐したといわれるが、農作物の変化は二〇世紀半ばから始まっていた。コーヒー生産量は一九六〇年代までにカートとは別の理由から四分の一にまで減少したので、七〇年代に突然カートに駆逐され始めたわけではない。実際のところ作付面積と生産量が大きく減少したのは穀物で、そのなかでもソルガムと大麦が大幅に減少している。作付面積や生産量が増加しているのはカートだけではなく、コーヒーや野菜、果物も増加している。カート畑だけが増加し続けているわけではないのである。

カートの代替作物としてコーヒーがしばしば指摘されるが、仮に現在のカート畑をすべてコーヒーに転作したとしても、かつての栄光を取り戻すほどの生産量の増加は見込めず、また国際的に価格が大きく変動するコーヒーのリスクは大きい。現在のところカートは生産者には他に代えがたく、雇用も生み出す経済的な商品作物なのである。

(4) 流通

カートは早朝に収穫され、その日の昼前にサナアの市場で売られ、その日の午後には消費される。収穫から消費まで非常に短時間に行われる生鮮食品である。その流通経路は短く、生産者と消費者の間にカート商人が一〜二人介在する程度である。しかも官民いずれの組織的な流通網は存在せず、大規模化も進んでおらず、カート商人はまったくの個人事業主である。

一九七〇年代の流通経路も現在のように短いものであり、流通経路自体に短縮化が起こっているわけではない。しかし道路網の整備とモータリゼーションの普及は、サナアに集まるカートの迅速化と多様化、生産地から離れた地方へのカート輸送を可能にした。

サナア近郊のカート以外の農作物の流通経路も比較的短い。野菜や果物は中央卸売市場へ、香辛料やフブーブは民間会社へいったん集荷され、そこから消費地市場を経由して消費者の手に届く。このようにカート以外の伝統的な農作物には、近代的な流通管理システムが導入されているが、カートは零細な生産者と零細な商人による伝統的なやり方が続けられている。しかし一見伝統的で非効率的に思える「細くて短い」流通経路が、鮮度が高く多種類あるカートを運ぶのに効率的に機能している。

カートの流通に関わる経済主体（生産者、商人、購入者）にとって重要なのはカートの品質に関わる情報であり、これは「生産者＞商人＞購入者」という不等号で表せる。カートの品質は変わりやすいため、買い手は売り手と堅い信頼関係を維持するよりも、顔見知り程度の関係や一見の関係を維持する方が、自分の購入するカートの品質の維持につながる。つまり情報弱者（商人、購入者）は情報強者（生産者、商人）に対し、顧客関係よりもむしろ顔見知り程度の関係や一見の関係を維持しようとする「浮気性」であり、一方情報強者は可能であれば情報弱者と顧客関係を築きたいが、情報弱者の「浮気性」を知っているために自らも「浮気性」にならざるをえない。もちろん「浮気性」だからといって商売相手を騙してもよいということではなく、「浮気性」だからこそ経済主体はみなそれぞれの商売相手に対し誠実でなければならず、なかでもカート商人は最も「浮気性」であり誠実でなければ商売を続けていくことはできない。

2　ゆるやかな関係

これまでの議論を振り返ったところで、現在のカートの生産、流通、消費を通してイエメン社会に想定される地縁血縁関係やイスラームのあり方を検討したい。

(1)　後景としての信頼関係

現在のカートの生産、流通、消費では、イエメン社会で想定される地縁血縁関係が重視されていない。生産者がカートを栽培するときには家族が中心となっているが、カートを出荷する相手を地縁血縁関係に限定することはない。確かに見知らぬカート商人が突然カート畑にやってきてカートを買いたいといって、すぐにカート商人を信用して取引を始めるほど生産者は開放的ではない。商人はダミーンを間にはさんで、つまり知り合いの知り合いをたどるという方法に頼るしかない。しかしこのような方法であれ、閉鎖的な部族領土に毎朝「よそ者」の「侵入」が許されているのである。

カート商人の場合はさらに徹底している。カートを仕入れるときも売るときも、バザール経済の特徴である信頼関係に依存しない。もちろん有効な信頼関係が存在するのなら、それを利用するにこしたことはないが、そのような関係が存在しなくても、自分や消費者の嗜好やカートの品質を優先して、仕入れ先や扱うカートの種類を変更する。カート販売はむしろ頼るべき地縁血縁関係がない人に開かれた商売といえる。購入者ももし自分の噛むカートの品質と値段にこだわるのであれば、顧客関係に依存せず、自分の目で商品を見て、商人と交渉して、カートを購入する。

生産者、商人、購入者というゆるやかな人間関係をつないできたカートは、ひとたびセッション会場にもたらされると、結衆の手段としての役割を果たす。しかし一九七〇年代のように、異なる社会階層や世代が一堂に会するほどの効果はない。セッションに参加すべきという強制力も失っている。疲労感から解放されリラックスし、セッション後の活動のための英気を養うためには、気の置けない友人が求められる。セッションに集まる人々はより水平的な関係になった。

生産、流通、消費のいずれにおいても血縁地縁関係や顧客関係は後景に退けられ、選択肢の一つとなっている。生産者が誰にどう売るか、商人はどこで誰から仕入れ、誰にどう売るのか、購入者はどこで誰から買うのか、誰とどこで噛むのか、そこに何ら規範はない。関係のあり方を既存の人間関係に還元して説明が終了するのではない。ゆるやかな人間関係を結ぶ人々は、地縁血縁関係や顧客関係を頼らずに、自分で新たな関係をつなげなければならない。人間関係は日々変化していく。

これまで具体的なカートの産地名を紹介してきたが、すべてが部族名であるわけではない。どの専門書においても部族扱いされているものもあれば、専門書では部族扱いではないが、何人かのイエメン人に尋ねると「それは部族だ」と答えるものもある。またインタビューした人々はほとんどがいわゆる部族領土出身であるが、彼ら自身が部族民であると自覚しているかどうかは別の話である。本書では部族や部族民に関してはわざと曖昧な表現をとった。部族（民）であるかどうかをはっきりさせることは本書の目的ではないからである(1)。

一九七〇年代のカートは、消費の場において結衆の手段として機能した。イエメン全土にあてはまるとは断定できないが、少なくともサナアを中心とする北イエメンは近代化によるネットワークの喪失［cf. 朴 2003: 126–127］を経験することなく、近代化とともにネットワークを形成する手段を得た。七〇年代の社会変化のなかで喪失しかけたネットワークが、カートによって喪失を免れたというのも、カートがアイデンティティ・マーカーになったというのもいいすぎであろう。しかし社会が大きく変化した時代にカートという「衆を結ぶ」手段を新たに手に入れたことは、イエメン社会にとってマイナスではなかっただろう(2)。カートの持っていた結衆力は七〇年代に比較したら落ちているが、現在でも失われたわけではない。「アラブの春」では一部の若者は広場でテント生活をし、みなでカートを噛んで議論し、デモに参加した。サナアでは市街戦に巻き込まれ、閉鎖されたカート市場もあるが、カートの流通が止まることはなかった。嗜好品は生命維持には関係ないからこそ必要なものではないだろうか［大坪 2015-b: 72］。嗜好品は平時のみならず戦時中にも政治的に利用されてきたが、嗜好品の持つ機能はそのような些末なレベルを超えているのである。

イエメンでは当事者同士が直接向かい合わないように、人が介在することが好まれる。紛争を調停するシャイフ。婚姻のときに両家の間に入る仲人。生産者と消費者をつなぐカート商人。カート商人と生産者の間に入るダミーンやワキールやムスリフ。人々が集まるところにカートがある。

(2) 後景としてのイスラーム

イエメンは憲法でイスラームを国教と規定し、国民のほとんどがイスラーム教徒（ムスリム）である。本書に登場した人々はみなムスリムである。しかしカート生産者、商人、消費者は彼らの言動を説明するのにイスラームだから、ムスリムだから、クルアーンに書いてあるから、という理由を口にすることはない。カートの生産、流通、消費において、イスラームも地縁血縁関係や顧客関係同様に後景に退けられている。

しかしだからといってカートの生産、流通、消費が反イスラーム的であるということではない。生産者、商人、消費者が無神論者であるわけではない。時刻を表すのに時計の文字盤の数字ではなく、ファジュル、マグリブといった礼拝時刻を表す表現が用いられるのはこれまで見てきた通りである。日中に断食を行うラマダーン月には、カートを噛む時間帯も夜にずれる。夜型の生活になるからである。週末にあたる金曜日はカートの値段が上がる。週末には噛む人が増加するからである。イードになればカートの値段はさらに急騰する。噛む人が増加するにもかかわらず、カート商人が故郷に帰ったり休んだりして、商売をする人が減るからである。ラマダーン月やイードがあり、金曜日が週末になる暦はイスラーム暦である。一日五回の礼拝時刻を告げるアザーンは、イエメンでは人の住むところではどこでも聞こえてくる。社会生活を律するイスラームが、そこには存在する。

筆者の知っているイエメン人は、五行（信仰告白、礼拝、断食、喜捨、巡礼）を実践する人が多い。家やモスクで礼拝を行い、ラマダーン月には断食をする。機会があれば巡礼に行く。信仰告白を日々行い、ザカートを納める。信仰は生活の中にあり、あらためて取り沙汰するものではない。

このような事情はイエメンに特殊なものであるかもしれない。特に北イエメンは近代化に挫折した記憶もなければ、ヴェールを剝がされた記憶もない、無自覚なムスリムの住む地域である。これはエジプトのようなイスラーム主義の進んだ国と比較すると、「後進的」ともいえるだろう。

現在はイスラームを可視化する潮流にある。ありとあらゆる事象をイスラームで説明することが求められる。

イエメンの憲法はイスラームを国教と規定しているだけでなく、イスラーム法をすべての法源とも明記している。「後進的」なイエメンでさえ、現在の潮流に逆らっているわけではない。カート商人の商売方法に、クルアーンでくり返し説かれている正しい商売のやり方を見出すのは可能であろう。そのこと自体意味がないわけではない。しかしそれだけではイエメンのカート経済は説明しきれないのも事実である。昨今議論されているイスラーム経済は、カートも含めたローカル経済をほとんど視野に入れていない。イスラーム世界の経済活動のほとんどが「非」イスラーム経済になるという矛盾をはらんでいるのである。

別の例を出そう。サナアの女性の「外出着」は全身真っ黒で、見た目から推測すればイスラーム主義的であるが、実際は「慣習的伝統」として「外出着」を着用しているにすぎないことは序論で述べた。しかもバールトー(長袖・くるぶし丈の長衣)には袖や身頃《みごろ》にレース、ビーズ、刺繡で装飾が施されていて、流行がある。それは数年おきにイエメンに行く筆者にもわかるほど変化する。

「外出着」の下に着用している普段着は、洋装化が進んでいる。[3]「外出着」があるからこそ、その中を自由に選択できるわけであるが、女性は男性に比べたら自由に衣装を選んでいる。金製にほぼ限定されていたアクセサリーも、銀やビーズなど衣装に合わせた素材を使うようになってきた。サナアの女性の衣装は世界的な流行とは無縁であるが、それでもイエメン国内やサナアといったレベルでは、流行が普段着や「外出着」にも存在する。

「外出着」だけを見れば、サナアの女性は、イスラーム主義を自覚した先進的な女性と変わらない。しかしサナアの女性はヴェールを「剝がされた」記憶を持たない。「発明された伝統」ではなく、「慣習的伝統」として「外出着」を着用しているにすぎない。そして「外出着」にも普段着にも、イスラームとはまったく別のレベルの流行が存在する。イスラーム復興の文脈だけで彼女たちの衣装を見ることは一面的なのである。

イスラーム的なものは見えやすいかもしれないが、それだけを選別する立場は「テロリスト」の立場に他ならない。カート経済にはイスラーム的なるもの以外にイエメン的なるもの、サナア的なるもの、都市的なるもの、部族的なるものなどが重なり合っている。重なりを認識しながら、あえて重なりを分解しないで見るべきである。イスラームという色眼鏡をかけていることがいかに窮屈な状態を作り出しているのか、カートを通して考えるとよくわかるのである。

イスラームは狭義の宗教面だけではなく社会生活までも律するものであるから、イスラーム教と呼ばずにイスラームと呼ぶのが近年の日本人研究者の合意となっている。本書でもそのような慣習に則ってきた。しかし宗教とはそもそも社会生活を律するものであるから、イスラームだけを特別扱いすることは疑問であるし、イスラームだけが独特であるわけではない。イスラーム復興の潮流のなかでイスラームをキリスト教だけとの対比から特別視する傾向が顕著になり、さらにイスラームと呼ぶことで、イスラームをイスラーム法と読み替えることが平易になったことを考えると、イスラームという表現は不適切ではないだろうか。(4)

一九七〇年代、中東世界ではイスラーム復興の機運が高まり、その勢いが現在までも続いている。同じ七〇年代、北イエメンはようやく「開国」し近代化の道を歩み始めた。カートは海外への門戸を閉じられ、国内で生産、消費される嗜好品となった。九〇年に南北統合を果たしたイエメンは、「アラブの春」の後も政治的・経済的な苦境が続いている。近代と伝統を混在させながらゆるやかな人間関係を紡いできたカートとともに、イエメンもまたゆるやかに社会変化に対応するだろう。

注

（1）本書でも、部族的な紐帯が強力であるという前提に立ってきたが、この前提を疑う必要があるだろう［大坪 2016］。

（2）南北統合という社会変化の時代にカートが普及した南イエメンで、同様のことがあてはまるかどうかの検討は今後の課題である。

（3）一九九〇年代後半の成人女性の普段着はジャッラビーヤ（*jallabīya*）と呼ばれる長袖・くるぶし丈のワンピースが多

かったが、現在ではスカートやパンツも増えた。これはオーダーメードからレディーメードへの変化でもある。男性も平日にジャケット、シャツ、パンツを着用する人は多くなっている。

（4） 筆者の持つイスラームとイスラーム教に対する問題意識は池内［2004：108–109］、羽田［2005：293–295］と共通である。

あとがき

本書は二〇一二年に東京大学大学院総合文化研究科に提出した博士論文『嗜好品カートと現代イエメンの経済・社会』の提出前後に書いた論文を大幅に加筆・訂正したものである。本書の各章は、参考文献の拙稿と以下のように対応する。本書の序論と結論は博士論文の第1章と結論に、本書の第1章と第2章は博士論文の第5章と第6章にそれぞれ対応するが、こちらも大幅に加筆・訂正した。

第3章 ［大坪 2005］
第4章 ［大坪 2013-b］
第5章 ［大坪 2013-b, 2017］
第6章 ［大坪 2014］
第7章 ［大坪 2014］
第8章 ［大坪 2010］
第9章 ［大坪 2013-a］

博士論文を書き上げたのが二〇一〇年、その後「アラブの春」の影響がイエメンに及び、多少加筆して二〇一二年に論文を提出した。その後イエメン情勢はどんどん変化し、一時は「国民対話」によって民主化が進み安定するかに思えたが、二〇一五年以降悪化の一途をたどっている。最近はコレラが広まっていることを耳にした方もいるだろう。混乱の出口はなかなか見えない。そのようななかで、本書は第三回法政大学出版局学術図書刊行助成を受け、出版されることとなった。刊行に際して、法政大学出版局の郷間雅俊氏からは読みやすい学術書にするための助言とアイディアをもらった。お礼を申し上げる。

イエメンでの調査は一九九四年から行ってきた。長年アシスタントを務めてもらっているカイスとアブドッラフマーン、貴重な時間を割いていろいろなことを教えてくれるマリカ、ハナ、ファーテン、そしてその家族の名前をすべて書き出すことはできないが、イエメンでは多くの人々に助けてもらっている。二〇一三年を最後にイエメンでの調査は中断している。調査できないというのは人類学者にとっては痛手で、二〇一六年からエチオピアでイエメン系移民の調査を始めた。それはそれで面白いのだが、拙稿を加筆・訂正しながら、イエメンでやり残したことが多いことをあらためて思い出した。連絡の途絶えた友人たちの無事を祈るとともに、早く再会したい。

博士論文は博士課程を終えてから執筆を始めた。執筆の苦楽をともにしたゼミの同志のような存在はいない。けれど執筆中から現在に至るまで、私の日常生活を彩ってくれた友人は数多い。中には論文執筆を知らなかった方もいる。しかし論文執筆の一種異常な状態で、平常心を維持するのを助けてくれた友人を多く持てたことは、ひそかな自慢であるし、一生の宝である。どうもありがとう。

序論の扉写真の女性三人は、長年非常勤で教えている共立女子大学の学生である。講義で「外出着」を着てもらった時の写真がうまく撮れたので、画質は悪いが使うことにした。写真に写っていない学生も含めユニークな学生がそろい、面白い授業になったことは今でもよく覚えている。

論文執筆中だけでなく、本書の刊行前にも自由学園最高学部の大塚ちか子先生から植物に関して教えを乞うことができた。心よりお礼を申し上げる。

最後に、文字通り路頭に迷っていた私の指導教官を引き受け、異なる地域を専門にする人類学者ならではのコメントをしていただいた木村秀雄先生、カート商人の調査のきっかけを作ってくださった堀内正樹先生を始め、論文審査に関わっていただいた長澤榮治先生、川中子義勝先生、関本照夫先生に深くお礼を申し上げる。

二〇一七年七月

大坪玲子

法政大学出版局

増補新版 社会人類学入門　多文化共生のために
J. ヘンドリー／桑山敬己・堀口佐知子訳　3800円

楽園・味覚・理性　嗜好品の歴史
W. シヴェルブシュ／福本義憲訳　3000円

イスラームにおける女性とジェンダー
L. アハメド／林・岡・本合・熊谷・森野訳　4500円

エジプトを植民地化する
T. ミッチェル／大塚和夫・赤堀雅幸訳　5600円

人類学の挑戦　旧い出会いと新たな旅立ち
R. フォックス／南塚隆夫訳　7500円

経済人類学の現在
F. プィヨン編／山内昶訳　3300円

食糧確保の人類学　フード・セキュリティー
J. ポチェ／山内彰・西川隆訳　4000円

石器時代の経済学
M. サーリンズ／山内昶訳　4800円

歴史の島々
M. サーリンズ／山本真鳥訳　3300円

贈与の謎
M. ゴドリエ／山内昶訳　4200円

肉食タブーの世界史
F. J. シムーンズ／山内昶監訳　7200円

太平洋　東南アジアとオセアニアの人類史
P. ベルウッド／植木武・服部研二訳　13000円

基本の色彩語　普遍性と進化について
B. バーリン, P ケイ／日髙杏子訳　3500円

人間とは何か　その誕生からネット化社会まで
N. ボルツ, A. ミュンケル編／壽福眞美訳　3800円

（表示価格は税別です）

◉著 者

大坪玲子（おおつぼ れいこ）

東京大学教養学部教養学科卒業，東京大学大学院総合文化研究科博士課程単位修得退学。博士（学術）。現在同研究科学術研究員。専門は文化人類学，中東地域研究。共著に『〈断〉と〈続〉の中東――非境界世界を游ぐ』悠書館（2015 年），主な論文に「誠実な浮気者――イエメンにおけるカート市場の事例から」『文化人類学』（2013 年），「浮気できない人々――イエメンのカート商人の比較」『アジア・アフリカ言語文化研究』（2016 年）がある。

嗜好品カートとイエメン社会

2017 年 8 月 10 日　初版第 1 刷発行

著　者　大坪玲子

発行所　一般財団法人 法政大学出版局

〒102-0071 東京都千代田区富士見 2-17-1

電話 03（5214）5540　振替 00160-6-95814

組版：HUP　印刷：三和印刷　製本：積信堂

ISBN978-4-588-33601-0

索　引

＊欧米人とイエメン人の名前，イエメンの地名，一部の項目にはローマ字表記をつけ加えた。

あ 行

か 行

さ 行

た 行

な 行

は 行

ま 行

や 行

ら 行

わ 行

主なカートの名称

参考文献

欧米語

Abdullah, Ali Noman, Peer Gatter, Qahtan Yahya Abdul Malik

2002 "Qat and Its Role in Yemen's Economy." Gatter et al.（eds.）*National Conference on Qat.* Sana'a: The Ministry of Planning & Development and the Ministry of Agriculture & Irrigation. pp. 100–131.

Abdul-Wahab, Nagib A.

2002 "Yemen's Society and the Qat Phenomenon IV." Gatter et al.（eds.）*National Conference on Qat.* Sana'a: The Ministry of Planning & Development and the Ministry of Agriculture & Irrigation. pp. 42–48.

ACMD（Advisory Council on the Misuse of Drugs）

2005 *Khat (Qat): Assessment of Risk to the Individual and Communities in the UK.* London: British Home Office.

2013 *Khat: A Review of Its Potential Harms to the Individuals and Communities in the UK.* London: British Home Office.

Akerlof, George A.

1970 "The Market for 'Lemons': Quality Uncertainty and the Market Mechanism." *Quarterly Journal of Economics* 84: 488–500.

al-'Amrī, Ḥusayn b. 'Abdallāh

2002 "Muḥammad（al-Badr）b. Aḥmad b. Yaḥyā Ḥamīd al-Dīn（1347–1417/1929–1996）: Last of the Imāms of Yemen." Healey and Porter（eds.）*Studies on Arabia in Honour of G. Rex Smith*. Oxford: Oxford University Press. pp. 1–5.

Al-Motarreb, Ahmad, Kathryn Baker, Kenneth J. Broadley

2002 "Khat: Pharmacological and Medical Aspects and its Social Use in Yemen." *Phytotherapy Research* 16: 403–413.

Al-Mugahed, Leen

2008 "Khat Chewing in Yemen: Turning Over a New Leaf." *Bulletin of the World Health Organization.* pp. 741–742.

al-Zalab, Abdalla A.

2002 "Yemen's Society and the Qat Phenomenon III." Gatter et al.（eds.）*National Conference on Qat.* Sana'a: The Ministry of Planning & Development and the Ministry of Agriculture & Irrigation. pp. 38–42.

Anderson, David, Susan Beckerleg, Degol Hailu, Axel Klein

2007 *The Khat Controversy: Stimulating the Debate on Drugs.* Oxford: Berg.

Arab Bureau

1917 *Handbook of Yemen.* Cairo: Government Press.

Baynard, Sally Ann, Laraine Newhouse Carter, Beryl Lieff Benderly, Laurie Krieger

1986 "Historical Setting." Nyrop, Richard F.（ed.）*The Yemens: Country Studies.* Washington, D. C. : United States Government Printing. pp. 1–88.

Brooke, Clarke

1960 "Khat（Catha Edulis）: Its Production and Trade in the Middle East." *Geographical Journal* 126: 52–59.

Bruck, Gabriele vom

2005 *Islam, Memory, and Morality in Yemen: Ruling Family in Transition.* New York: Palgrave.

Burrowes, Robert D.

1987 *The Yemen Arab Republic: The Politics of Development, 1962–1986.* Boulder: Westview Press.

Burton, Richard F.

1964（1856）*Personal Narrative of a Pilgrimage to al-Madinah and Meccah.* New York: Dover Publications.

Bury, George Wyman

1998（1915） *Arabia Infelix.* London: Macmillan.

Caton, Steven C.

1990 *Peaks of Yemen I Summon.* Berkeley: University of California Press.

Chelhod, Joseph

1972 "La société yéménite et le qât." *Objets et Mondes* 12（1）: 3–22.

Colton, Nora Ann

2007 "Political and Economic Realities of Labour Migration in Yemen." Mahdi, Kamil A., Anna Würth, Helen Lackner（eds.）*Yemen into the Twenty-First Century: Continuity and Change.* Reading: Ithaca Press. pp. 53–78.

Cornwallis, Kinahan

1976（1916） *Asir before World War 1: A Handbook.* New York: Oleander-Falcon.

Cox, Glenice and Hagen Rampes

2003 "Adverse Effects of Khat: A Review." *Advances in Psychiatric Treatment* 9: 456–463.

Davis, William

1973 *Social Relations in a Philippine Market.* University of California Press.

Dorsky, Susan

1986 *Women of 'Amran: A Middle Eastern Ethnographic Study*, Salt Lake City: University

of Utah Press.

Dostal, Walter

1983 “Analysis of the Ṣan‘ā’ Market Today.” Serjeant and Lewcock (eds.) *Ṣan‘ā’: An Arabian Islamic City.* London: World of Islam Festival Trust. pp. 241–274.

Douglas, J. Leigh

1987 *The Free Yemeni Movement 1935–1962*. Beirut: The American University of Beirut.

Dresch, Paul

1984-a “The Position of Shaykhs among the Northern Tribes of Yemen.” *Man* 19: 31–49.

1984-b “Tribal Relations and Political History in Upper Yemen.” Pridham (ed.) *Contemporary Yemen*. London: Croom Helm. pp. 154–174.

1989 *Tribes, Government and History in Yemen.* Oxford: Clarendon Press.

1990 “Imams and Tribes: The Writing and Acting of History in Upper Yemen.” Khury and Kostiner (eds.) *Tribes and State Formation in the Middle East.* Cambridge: Cambridge University Press. pp. 252–287.

1995 “The Tribal Factor in the Yemeni Crisis.” al-Suwaidi (ed.) *The Yemeni War of 1994.* London: Saqi Books. pp. 33–55.

2000 *A History of Modern Yemen.* Cambridge: Cambridge University Press.

Eickelman, Dale F.

1981 *The Middle East: An Anthropological Approach*. New Jersey: Prentice Hall.（大塚和夫訳『中東——人類学的考察』岩波書店，1988 年）

Enders, Klaus, Sherwyn Williams, Nada Choueiri, Yuri Sobolev, Jan Walliser

2002 *Yemen in the 1990s: From Unification to Economic Reform.* Washington, D. C.: International Monetary Fund.

FAO

2002 *Draft Technical Report: Towards the Formulation of a Comprehensive Qat Policy in Yemen.* FAO.

2006 *The State of Food and Agriculture.* FAO.

Fanselow, Frank S.

1990 “The Bazaar Economy: Or How Bizarre Is the Bazaar Reality?” *Man* 25: 250–265.

Fara’, Jusuf, and Ali Jabr Alawi

2002 “Qat and Water Resources.” Gatter et al. (eds.) *National Conference on Qat.* Sana’a: The Ministry of Planning & Development and the Ministry of Agriculture & Irrigation. pp. 69–82.

Fare, Faissal Said and Peer Gatter

2002 “Qat and Yemen’s Economy.” Gatter et al. (eds.) *National Conference on Qat.* Sana’a: The Ministry of Planning & Development and the Ministry of Agriculture & Irrigation. pp. 83–99.

Fergany, Nader

2007 "Structural Adjustment versus Human Development in Yemen." Mahdi, Kamil A., Anna Würth, Helen Lackner (eds.) *Yemen into the Twenty-First Century: Continuity and Change.* Reading: Ithaca Press. pp. 3–30.

Gatter, Peer, Qahtan Abdul Malik, Khaled Sae'ed (eds.)

2002 *National Conference on Qat.* Sana'a: The Ministry of Planning & Development and the Ministry of Agriculture & Irrigation.

Gause III, F. Gregory,

1990 *Saudi-Yemeni Relations: Domestic Structures and Foreign Influence.* New York: Columbia University Press.

Gavin, R. J.

1975 *Aden under British Rule 1839–1967.* London: C. Hurst & Company.

Geertz, Clifford

1963 *Peddlers and Princes: Social Change and Economic Modernization in Two Indonesian Towns.* Chicago: The University of Chicago Press.

1978 "The Bazaar Economy." *The American Economic Review* 68–2: 28–32.

1979 "Suq: The Bazaar Economy in Sefrou." C. Geertz, H. Geert and L. Rosen, *Meaning and Order in Moroccan Society.* Cambridge: Cambridge University Press. pp. 123–264.

Gerholm, Tomas

1977 *Market, Mosque and Mafraj: Social Inequality in a Yemeni Town.* Stockholm: University of Stockholm.

1985 "Aspects of Inheritance and Marriage Payment in North Yemen." Mayer (ed.) *Property, Social Structure and Law in the Middle East.* Albany: State University of New York Press, pp. 129–151.

Ghanem, Azza

2002 "Yemen's Society and the Qat Phenomenon V." Gatter et al. (eds.) *National Conference on Qat.* Sana'a: The Ministry of Planning & Development and the Ministry of Agriculture & Irrigation. pp. 48–51.

GHAPC (Guides and Handbooks of Africa Publishing Company)

1961 *Welcome to Aden: A Services Guidebook.* Nairobi: Guides and Handbooks of Africa Publishing Company.

Gochenour, D. Thomas

1984 "The Penetration of Zaydi Islam into Early Medieval Yemen." Ph. D. thesis, Harvard University.

Gough, S. P. and Ian B. Cookson

1984 "Khat Induced Schizophreniform Psychosis in UK (letter)." *Lancet* 323–8374: 455.

Gresser, Charis and Sophia Tickell

2002 *Mugged: Poverty in Your Coffee Cup.* Oxford: Oxfam.（日本フェアトレード委員会訳『コーヒー危機』筑波書房，2003 年）

Gunaid, Abdullah A., Nageeb A. G. M. Hassan, Mohamed Sallam Ali

2002 "Health Impact of Qat Chewing." Gatter et al.（eds.）*National Conference on Qat.* Sana'a: The Ministry of Planning & Development and the Ministry of Agriculture & Irrigation. pp. 1–13.

Halliday, Fred

1974 *Arabia without Sultans*. Baltimore: Penguin.

Hattox, Ralph S.

1985 *Coffee and Coffeehouse.* Seattle and London: University of Washington Press.（斎藤富美子，田村愛理訳『コーヒーとコーヒーハウス』同文舘，1993 年）

Humud, Nooria A.

2002 "Yemen's Society and the Qat Phenomenon I." Gatter et al.（eds.）*National Conference on Qat.* Sana'a: The Ministry of Planning & Development and the Ministry of Agriculture & Irrigation. pp. 30–36.

Kennedy, John G.

1987 *The Flower of Paradise: The Institutionalized Use of the Drug Qat in North Yemen.* Dordrecht: Reidel Publishing Company.

Kennedy, John G., James Teague, William Rokaw, Elizabeth Cooney

1983 "A Medical Evaluation of the Use of Qat in North Yemen." *Social Science & Medicine* 17: 783–793.

Khuri, Fuad I.

1968 "The Etiquette of Bargaining in the Middle East." *American Anthropologist* 70: 698–706.

Kopp, Horst

1987 "Agriculture in Yemen from Mocca to Qāt." Daum, Werner（ed.）*Yemen: 3000 Years of Art and Civilisation in Arabia Felix*. Innsbruck: Pinguin-Verlag. pp. 368–371.

Lackner, Helen

1985 *P. D. R. Yemen: Outpost of Socialist Development in Arabia.* London: Ithaca Press.

Lane, E. W.

1989（1836） *Manners and Customs of the Modern Egyptians.* London: East-West Publications.

Makhlouf, Carla

1979 *Changing Veils: Women and Modernization in North Yemen.* London: Croom Helm.

Matsumoto, Hiroshi

2003 *The Tribes and Regional Divisions in North Yemen*. Tokyo: Research Institute for Languages and Cultures of Asia and Africa.

McKee, C. M.
1987 "Medical and Social Aspects of Qat in Yemen: A Review." *Journal of the Royal Society of Medicine* 80: 762–765.
Messick, Brinkley Morris
1978 "Transactions in Ibb: Economy and Society in a Yemeni Highland Town." Ph. D. thesis, Princeton University.
Mundy, Martha
1983 "Ṣan'ā' Dress." Serjeant and Lewcock (eds.) *Ṣan'ā': An Arabian Islamic City.* London: World of Islam Festival Trust. pp. 529–541.
1995 *Domestic Government: Kinship, Community and Polity in North Yemen*. London: I. B. Tauris Publishers.
Myntti, Cynthia
1979 *Women and Development in Yemen Arab Republic*. Eschborn: Advisory Team of the CPO.
NID (Naval Intelligence Division)
1946 *Western Arabia and the Red Sea.* Naval Intelligence Division.
Niebuhr, Carsten (translated into English by Robert Heron)
1994-a (1792) *Travels through Arabia and Other Countries in the East (1).* Reading: Garnet Publishing Ltd.
1994-b (1792) *Travels through Arabia and Other Countries in the East (2).* Reading: Garnet Publishing Ltd.
O'Fahey, Rex. S.
1990 *Enigmatic Saint: Ahmad Ibn Idris and the Idrisi Tradition.* London: C. Hurst & Co.
Peterson, John
1981 "The Yemen Arab Republic and the Politics of the Balance." *Asian Affairs* 12: 254–266.
1982 *Yemen: The Search for Modern State.* Baltimore: The Johns Hopkins University Press.
Piamenta, Moshe
1990-a "dhubālah." *Dictionary of Post-Classical Yemeni Arabic.* Leiden: E. J. Brill. p. 166.
1990-b "suleymānī." *Dictionary of Post-Classical Yemeni Arabic*. Leiden: E. J. Brill. p. 230.
Robinson, J. Brian D.
1993 *Coffee in Yemen.* Eschborn: GTZ.
Scott, Hugh
1942 *In the High Yemen.* London: John Murray.
Serjeant, R. B.
1977 "South Arabia." Van Nieuwenhuijze (ed.) *Commoners, Climbers and Notables.* Leiden: E. J. Brill. pp. 226–247.

1983 “The Market, Business Life, Occupations: The Legality and Sale of Stimulants.” Serjeant and Lewcock (eds.) *Ṣan‘ā’: An Arabian Islamic City.* London: World of Islam Festival Trust. pp. 161–178.

1988 “Yemeni Merchants and Trade in Yemen, 13th–16th Centuries.” Lombard and Aubin (eds.) *Marchands et hommes d’affaires asiatiques dans l’Océan Indien et la Mer de Chine, 13e–20e siècles.* Paris: Éditions de l'Ecole des Hautes Etudes en Sciences Sociales. pp. 61–82.

Serjeant, R. B. and Ronald Lewcock

1983 “The Church (al-Qalīs) of Ṣan‘ā’ and Ghumdān Castle.” Serjeant and Lewcock (eds.) *Ṣan‘ā’: An Arabian Islamic City.* London: World of Islam Festival Trust. pp. 44–48.

Smith, G. Rex

2008 *A Traveller in Thirteenth-Century Arabia: Ibn al-Mujāwir's Ta'rīkh al-Mustabṣir.* London: Hakluyt Society.

Stevenson, Thomas B.

1985 *Social Change in a Yemeni Highlands Town.* Salt Lake City: University of Utah Press.

Stookey, Robert W.

1978 *Yemen: The Politics of the Yemen Arab Republic.* Boulder: Westview Press.

Strothmann, R.

1987 “Zaidiya.” *E. J. Brill's First Encyclopaedia of Islam.* pp. 1196–1198.

Swagman, Charles F.

1988 *Development and Change in Highland Yemen.* Salt Lake City: University of Utah Press.

Swanson, Jon C.

1979 *Emigration and Economic Development: The Case of the Yemen Arab Republic.* Boulder: Westview Press.

1985 “Emigrant Remittances and Local Development: Co-operatives in the Yemen Arab Republic.” Pridham (ed.) *Economy, Society & Culture in Contemporary Yemen.* London: Croom Helm. pp. 132–146.

Thabit, Abdul-Rahman Ali Mohhamed

2002 “Qat and the Environment.” Gatter et al. (eds.) *National Conference on Qat.* Sana'a: The Ministry of Planning & Development and the Ministry of Agriculture & Irrigation. pp. 14–28.

Trimingham, J. Spencer

1965 *Islam in Ethiopia.* London: Frank Cass.

Tritton, Arthur Stanley

1981 (1925) *The Rise of the Imams of Sanaa.* Westport: Hyperion Press Inc.

Tutwiler, Richard N.

2007 “Research Agenda for Sustainable Agricultural Growth and National Resource Man-

agement in Yemen." Mahdi, Kamil A., Anna Würth, Helen Lackner (eds.) *Yemen into the Twenty-First Century: Continuity and Change.* Reading: Ithaca Press. pp. 221–248.

UNODC（United Nations Office on Drugs and Crime）

2009 *World Drug Report 2009*. United Nations.

USAID/Yemen

2005 *Moving Yemen Coffee Forward: Assessment of the Coffee Industry in Yemen to Sustainably Improve Incomes and Expand Trade*. USAID/Yemen.

Varisco, Daniel

1986 "On the Meaning of Chewing." *International Journal of Middle Eastern Studies* 18: 1–13.

2004 "The Elixir of Life or the Devil's Cud: The Debate over Qat（Catha edulis）in Yemeni Culture." Coomber and South（eds.）*Drug Use and Cultural Contexts 'Beyond the West'.* London: Free Association Books. pp. 101–118.

Weir, Shelagh

1985-a *Qat in Yemen: Consumption and Social Change.* London: British Museum Publications Ltd.

1985-b "Economic Aspects of the Qat Industry in North-West Yemen." Pridham（ed.）*Economy, Society & Culture in Contemporary Yemen.* London: Croom Helm. pp. 64–82.

Wenner, Manfred W.

1967 *Modern Yemen 1918–1966.* Baltimore: The Johns Hopkins University Press.

World Bank

1979-a *Yemen Arab Republic: Development of a Traditional Economy.*

1979-b *People's Democratic Republic of Yemen: A Review of Economic and Social Development.*

2007 *Yemen: Towards Qat Demand Reduction.* Report No. 39738-YE.

Zabarah, Mohammed A.

1982 *Yemen: Traditionalism vs. Modernity.* New York: Praeger.

1984 "The Yemeni Revolution of 1962 Seen as a Social Revolution." Pridham（ed.）*Contemporary Yemen.* London: Croom Helm. pp. 76–84.

Zaidi

1999 "Hidjāz Railway." *Encyclopaedia of Islam (CD edition) III.* Leiden: Brill.

アラビア語

'Abd Allāh, Yūsuf Muḥammad

1992 "Bakīl." *al-Mawsū'a al-Yamanīya.* Ṣan'ā': Mu'assasat al-'Afīf al-Thaqāfīya. p. 163.

al-'Alawī, 'Alī b. Muḥammad b. 'Abd Allāh al-'Abbāsī

1981 *Sīrat al-Hādī ilā al-Ḥaqq Yaḥyā b. Ḥusayn.* Suhayl Zakkār (ed.) Beirūt: Dār al-Fikr.

al-ʻAmarī, Ḥusayn ʻAbd Allāh

1992 "Ḍahr." *al-Mawsūʻa al-Yamanīya.* Ṣanʻāʼ: Muʼassasat al-ʻAfīf al-Thaqāfīya. pp. 590–591.

Barakāt, Aḥmad Qāʼid

1992-a "al-Taʻāun." *al-Mawsūʻa al-Yamanīya.* Ṣanʻāʼ: Muʼassasat al-ʻAfīf al-Thaqāfīya. pp. 237–240.

1992-b "al-Mafraj." *al-Mawsūʻa al-Yamanīya.* Ṣanʻāʼ: Muʼassasat al-ʻAfīf al-Thaqāfīya. pp. 895–896.

1992-c "al-Yuhūd." *al-Mawsūʻa al-Yamanīya.* Ṣanʻāʼ: Muʼassasat al-ʻAfīf al-Thaqāfīya. pp. 1032–1035.

al-Ḥibshī, ʻAbd Allāh (ed.)

1986 *Thalāth Rasāʼil fī al-Qāt.* Beirūt: Dār al-Tanwīr.

Ibrāhīm, Bilqīs

2000 "al-Marʼa wa al-Qāt fī al-Yaman." al-Ḥaḍrānī (ed.) *Al-Qāt.* Ṣanʻāʼ: Wizārat al-Tarbiya wa al-Taʻlīm. pp. 88–97.

Khalīl, Najā Muḥammad

1998 *Al-Marʼa al-Yamanīya wa Majālis al-Qāt (al-Tafriṭa).* Ṣanʻāʼ: Dār al-Majid li-al-Ṭabāʻa wa al-Nashr.

al-Maqramī, ʻAbd al-Malik ʻIlwān

1987 *al-Qāt bayna al-Siyāsah wa ʻIlm al-Ijtimāʻ.* Ṣanʻāʼ: al-Maktaba al-Yamanīya.

Muʼassasat al-ʻAfīf al-Thaqāfīya

1997 al-*Qāt: al-Ẓāhira, al-Mushkila wa al-Āthār.* Ṣanʻāʼ: Muʼassasat al-ʻAfīf al-Thaqāfīya.

al-Muʻallimī, Aḥmad ʻAbd al-Raḥmān

1988 *al-Qāt fī al-Adab al-Yamanī wa al-Fiqh al-Islāmī.* Beirūt: Manshūrāt Dār al-Maktabat al-Ḥayāt.

al-Mutawakkil, Ismāʻīl

1992 "al-Qāt." *al-Mawsūʻa al-Yamanīya.* Ṣanʻāʼ: Muʼassasat al-ʻAfīf al-Thaqāfīya. pp. 733–735.

al-Saʻdī, ʻAbbās Fāḍil

1992 *al-Bunn fī al-Yaman.* Ṣanʻāʼ: Markaz al-Dirāsāt wa al-Buḥūth al-Yamanī.

al-Ṣāyidī, Aḥmad Qāʼid and Aḥmad al-Ḥaḍrānī

2000 "al-Qāt fī al-Kitābāt al-Taʼrīkhīya." al-Ḥaḍrānī (ed.) *Al-Qāt.* Ṣanʻāʼ: Wizārat al-Tarbiyah wa al-Taʻlīm. pp. 18–33.

al-Shamāḥī, ʻAbd Allāh b. ʻAbd al-Wahhāb al-Mujāhid

1985 *al-Yaman: al-Insān wa al-Ḥaḍāra.* Beirūt: Manshūrāt al-Madīna.

Yaḥyā b. al-Ḥusayn b. al-Qāsim b. Muḥammad b. ʻAlī

1968 *Ghāyat al-Amānī fī Akhbār al-Quṭr al-Yamānī.* 2 vols. Saʻīd ʻAbd al-Fattāḥ ʻĀshūr（ed.）Cairo: Dār al-Kitāb al-ʻArabī.

Wahās, Fahmī, Muḥammad Rāziḥ Najād, Aḥmad al-Ḥaḍrānī

2000 "Tawzīʻ al-Qāt wa al-Istihlāka wa Ṭurq Taʻāṭīh fī al-ʻĀlam." al-Ḥaḍrānī（ed.）*Al- Qāt.* Ṣanʻāʼ: Wizārat al-Tarbiya wa al-Taʻlīm. pp. 34–54.

Wizārat al-Zirāʻa wa al-Riyy

2005 *al-Taqrīr al-Sanawī li-al-Maʻlūmāt al-Taswīqīya bi-Ahamm al-Aswāq al-Raʼīsīya fī al-Yaman.*

日本語（五十音順）

赤木昭三・赤木富美子

2003 『サロンの思想史』名古屋大学出版会.

アサド，トマス・ジョゼフ

2001 『アラブに憑かれた男たち』田隅恒生訳，法政大学出版局（Thomas J. Assad, *Three Victorian Travellers: Burton, Blunt, Doughty.* Routledge & Kegan Paul Ltd., 1964）.

阿部和穂

2016 『危険ドラッグ大全』武蔵野大学出版会.

アンダーソン，クリス

2006 『ロングテール』篠森ゆりこ訳，早川書房（Chris Anderson, *The Long Tail : Why the Future of Business Is Selling Less of More*. Hyperion, 2006）.

安藤優一郎

2007 「江戸武家社会の酒礼」，神崎宣武編『乾杯の文化史』ドメス出版，pp. 57–90.

飯田操

2008 『パブとビールのイギリス』平凡社.

池内恵

2004 「イスラーム的宗教政治の構造」，池上良正他編『岩波講座宗教 8　暴力』岩波書店，pp. 107–140.

石田慎一郎

2014 「ケニア中央高地のミラー――イゲンベ地方における嗜好品産業の動員力」，落合雄彦編『アフリカ・ドラッグ考』晃洋書房，pp. 129–168.

石田進

1987 「イスラームの無利子金融の理論と実際」，片倉もとこ編『人々のイスラーム』日本放送出版協会，pp. 125–142.

イスラム金融検討会

2007 『イスラム金融――仕組みと動向』日本経済新聞出版社.

板垣雄三

1982 「総説イスラムの国家と社会　イスラム国家　現代のイスラム国家論」，日本イスラム協会ほか監修『イスラム事典』平凡社，pp. 29–30.
2002 「総説イスラムの国家と社会　イスラム国家　現代のイスラム国家論」，日本イスラム協会ほか監修『新イスラム事典』平凡社，pp. 31–32.
井筒俊彦
1991-a［1957］『コーラン上』岩波文庫.
1991-b［1958］『コーラン中』岩波文庫.
1991-c［1958］『コーラン下』岩波文庫.
イブン・バットゥータ
1998 『大旅行記 3』家島彦一訳注，平凡社.
今関敏子
2007 「王朝時代の酒礼と酒宴」，神崎宣武編『乾杯の文化史』ドメス出版，pp. 21–56.
上野堅實
1998 『タバコの歴史』大修館書店.
大塚和夫
1989 『異文化としてのイスラーム』同文舘.
1994 「身内がヨメにくると——アラブ社会の父方平行イトコ婚をめぐって」，田中真砂子・大口勇次郎・奥山恭子編『シリーズ比較家族 3　縁組と女性——家と家のはざまで』早稲田大学出版部，pp. 31–53.
大塚秀章編
2009 『植物分類表』アボック社.
大坪玲子
1994-a 「調停者と保証人」東京大学大学院総合文化研究科提出修士論文.
1994-b 「書評 P. ドレシュ著『イエメンにおける部族，政府，歴史』」『アジア経済』35–11：79–82.
1995 「イエメンにおける調停者と保証人」『日本中東学会年報』10: 117–134.
2000 「イエメンコーヒーの旅」『季刊リトルワールド』75: 5–10.
2005 「イエメン・サナアにおけるカート消費の変化」『日本中東学会年報』20–2: 171–196.
2007 「イエメン」，大塚和夫責任編集『世界の食文化アラブ』農文協，pp. 155–180.
2010 「イエメンにおけるカートの流通とその特徴」『社会人類学年報』36: 123–136.
2013-a 「誠実な浮気者——イエメンにおけるカート市場の事例から」『文化人類学』78–2: 157–176.
2013-b 「嗜好品か薬物か——イエメンが抱えるカート問題」『地域政策研究』16–1: 1–19
2014 「コーヒーとカート——イエメンにおける商品作物の現状」『地域政策研究』16–3: 115–133.

2015-a 「私は舌を持っている――イエメンのカート商人の局所的知識」，堀内正樹・西尾哲夫編『〈断〉と〈続〉の中東――非境界的世界を游ぐ』悠書館，pp. 35–65.
2015-b 「研究会を終えて」，堀内正樹・西尾哲夫編『〈断〉と〈続〉の中東――非境界的世界を游ぐ』悠書館，pp. 66–72.
2016 「浮気できない人々――イエメンのカート商人の比較」『アジア・アフリカ言語文化研究』92: 143–179.
2017 「カートを嗜む――他の嗜好品との比較から」『嗜好品文化研究』2: 116–124.
岡崎哲二
1999 『江戸時代の市場経済』講談社選書メチエ.
粕谷元
2003 「トルコのイスラーム潮流――ヌルスィーとギュレン」，小松久男・小杉泰編『現代イスラーム思想と政治運動』東京大学出版会，pp. 63–84.
片倉もとこ
2002 『アラビア・ノート――アラブの原像を求めて』ちくま学芸文庫.
加藤恵津子
2004 『〈お茶〉はなぜ女のものになったか』紀伊國屋書店.
加藤博
1995 『文明としてのイスラム――多元的社会叙述の試み』東京大学出版会.
2002-a 「イスラーム経済」，大塚和夫他編『イスラーム辞典』岩波書店，pp. 133–134.
2002-b 『イスラム世界論――トリックスターとしての神』東京大学出版会.
2003 「経済学とイスラーム地域研究」，佐藤次高編『イスラーム地域研究叢書 1　イスラーム地域研究の可能性』東京大学出版会，pp. 101–134.
2005 『イスラム世界の経済史』NTT 出版.
窪田金次郎監修
2002 『誰も気づかなかった噛む効用――咀嚼のサイエンス』日本教文社.
熊倉功夫
1990 『茶の湯の歴史』朝日選書.
1996 「“のむ”文化」，熊倉功夫・石毛直道編『日本の食・100 年〈のむ〉』ドメス出版，pp. 11–28.
栗山保之
2006-a 「17 世紀のインド洋西海域世界におけるイエメンの対外関係」『東洋史研究』65–2: 1–35.
2006-b 「17 世紀のイエメン・エチオピア関係と紅海情勢」『人文研紀要』58: 27–54.
黒田美代子
1995 『商人たちの共和国――世界最古のスーク，アレッポ』藤原書店.
小杉泰
1994 「徴利論 2（リバー）」，川北稔責任編集『歴史学事典 1　交換と消費』弘文堂，

pp. 579–583.
1998 「マクハー（コーヒー店）の愉しみ」，大塚和夫編『アジア読本アラブ』河出出版社，pp. 72–79.
2001 「イスラームの「教経統合論」——イスラーム法と経済の関係をめぐって」『アジア・アフリカ地域研究』1:81–94.
コートライト，デービッド
2003 『ドラッグは世界をいかに変えたか』小川昭子訳，春秋社（David T. Courtwright, *Forces of Habit: Drugs and the Making of the Modern World*. Harvard University Press, 2001）.
小林章夫
1984 『コーヒー・ハウス』駸々堂.
小林康平
1995-a 「日本における卸売市場流通効率化の課題」，小林康平・甲斐諭・諸岡慶昇・福井清一・浅見淳之・菅沼圭輔『変貌する農産物流通システム』農文協，pp. 23–51.
1995-b 「都市の拡大にあえぐロンドンとパリの流通システム」，小林康平・甲斐諭・諸岡慶昇・福井清一・浅見淳之・菅沼圭輔『変貌する農産物流通システム』農文協，pp. 52–82.
坂本勉
2002 「ヒジャーズ鉄道」，大塚和夫他編『イスラーム辞典』岩波書店，p. 807.
櫻井秀子
2008 『イスラーム金融』新評論.
佐藤哲彦
2006 『覚醒剤の社会史』東信堂.
2008 『ドラッグの社会学』世界思想社.
澤井充生
2002 「ヤースィーン章」，大塚和夫他編『イスラーム辞典』岩波書店，p. 1016.
シヴェルブシュ，ヴォルフガング
1988 『楽園・味覚・理性——嗜好品の歴史』福本義憲訳，法政大学出版局（Wolfgang Schivelbusch, *Das Paradies, der Geschmack und dieVernunft.* Carl Hanser Verlag, 1980）
塩沢由典
1990 『市場の秩序学』筑摩書房.
蔀勇造
1986 「ナジュラーンの迫害の年代について——『アレタス殉教録』の伝える年代」『史学雑誌』95–4: 1–33.
清水学
2002 「イスラーム銀行」，大塚和夫他編『イスラーム辞典』岩波書店，p. 133.

スティグリッツ & ウォルシュ
2005 『スティグリッツ入門経済学　第三版』藪下史郎他訳，東洋経済新報社.
セネット，リチャード
1991 『公共性の喪失』北川克彦・高階悟訳，晶文社（Richard Sennett, *The Fall of Public Man*. Knoph, 1976）.
妹尾裕彦
2009 「コーヒー危機の原因とコーヒー収入の安定・向上策をめぐる神話と現実」『千葉大学教育学部研究紀要』57: 203–228.
鷹木恵子
2016 『チュニジア革命と民主化――人類学的プロセス・ドキュメンテーションの試み』明石書店.
高田公理
1998 「禁酒・考」，石毛直道編『論集酒と飲酒の文化』平凡社，pp. 295–321.
2004-a 「はじめに」，高田公理・栗田靖之・CDI 編『嗜好品の文化人類学』講談社，pp. 1–8.
2004-b 「終章」，高田公理・栗田靖之・CDI 編『嗜好品の文化人類学』講談社，pp. 235–254.
2016 「『嗜好品文化研究』発刊の辞」『嗜好品文化研究』1: 1.
田所作太郎
1998 『麻薬と覚せい剤』星和書店.
ダニエルス，クリスチャン
2007 「中国の盃事と乾杯」，神崎宣武編『乾杯の文化史』ドメス出版，pp. 181–212.
谷端昭夫
1999 『茶の湯の文化史』吉川弘文館.
田村うらら
2009 「トルコの定期市における売り手－買い手関係」『文化人類学』74: 48–72.
角山栄
1980 『茶の世界史』中公新書.
鶴光太郎
1994 『日本的市場経済システム』講談社現代新書.
2006 『日本の経済システム改革』日本経済新聞社.
ティーレ＝ドールマン，クラウス
2000 『ヨーロッパのカフェ文化』平田達治・友田和秀訳，大修館書店（Klaus Thiele-Dohrmann, *Europäische Kaffeehauskultur*. Artemis & Winkler Verlag, 1997）
内藤重之
2001 『流通再編と花き卸売市場』農林統計協会.
内藤正典編

2014 『イスラーム世界の挫折と再生――「アラブの春」後を読み解く』明石書店.
中村廣治郎
1997 『イスラームと近代』岩波書店.
中西久枝
2002 『イスラームとモダニティ』風媒社.
中山紀子
1999 『イスラームの性と俗』アカデミア出版会.
鍋田英彦
2005 「流通における中間業者排除に関する考察」『東洋学園大学紀要』13: 201–215.
ヌリッソン，ディディエ
1996 『酒飲みの社会史』柴田道子・田川光照・田中正人訳，ユニテ（Didier Nourrisson, *Le buveur du XIXe siècle.* Albin Michel, 1990）.
野林厚志
2007 「台湾における乾杯」，神崎宣武編『乾杯の文化史』ドメス出版，pp. 245–274.
朴容寛
2003 『ネットワーク組織論』ミネルヴァ書房.
バーキルッ＝サドル，ムハンマド
1993 『イスラーム経済論』黒田壽郎訳，未知谷（Muḥammad Bāqir al-Ṣadr, *Iqtiṣādunā*）
羽田正
2005 『イスラーム世界の創造』東京大学出版会.
林佳代子
2002 「ワクフ」，大塚和夫他編『イスラーム辞典』岩波書店，pp. 1076–1078.
原洋之介
1985 『クリフォード・ギアツの経済学』リブロポート.
福井清一
1995-a 「バザールから卸売市場へ」，小林康平・甲斐諭・諸岡慶昇・福井清一・浅見淳之・菅沼圭輔『変貌する農産物流通システム』農文協，pp. 210–251.
1995-b 「フィリピンにおける青果物流通と顧客関係」『農林業問題研究』31–1: 1–9.
古田紹欽全訳注
1982 『栄西喫茶養生記』講談社.
古田和子
2004 「中国における市場・仲介・情報」，三浦徹・岸本美緒・関本照夫編『イスラーム地域研究叢書4　比較史のアジア――所有・契約・市場・公正』東京大学出版会，pp. 207–224.
ベン＝アリ，エィエル
2000 「酒と就業外の時間」，梅棹忠夫・吉田集而編『酒と日本文明』弘文堂，pp. 193–212.

ペンダーグラスト，マーク
2002 『コーヒーの歴史』樋口幸子訳，河出書房出版社（Mark Pendergrast, *Uncommon Grounds: The History of Coffee and How it Transformed Our World*. Basic Books, 1999）.
堀田忠夫
1988 「経済発展と農産物流通システムの展開」『大阪府立大學經濟研究』33–2: 1–22.
堀田満
1996（1989）「Catha」，堀田満他編『世界有用植物事典』平凡社，p. 231.
堀井聡江
2004 『イスラーム法通史』山川出版社.
堀内正樹
2005 「境界的思考から脱却するために」，成蹊大学文学部国際文化学科編『国際文化研究の現在——境界・他者・アイデンティティ』柏書房，pp. 19–49.
松浦いね
1987 「文学にみる近代生活の中のたばこ」『風俗』26–4: 38–49.
松本弘
2005 「イエメン民主化の 10 年」『現代の中東』39: 24–39.
見市雅俊
2001 「パブと飲酒」，角山栄・川北稔編『路地裏の大英帝国』平凡社，pp. 301–338.
宮本常一
1955 「飲食と生活」，渋沢敬三編『明治文化史　第十二巻　生活編』洋々社，pp. 107–214.
宮本又郎
1999 「酒と経済」，山﨑正和監修『酒の文明学』中央公論新社，pp. 135–183.
村井康彦
1987 『利休とその一族』平凡社.
村上了太
2001 『日本公企業史——タバコ専売事業の場合』ミネルヴァ書房.
森本公誠
1970 「ムスリム商人の活躍」，嶋田襄平編『東西文明の交流 3　イスラム帝国の遺産』平凡社，pp. 63–122.
諸岡慶昇
1995 「パサール近代化の展望——インドネシアの地方市場からみた変革の動き」，小林康平・甲斐論・諸岡慶昇・福井清一・浅見淳之・菅沼圭輔『変貌する農産物流通システム』農文協，pp. 252–275.
両角吉晃
1997-a 「イスラームにおけるいわゆる利息の禁止について——西暦第 12 世紀のハナフィー派法学書に現れたリバー概念の分析 1」『法学協会雑誌』114: 771–815.

1997-b 「イスラームにおけるいわゆる利息の禁止について——西暦第 12 世紀のハナフィー派法学書に現れたリバー概念の分析 2」『法学協会雑誌』114: 883–935.
1997-c 「イスラームにおけるいわゆる利息の禁止について——西暦第 12 世紀のハナフィー派法学書に現れたリバー概念の分析 3」『法学協会雑誌』114: 1032–1084.
1997-d 「イスラームにおけるいわゆる利息の禁止について——西暦第 12 世紀のハナフィー派法学書に現れたリバー概念の分析 4」『法学協会雑誌』114: 1173–1246.
1998 「イスラームにおけるいわゆる利息の禁止について——西暦第 12 世紀のハナフィー派法学書に現れたリバー概念の分析 5」『法学協会雑誌』115: 81–130.
2011 『イスラーム法における信用と「利息」禁止』羽鳥書店.

家島彦一
1991 『イスラム世界の成立と国際商業——国際商業ネットワークの変動を中心に』岩波書店.

柳田国男
1979 『木綿以前の事』岩波文庫.

藪下史郎
2002 『非対称情報の経済学』光文社新書.

矢部良明
1995 『千利休の創意』角川書店.

山本志乃
2007 「文明開化と乾杯」, 神崎宣武編『乾杯の文化史』ドメス出版, pp. 135–170.

弓削尚子
1998 「解説　ドイツにみるサロン研究の視点」, ハイデン=リンシュ『ヨーロッパのサロン——消滅した女性文化の頂点』石丸昭二訳, 法政大学出版局, pp. 249–261.

ラティンジャー&ディカム
2008 『コーヒー学のすすめ』辻村英之監訳, 世界思想社（Nina Luttinger and Gregory Dicum, *The Coffee Book*. The New Press, 2006）.

リーチ, エドマンド
1989（1985）『社会人類学案内』長島信弘訳, 岩波書店（Edmund Leach, *Social Anthropology.* Fontana, 1982）.

鷲田清一
1999 「酒の文化, 酒場の文化」, 山崎正和監修『酒の文明学』中央公論新社, pp. 3–42.

ロダンソン, マクシム
1998 『イスラームと資本主義』山内昶訳, 岩波書店（Maxime Rodinson, *Islam et capitalisme.* Editions du Seuil, 1966）

ワイルド, アントニー

2007 『コーヒーの真実』三角和代訳，白揚社（Antony Wild, *Coffee: A Dark History*. W. W. Norton & Company, 2004）.

統計年鑑

独立前の南イエメンの統計年鑑

Annual Report［The Treasury］

1957, 1958, 1959, 1960, 1961, 1962, 1963, 1964

独立前の南イエメンの輸出に関する資料

Statement of External Trade［the Ministry of Commerce and Industrial Development］

1962, 1963, 1964, 1965, 1966

南イエメンの統計年鑑

SYSY（South Yemen Statistical Yearbook）［Central Statistical Organization］

1980, 1984, 1988

北イエメンの統計年鑑

NYSY（North Yemen Statistical Yearbook）［Central Planning Organization］

1970/71, 1971, 1972, 1973, 1974/75, 1975/76, 1976, 1976/1977, 1979/80, 1981, 1982, 1983, 1984, 1985, 1986, 1987, 1988

統合イエメンの統計年鑑

UYSY（Unified Yemen Statistical Yearbook）［Central Statistical Organization］

1989, 1990, 1991, 1992, 1993, 1995, 1996, 1997, 1999, 2000, 2001, 2002, 2004, 2005

オンライン

Aden Railway

http://www.adenairways.com/page72/page22/page22.html（2011/10/25 最終アクセス）

FAO　コーヒーの国別生産量

http://www.fao.org/faostat/en/#data/QC（2017/7/5 最終アクセス）

ICO indicator price

http://www.ico.org/historical/2000+/PDF/HIST-PRICES.pdf（2011/10/25 最終アクセス）

UNODC　"Khat", *Bulletin on Narcotics*, 1956 issue4.

http://www.unodc.org/unodc/en/data-and-analysis/bulletin/bulletin_1956-01-01_4_page004.html#f065（2017/7/5 最終アクセス）

U. S. Drug Enforcement Administration
Scheduling Actions
https://www.deadiversion.usdoj.gov/schedules/orangebook/a_sched_alpha.pdf（2017/7/5 最終アクセス）

Yemen Times
http://www.yementimes.com/（2017/7/5 最終アクセス）

Mu'assasat al-'Afīf al-Thaqāfīya（アフィーフ文化財団）
http://www.y.net.ye/alafif/INDEX.HTM（2011/10/25 最終アクセス）

al-Thawra（サウラ新聞）
http://www.althawranews.net/（2017/7/5 最終アクセス）

世界各国の穀物自給率（試算）（2003）
http://www.e-stat.go.jp/SG1/estat/GL71050103.do;jsessionid=PZhsTpMpDvDqzjFYN2rrcyWx02Hh6dcT82Wb54zVFvTgbjGfm6Ys!1792540420!41465011?_toGL71050103_&listID=000001064939&forwardFrom=GL71050101（2017/7/5 最終アクセス）

総務省統計局家計収支の概要
http://www.stat.go.jp/data/kakei/2008np/gaikyo/pdf/gk01.pdf（2017/7/5 最終アクセス）

大麻取締法
http://www.houko.com/00/01/S23/124.HTM（2017/7/5 最終アクセス）

男女，行動の種類別総平均時間（平成 18 年）
http://www.e-stat.go.jp/SG1/estat/List.do?bid=000001009957&cycode=0（2017/7/5 最終アクセス）

東京都中央卸売市場
http://www.shijou.metro.tokyo.jp/about/01/index.html（2011/9/5 最終アクセス）

資 料

【0-1】ハーシドとバキールに至る系譜［Dresch 1989: 5］

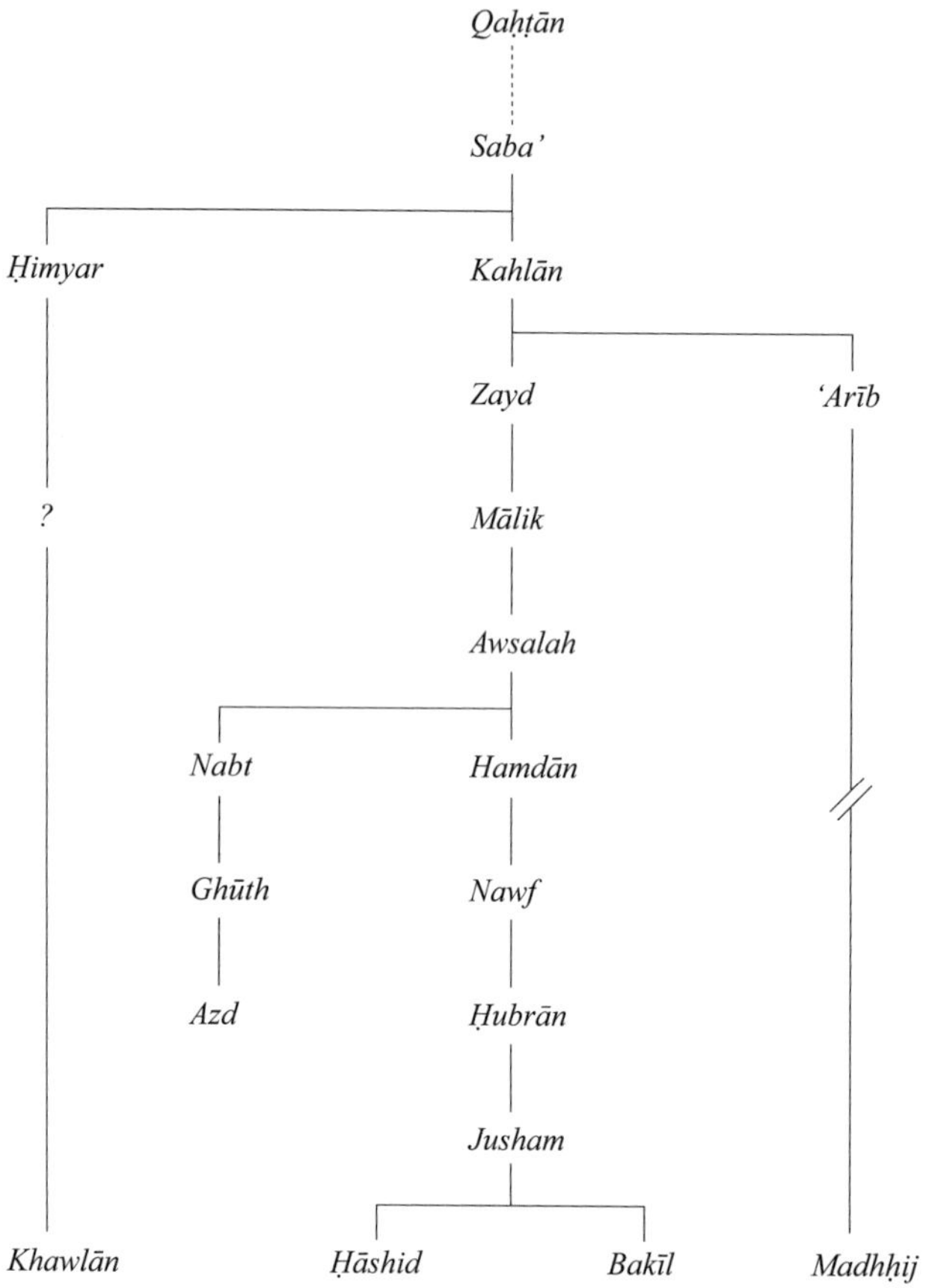

【0-2】ハーシドに属する諸部族

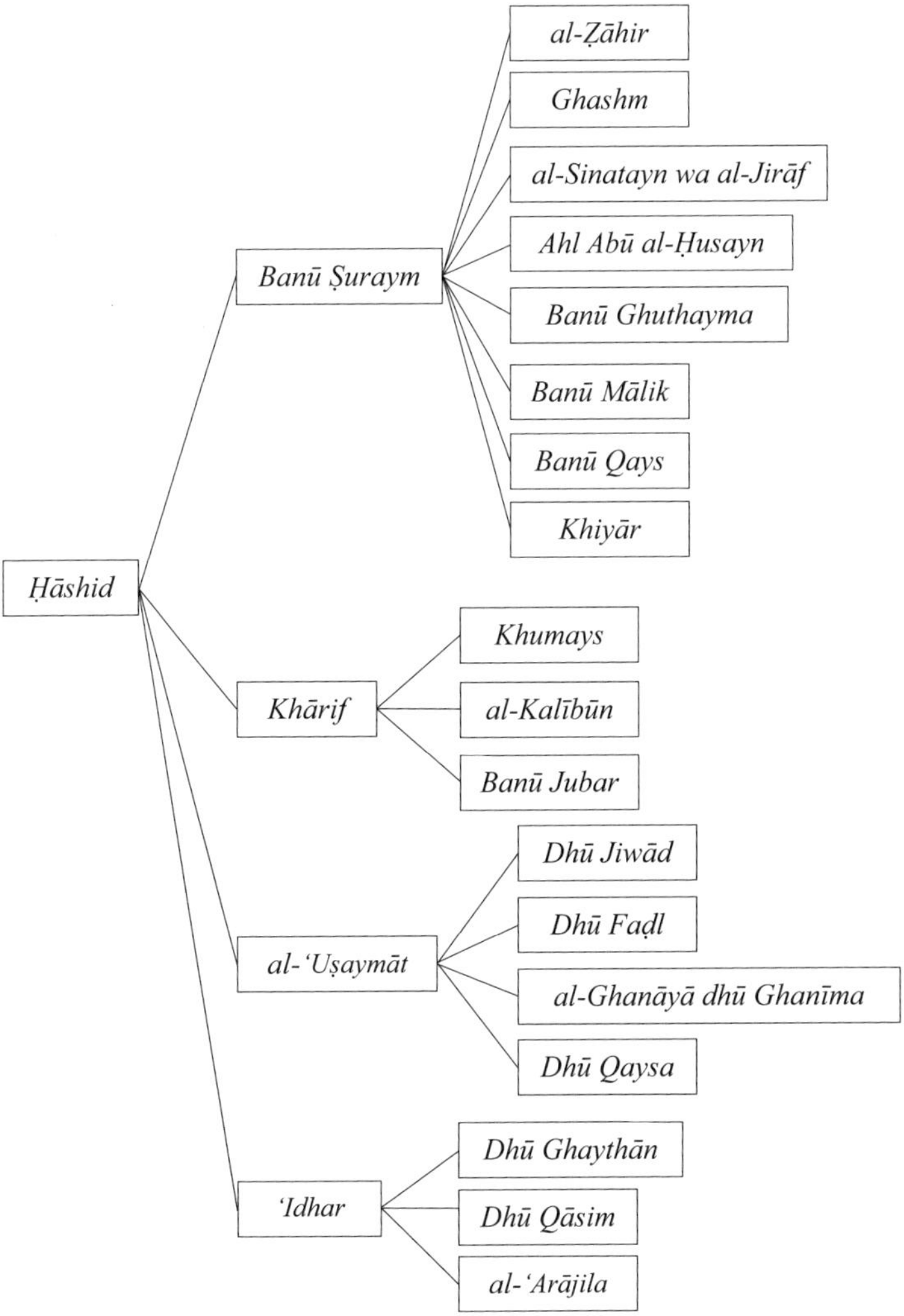

【0-3】バキールに属する諸部族

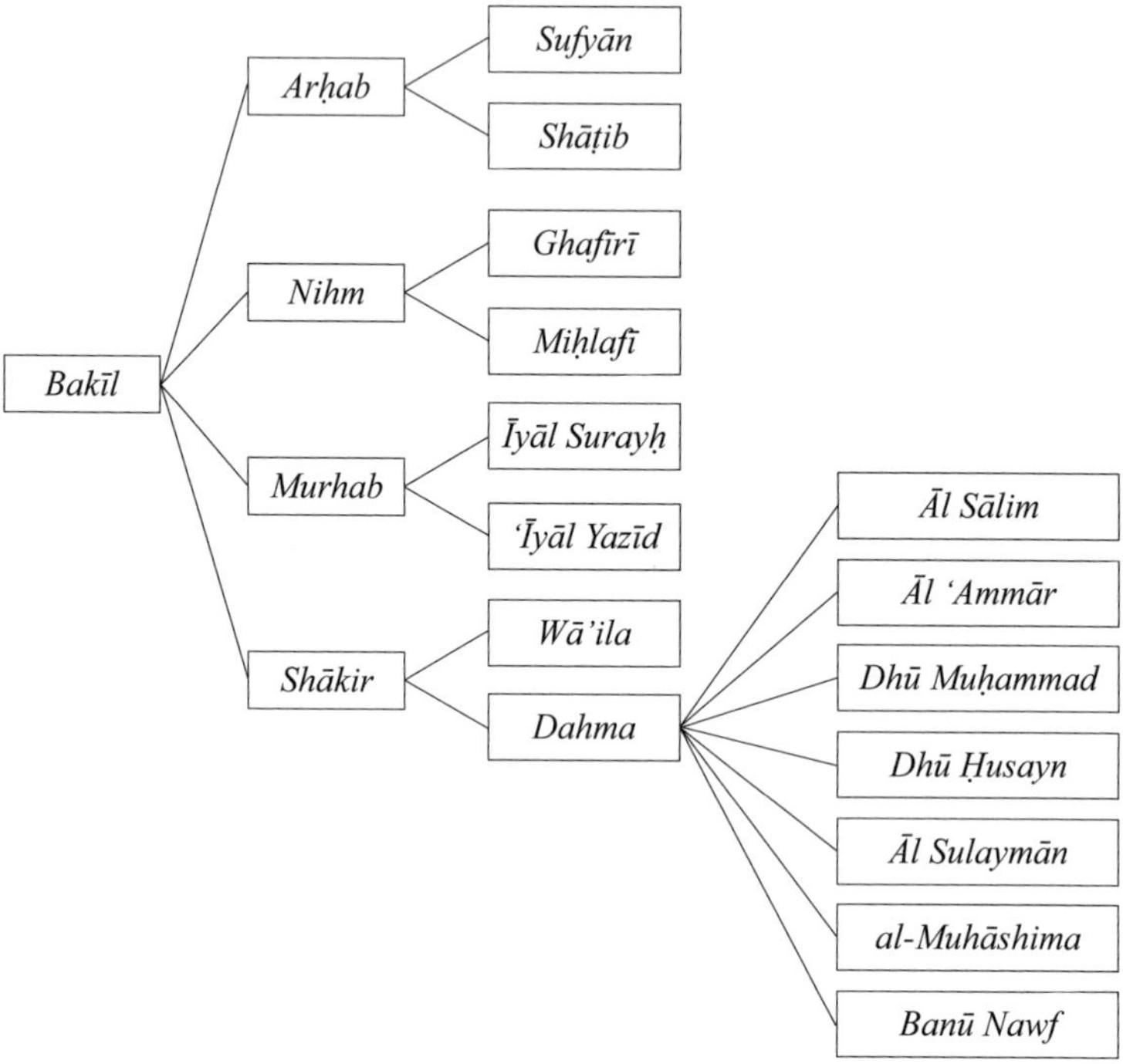

'Abd Allāh［1992: 163, 347–349］より筆者作成

【0-4】Dresch［1989: 24］による部族連合と部族

Ḥāshid	*al-'Uṣaymāt, Sanḥān, 'Idhar, Bilād al-Rūs, Khārif, Hamdān, Banī Ṣuraym*
Bakīl	*Arḥab, 'Īyāl Yazīd, Āl 'Ammār, Sufyān, 'Īyāl Surayḥ, Āl Sālim, Dhū Muḥammad, al-Ahnūm, Āl Sulaymān, Dhū Ḥusayn, Murhibah, al-'Amālisah, Nihm, Banī Maṭar, Wā'ilah, Banī Ḥushaysh, Banī Nawf, Khawlān al-'Āliyah*

（表記は原文のまま）

【0-5】Dresch［2000: 215］による部族連合と部族

Ḥāshid	*al-'Uṣaymāt, 'Idhar, Banī Ṣuraym, Khārif, Hamdān, Sanḥān, Bilād al-Rūs*
Bakīl	*Khawlān Ṣa'dah, Āl 'Ammār, Āl Sālim, al-'Amālisah, Dhū Muḥammad, Dhū Ḥusayn, Banī Nawf, Wā'ilah, Sufyān, Arḥab, Murhibah, Nihm, 'Īyāl Yazīd, 'Īyāl Surayḥ, Banī Ḥushaysh, Khawlān al-Ṭiyāl*
Madhḥij	*Murād, 'Ans, al-Ḥadā, al-Qayfah*, but the category seems still to be re-forming

（表記は原文のまま）

【0-6】Arab Bureau［1917: 62-71］による主な部族

Ḥāshid	*Himrān, Dhu 'Udhrah, Dhu Fāri', Sufiān, Ahnūm, Beni 'Arjalah, Zuleimah, Al Ahim, Khiyār, Jarāf, Ahl el-Wādi, Kharif, Beni Surih, Arhab*
Bekīl	*Dhu Mohammed, Al Qaeiti, Nihim, Beni Jābr, Beni Mālik*

（ˆ は ˉ に改めた）

【1-1】アデンへのカート輸出国と輸出量（トン）

	1960	1961	1962	1963	1964	1965	1966
ケニア			17	8	6		
エチオピア・エリトリア	1754	2200	1841	2061	947		
ソマリア共和国		1					
北イエメン	87	62	159	607	1547	2443	2286
合 計	1841	2263	2017	2676	2500	2443	2286

Statement of External Trade［1962: 128, 1963: 104, 1964: 120, 1965:120, 1966: 115］より筆者作成

【1-2】アデンからのカート輸出地域との輸出量（キログラム）

	1960	1961	1962	1963
保護領	54,772	14,652	125	
カマラーン諸島	3	17	9	
英国本土	166	9	46	199
仏領ソマリランド		4		4
バーレーン		61		
トルーシャルステーツ	13			
合 計	54,942	14,744	180	203

Statement of External Trade ［1962: 244, 1963: 193, 1964: 214, 1965: 214, 1966: 212］より筆者作成

【1-3】1956/57 年のアデンの歳入（一部）

税の種類	ポンド
所得税	526,545
物品税	57,355
タバコ税	77,228
内燃機関用燃料税	69,933
カート税	57,499

Annual Report［1957: 2］より筆者作成

【1-4】アデンのカート課税額

年	1956/57	1957/58	1958/59	1959/60	1960/61	1961/62	1962/63
ポンド	57,499	51,504	201,449	257,788	268,421	316,310	279,881

Annual Report［ 1957: 13, 1958: 3, 1959: 12, 1960: 12, 1961: 12, 1962: 12, 1963: 12］より筆者作成

【1-5】南イエメンのカート生産量

年	1973／74	1974／75	1975／76	1976／77	1984／85	1985／86	1986／87	1987／88
トン	935	1,063	1,323	1,321	1,229	934	1,036	1,116

SYSY［1980,88］より筆者作成

【1-6】北イエメンのカート輸出額

年	1964	1965	1966	1967	1968	1969	1970	1971	1972	1973	1974
1000リヤル	1,073	3,317	1,599	—	—	2,186	4,338	2,798	1,031	676	5

NYSY［1971: 47, 74／75: 92, 1976: 84］より筆者作成

【1-7】北イエメンの1960-1970年代の主な輸出品（イエメン・リヤル）

	1964	1965	1966	1969	1970	1971	1972	1973	1974／75	1975／76
羊，ヤギ，馬	884	240	1,598			2,000	733,141	691,732	443,000	6,000
バター	556		430			19,687	12,500	31,800		
卵	13,910	11,452	9,956		2,698	3,900				
魚				6,287	123,096	23,302	229,260	535,964	737,000	325,000
果物・ナッツ類	48,186	33,327	88,167	535,668	106,253	85,785	20,995	217,294		
野菜	30,691	64,850	39,705	481,789	355,774	232,200	258,212	540,217		
蜂蜜			430					119,726		
生コーヒー豆	2,111,875	2,070,828	1,708,089	7,754,569	8,085,525	4,582,409	5,343,570	6,015,952	4,972,000	7,983,000
タバコ		115	2,188		18,060	2,290		61,342		
皮革	408,850	488,519	1,142,565	4,017,101	1,195,312	2,039,483	3,262,434	5,472,385	4,404,000	8,040,000
綿実	3,748		265,590	501,152		777,175	724,000	2,046,330	2,766,000	362
原綿	1,083,600		1,378,534	945,045		7,986,195	7,154,300	17,796,412	28,188,000	24,221,000
南京袋					1,613		14,500			
石膏				700						
塩		972,000	972,000	1,350,699	1,489,182	2,383,694	661,004	30,457		1,000
鉄屑				130,677	8,244	247,340	21,636	234,675		
アルミニウム屑					2,460					
電池屑					763					
染料植物			4,329					3,253		
カート	1,073,077	3,317,057	1,599,091	2,186,468	4,337,604	2,798,095	1,031,469	72,463		
綿製敷物	26,135	15,555	13,746							
綿製衣料品	41,703	23,333	20,619	8,292	18,010	9,220				
切手				24,825						
バスケットなど	15,297	18,285	35,744	666	8,372	24,475	15,000	19,000	11,000	
ビスケット							636,000	1,315,000	1,131,000	2,093,000
その他		7,585		13,497	6,200	353,537			52,966,000	50,036,000

NYSY［1972, 1973, 1974／75, 1975／76］より筆者作成

【1-8】北イエメンの1960-1970年代の主な輸入品（イエメン・リヤル）

	1964	1965	1966	1969	1970	1971	1972	1973	1975／76
羊，ヤギ		900	8,756	34,894	4,500	38,660	81,000	27,000	9,513,000
家禽					3,458	532			
ラバ、ロバ，ラクダ				1,600					
肉	153,380	135,621	324,503	57,816	12,053	33,552	394,000	741,000	3,831,000
乳製品	511,265	452,070	1,081,667	3,002,153	1,739,260	1,546,886	5,441,000	9,963,000	34,627,000
卵					360	720			
魚の缶詰				122,856	457,843	530,375			7,125,000
小麦大麦（未製粉）	1,771,393	2,305,041	5,302,043	6,754,656	26,000,827	15,437,800	51,003,000	46,690,000	
米	439,181	572,276	998,460	2,080,534	2,874,164	2,893,614	9,228,000	2,565,000	
トウモロコシ					10,475				
その他の穀物					24,754	88,408	449,000	8,712,000	
小麦粉	1,079,375	1,395,838	9,391,881	6,713,530	21,397,811	8,158,701	21,638,000	49,616,000	
スパゲティ				90,829	104,586	494,193			
パン・ビスケット				406,416	1,101,325	1,106,730			
調理穀物				546,516	1,167,075	867,749			
果物・ナッツ類	107,831	109,346	98,260	123,139	193,957	425,236	3,558,000	4,920,000	
デーツ	664,868	459,543	658,923	965,144	3,465,098	303,603			
野菜・果物（缶詰）	357,885	316,450	757,167	3,272,474	1,118,035	2,271,201	4,402,000	6,811,000	
豆類		3,278	20,128	84,154	847,939	274,542			
砂糖	2,465,877	5,033,884	7,591,791	24,938,608	19,951,767	15,966,546	40,900,000	71,167,000	
蜂蜜				94,358	151,840	278,802	438,000	622,000	
砂糖菓子				511,804	3,821,866	1,573,619	1,695,000	2,386,000	
コーヒー		57,532	149,858	1,080,187	372,760	1,201,447	773,000	1,304,000	48,055,000
チョコレート				69,840	165,131		321,000	508,000	
紅茶	290,202	575,374	817,660	2,144,851	2,832,222	4,590,120	7,897,000	15,609,000	
スパイス	603,725	836,373	939,582	1,215,585	2,088,557	1,255,202	3,783,000	4,310,000	
バター・マーガリン	617,388	695,128	1,553,552	5,613,382	5,192,251	10,568,467	13,386,000	23,432,000	
酢					1,510				
ノン・アルコール飲料				146,448	386,973	542,889	462,000	293,000	1,376,000
アルコール飲料	4,756	29,614	48,364	10,094	54,782	24,472	151,000	167,000	
シガレット	864,550	883,623	1,567,690	4,020,093	12,797,800	7,125,849	7,592,000	7,445,000	
タバコ	305,755	298,779	763,515	525,924	2,572,087	1,362,991	3,363,000	5,567,000	
脂肪種子				6,961	426,001	10,177			
材木	2,317,497	300,157	896,229		1,516,942	2,341,077			
綿花				94	40,505	45,102	13,000	8,000	
肥料			13,100	916,279	163,339	546,484	756,000	1,486,000	6,849,000
殺虫剤							789,000	1,195,000	
アスファルト				58,400		8,489			
塩				902	1,956	11,040	8,000	2,000	
チョーク				543	1,599	172			
角					9,244	6,270	21,000	24,000	
天然ゴム				13,663	34,430	3,083	121,000	136,000	
カート			572						
ラジオ	13,790	407,414	298,861	84,030	193,503	226,999			
乗用車	250,665	500,608	1,502,165	1,436,421	2,232,699	5,105,808	7,848,000	10,282,000	
バス	18,800	37,545	122,662	7,442					
ローリー，トラック	357,199	713,367	2,140,586	1,061,558	2,761,370	5,163,202	4,649,000	8,741,000	
バイクと部品	53,417	79,128	148,002	275,194	959,930	1,305,864	2,490,000	2,275,000	
履物	410,364	411,806	860,898	1,892,683	2,290,168	3,076,085	5,402,000	8,743,000	32,238,000
メガネ				14,635	100	15,641	25,000	120,000	

NYSY［1972, 1973, 1974／75, 1975／76］より筆者作成

【3-1】消費に関するアンケートの質問と回答

1．アンケート回答者の構成

1-1　性別

男性：95人	女性：27人	合計：122人

1-2　世代

男性の人数＋女性の人数＝合計人数

10代	20代	30代	40代	50代	60代	無記入
12＋6＝18	36＋9＝45	20＋6＝26	13＋4＝17	9＋1＝10	2＋0＝2	3＋1＝4

1-3　未婚　既婚

男性（未婚者数＋既婚者数）	女性（未婚者数＋既婚者数）
32＋63＝95	10＋17＝27

2．全員に対する質問

2-1　カートの長所は何か

人数｛噛む人数／噛まない人数｝

・長所はない　34人｛12/22｝
・活力が得られる　32人｛31/1｝
・（人が）集まる　28人｛23/5｝……アスディカー｛10/1｝，家族｛4/1｝，
人々｛6/1｝，親戚｛2/0｝，アスハーブ｛1/0｝
・時間をつぶせる　12人｛12/0｝
・悪行に手を染めない　10人｛9/1｝
・仕事がはかどる　9人｛9/0｝
・リラックスができる　9人｛9/0｝
・話し合いの場になる　6人｛5/1｝
・問題を解決する　6人｛5/1｝
・集中できる　6人｛6/0｝
・疲れない　5人｛5/0｝
・人々の結束を促す　4人｛4/0｝
・知らない人と知り合いになる　3人｛3/0｝
・夜勤時に眠らない　3人｛3/0｝
・健康に良い……水分を多く摂取する　1人｛0/1｝，糖尿病に効く　4人｛3/1｝
歯痛に効く　1人｛1/0｝，肺に良い　1人｛0/1｝

2-2　カートの短所は何か

・金銭の無駄遣い　53人｛33/20｝
・時間の無駄遣い　42人｛22/20｝
・健康を損なう　36人｛20/16｝
・不眠症　16人｛15/1｝
・食欲不振　14人｛12/2｝
・家族や子供を無視する，面倒を見ない 8人｛2/6｝
・水資源への影響　6人｛3/3｝……農業用水　4人｛1/3｝　飲料水　1人｛0/1｝
・論理的な思考ができない　6人｛3/3｝
・カート畑ばかり　4人｛1/3｝

・殺虫剤，農薬の悪影響　4人 {4/0}
・不安になる　5人 {5/0}
・仕事をしない　3人 {2/1}
・イエメン経済への影響　2人　{1/1}
・栄養不良，時には死に至る　1人 {1/0}
・口や歯が痛む　5人 {5/0}
・疲れる　3人 {2/1}
・礼拝をしなくなる　2人 {2/0}
・顔が醜くなる　1人　{0/1}
・想像力が豊かになる 1人 {0/1}
・成長期の子供，妊婦，授乳中の女性に悪影響がある 1人 {1/0}
・些細なことも大げさに考える 1人 {1/0}
・カートをやめると不眠，不安になる　1人 {1/0}
・病気になる　6人 {4/2} ……ガン 2人{1/1}，胃の病気 1人{1/0}，淋病 1人{0/1}，
腎臓に結石 1人 {1/0}，胃に結石 1人 {1/0}

2-3　カートを噛むかどうか

	既婚男性	未婚男性	既婚女性	未婚女性	合計
噛む	49	29	9	1	88
噛まない	14	3	8	9	34
合計	63	32	17	10	122

3．噛まない人への質問

3-1　なぜカートを噛まないのか。家族に噛まない人はいるか

3-1-1　噛まない理由

人数（男性人数＋女性人数）

・有益ではない　9人（4＋5）
・健康を損なう　6人（1＋5）
・満足感が得られない　2人（1＋1）
・カートの欠点を知っている　2人（0＋2）
・金銭の無駄遣い　1人（0＋1）
・やめた　1人（1＋0）
・カートが嫌い　7人（3＋4）
・時間の無駄遣い　3人（0＋3）
・おいしくない　1人（0＋1）
・未婚女性　1人（0＋1）
・習慣になっていない　1人（1＋0）
・カートは動物の餌　1人（1＋0）

3-1-2　家族に噛まない人はいるか

男性の人数＋女性の人数＝合計

家族に噛まない人がいる	家族全員が噛まない	自分以外は家族全員が噛む
3＋8＝11	4＋2＝6	0＋1＝1

3-2　カート・セッションに参加するかどうか

参加しない	参加する	参加態度		
		必要なときのみ	短時間参加	歓談に参加
1＋8＝9	16＋7＝23	2＋1＝3	4＋2＝6	6＋4＝10

4．噛む人への質問

4-1　噛む頻度

毎日	週 2–3 回	週 1 回	ときどき
41＋3＝44	15＋2＝17	18＋3＝21	3＋2＝5

4-2　どこで誰と噛むか

4-2-1　場所

家	具体的な回答			職場	結婚式場
	自宅	友人宅	ディーワーン		
40＋5＝45	8＋4＝12	6＋0＝6	1＋0＝1	33＋0＝33	9＋0＝9

4-2-2　一緒に噛む人

アスディカー	アスハーブ	家族	仕事関係者	親戚	隣人	1 人
39＋5＝44	5＋0＝5	17＋5＝22	14＋0＝14	5＋2＝7	2＋1＝3	11＋4＝15

4-3　いつも同じ場所で噛むか

同じ場所	異なる場所
34＋1＝35	40＋8＝48

4-4　いつも同じメンバーで噛むか

同じメンバー	異なるメンバー
34＋6＝40	38＋4＝42

4-5　好みのカートは何か。その理由は何か

通称	人数	産地名*	理由**
ハムダーニー	27	*Hamdān*	N1，T3，J2，F1
アンシー	8	*‘Ans*	強くない 3
アル＝ガルヤ	6	*Qaryat al-Qābil*	N1，F2
アルハビー	5	*Arḥab*	J1
ハウラーニー	4	*Khawlān*	N1，J1
アハジュリー	3	*al-Ahjur*	J1
サウティー	3	*>Shihāra*	強い 1
ハイミー	3	*al-Ḥayma*	
マタリー	2	*Banī Maṭar*	F1
ガティーニー	1	*Qaṭīn*	
スレイヒー	1	*Banī Surayḥ*	
ニフミー	1	*Nihm*	J1

ホーシー	1	*Ḥūth*	不眠にならない 1
ワハーシー	1	*Banī Wahās*	
(好みなし)	27		

* >：通称と生産地が異なる場合の産地名
** N：農薬が使われていない（*naẓīf*） J：良い（*jayyid*）
F：最高（*afḍal*） T：うまい（*ṭa'īm*）
（後の数字は指摘した人数）

4-6 いくらで購入するか。ルバト，ガタル，ルースのどれを買うか

4-6-1 購入金額（イエメン・リヤル）

男性の人数＋女性の人数＝合計

100 以上～ 300 未満	300 ～ 500	500 ～ 1000	1000 ～	状況による	わからない
15＋3＝18	26＋1＝27	21＋0＝21	5＋0＝5	6＋0＝6	0＋2＝0

4-6-2 購入するカートの形態

ガタル	ルース	ルバト
51＋5＝56	4＋0＝4	19＋3＝22

4-7 カートと一緒に飲む物は何か

水	ペプシ	カナダ・ドライ	その他の炭酸飲料	その他*
66＋7＝73	6＋5＝11	15＋2＝17	17＋0＝17	8＋1＝9

*ギシュル（*qishr*）（コーヒーの殻を煮出した飲み物）
シャイール（*sha'īr*）（大麦から作るジュース）
ムハッバル（*mukhabbar*）（乳香で香りをつけた水）

4-8 カートと一緒にタバコや水ギセルを吸うか

タバコを吸う	水ギセルを吸う	どちらも吸わない
39＋0＝39	6＋4＝10	27＋6＝33

4-9 なぜカートを噛むのか

人数（男性の人数＋女性の人数）

- (誰かに）会って一緒にすごす 15 人（15＋0）
  ……アスディカー（12＋0），仕事関係者（3＋0），人々（2＋0），親戚（2＋0），家族（1＋0）
- 勤労意欲を高める 15 人（15＋0）
- リラックスする 11 人（8＋3）
- 活力を得る 11 人 ……ナシャート（8＋1），ハヤウィーヤ（0＋1），ターガ（1＋0）
- 時間をつぶす 9 人（9＋0）
- 習慣 8 人（8＋0）
- 他の娯楽がない 4 人（4＋0）
- キヤーファ 3 人（2＋1）
- カートがないと通りに出て不道徳なことを行う 3 人（3＋0）
- 楽しみ 3 人（2＋1）
- 社交 2 人（1＋1）

- 安らぎ　2人（1+1）
- 同僚との関係強化　1人（1+0）
- 友人と歓談する　1人（1+0）
- 眠らない　1人（1+0）

4-10　噛むとどう感じるか

- リラックスする　34人（30+4）
- 安らぎ　6人（4+2）
- いつも通り　5人（4+1）
- 意気消沈　4人（4+0）
- 落ち着き　3人（3+0）
- 多くの計画が思い浮かぶ　2人（1+1）
- 楽しみ　2人（1+1）
- 幸福感　1人（1+0）
- 懸念　1人（1+0）
- いらいら感　1人（1+0）
- 集中　1人（1+0）
- 活力が出てくる　19人（16+3）
- 始め楽しく，後から不安になる　5人（5+0）
- 何も感じない　4人（4+0）
- 不安　3人（3+0）
- どんな仕事でもできそうな気がする　3人(3+0)
- キヤーファ　2人（1+1）
- 最高の気分　2人（2+0）
- 不安がなくなる　1人（1+0）
- 疲労感　1人（1+0）
- 空想　1人（1+0）
- 思考混乱　1人（1+0）

4-11　初めて噛んだのはいつか

男性の人数+女性の人数=合計

		初めてカートを噛んだ年齢			
		～15歳	～20歳	～25歳	26歳～
現在の年齢	15～19歳	6+1=7	2+0=2	0+0	0+0
	20～24歳	7+0=7	3+1=4	1+0=1	0+0
	25～29歳	3+0=3	5+0=5	7+1=8	0+0
	30～34歳	6+0=6	4+0=4	0+0	1+1=2
	35～39歳	0+0	2+0=2	3+0=3	0+0
	40～44歳	0+0	3+0=3	1+0=1	1+1=2
	45～49歳	1+0=1	0+0	2+0=2	2+0=2
	50～54歳	0+0	0+0	1+0=1	0+0
	55～59歳	1+0=1	0+0	1+0=1	2+1=3
	60～64歳	1+0=1	0+0	0+0	0+0

【3-2】生産地別カートの成分

	カートの名称		カチノン	タンニン酸	備考*
1	ニフミー	Nihmī	342.8	9.69	S
2		Hori	337	9.71	
3	ハラージー	Ḥarāzī	326.1	9.59	S
4	サウティー	Ṣawṭī	323.55	9.35	S
5		Serafi	256.6	7.45	
6	ドラーイー	Ḍulā‘ī (upper)	255.3	7.46	S
7	ドラーイー	Ḍulā‘ī (middle)	235.8	7.04	S
8	ラダーイー	Radā‘ī	220.6	6.83	S, H, T
9		Ghorbani	206.9	5.94	
10	マタリー	Maṭarī	206.6	6.43	S
11	シャルアビー	Shar‘abī	191.3	5.53	T
12		Shoro‘ee	187	5.52	
13		Ḥabashī	182.9	5.46	
14	ホシェイシー	Ḥushayshī	180.6	5.19	S
15		Maswanī	176.6	5.35	
16		Samawee	170.5	4.98	
17		Bukhari	170.5	5.17	
18		Malahi	169.7	5.21	
19		Mabra‘ī	169.2	5.09	
20		Najri	167.9	4.94	
21	サブリー	Ṣabrī	167.3	4.96	T
22	ハウラーニー	Khawlānī	164.4	4.8	S
23		Hajwee	163.4	9.38	
24		Shagi	162	0.82	
25	サァディー	Sa‘di	158.3	4.91	S, H
26		Khattabi	158.2	4.79	
27		Baladi	148.8	4.56	
28		Abbasi	148.5	4.52	
29		Ḥarāmī	148.3	4.61	
30		Jayshani	147.3	4.75	
31		Mabra‘ee	137.7	4.34	
32		Sharafi	135.8	4.18	
33		Dehla	127.4	4.01	
34	ハムダーニー	Hamdānī	123.3	3.72	S
35		Kotobi	122.2	3.77	
36	ワーディー・ダハル	Wādī Ẓahr	115.3	3.45	S
37		Adnani	109.5	6.2	
38		Ofashi	109.4	6.86	
39		Saifi	77.7	4.84	

カタカナ表記は本書に出てくるカート
S: サナアで出回っているカート
H: ホデイダで出回っているカート
T: タイズで出回っているカート
al-Motarreb et al.［2002: 404］，Wahās et al.［2000: 41］をもとに筆者作成

【4-1】男女，行動の種類別総平均時間（週全体，有業者）

		日本	ベルギー	ドイツ	フランス	ハンガリー	フィンランド	スウェーデン	イギリス	ノルウェー*
男	**個人的ケア**	**10.32**	**10.36**	**10.21**	**11.21**	**10.36**	**10.07**	**9.58**	**10.06**	**9.51**
	睡眠	7.44	8.01	7.60	8.24	8.08	8.12	7.53	8.11	7.53
	身の回りの用事と食事	2.48	2.35	2.21	2.58	2.28	1.56	2.05	1.55	1.58
	仕事と仕事中の移動	**7.10**	**4.58**	**4.54**	**5.42**	**5.22**	**5.24**	**5.09**	**5.33**	**4.46**
	学習	**0.13**	**0.05**	**0.11**	**0.02**	**0.05**	**0.08**	**0.07**	**0.09**	**0.11**
	家事と家族のケア	**0.51**	**2.15**	**1.52**	**1.53**	**2.07**	**1.59**	**2.22**	**1.54**	**2.12**
	自由時間	**3.41**	**4.23**	**5.07**	**3.49**	**4.39**	**4.55**	**4.47**	**4.34**	**5.33**
	ボランティア活動	0.04	0.10	0.15	0.13	0.10	0.11	0.11	0.06	0.09
	他の自由時間	3.37	4.13	4.52	3.36	4.29	4.44	4.36	4.27	5.24
	うちテレビ	2.00	1.56	1.45	1.46	2.24	2.03	1.48	2.14	1.58
	移動	**1.29**	**1.43**	**1.31**	**1.10**	**1.10**	**1.17**	**1.32**	**1.36**	**1.24**
	うち通勤	0.50		0.36	0.37	0.38	0.25	0.28	0.39	0.31
	その他	**0.05**		**0.04**	**0.03**	**0.00**	**0.10**	**0.05**	**0.07**	**0.04**
女	**個人的ケア**	**10.31**	**10.53**	**10.42**	**11.35**	**10.38**	**10.24**	**10.27**	**10.32**	**10.11**
	睡眠	7.28	8.16	8.11	8.38	8.18	8.22	8.05	8.25	8.08
	身の回りの用事と食事	3.03	2.36	2.31	2.57	2.20	2.03	2.23	2.07	2.03
	仕事と仕事中の移動	**5.12**	**3.48**	**3.33**	**4.30**	**4.37**	**4.07**	**3.55**	**3.54**	**3.28**
	学習	**0.14**	**0.05**	**0.19**	**0.02**	**0.08**	**0.13**	**0.10**	**0.12**	**0.18**
	家事と家族のケア	**3.23**	**3.52**	**3.11**	**3.40**	**3.52**	**3.21**	**3.32**	**3.28**	**3.25**
	自由時間	**3.16**	**3.51**	**4.44**	**3.05**	**3.43**	**4.30**	**4.22**	**4.13**	**5.18**
	ボランティア活動	0.04	0.07	0.12	0.09	0.06	0.11	0.10	0.11	0.07
	他の自由時間	3.12	3.45	4.33	2.56	3.37	4.19	4.13	4.02	5.11
	うちテレビ	1.52	1.36	1.27	1.23	2.05	1.40	1.26	1.51	1.27
	移動	**1.16**	**1.30**	**1.27**	**1.05**	**1.02**	**1.16**	**1.28**	**1.33**	**1.17**
	うち通勤	0.33		0.24	0.30	0.30	0.23	0.23	0.27	0.24
	その他	**0.07**		**0.05**	**0.04**	**0.00**	**0.08**	**0.05**	**0.09**	**0.04**
調査年月		2006.10	1998.12〜2000.2	2001.4〜2002.4	1998.2〜1999.2	1999.9〜2000.9	1999.3〜2000.3	2000.10〜2001.9	2000.6〜2001.9	2000.2〜2001.2

* 学習は学校での学習のみ。
注）国により定義の相違があるため，比較には注意を要する。

出典：日本は「平成18年社会生活基本調査　詳細行動分類による生活時間に関する結果」。小分類レベルでEU比較用に組替えた行動分類による。

EU諸国はEUROSTAT, “Comparable time use statistics – National tables from 10 European countries – February 2005”

本書「参考文献」の「オンライン」を参照。

【4-2】世界各国の穀物自給率（試算）(2003)

	国名	穀物自給率
○	オーストラリア	333
	アルゼンチン	249
	ガイアナ	228
	ウルグアイ	205
○	フランス	173
	タイ	162
	カザフスタン	150
○	カナダ	146
	パラグアイ	142
○	ハンガリー	141
○	アメリカ合衆国	132
	ミャンマー	131
	ベトナム	127
	ラオス	123
○	スウェーデン	122
	カンボジア	122
○	フィンランド	114
	スーダン	113
	パキスタン	112
	リトアニア	112
	シリア	109
○	デンマーク	107
	ネパール	106
	スリナム	105
	ウズベキスタン	104
	トルクメニスタン	102
○	スロバキア	102
	ブルキナファソ	102
	セルビア・モンテネグロ	102
○	ドイツ	101
	ラトビア	100
	チャド	100
	中国	100
○	英国	99
	ロシア	99
	インド	98
	マラウイ	96
	ニジェール	95
	バングラデシュ	95
○	トルコ	95
	クロアチア	94
	ベナン	94
○	ポーランド	93
○	チェコ	92
	ボリビア	92
	ブラジル	91
○	オーストリア	91
	ベラルーシ	90
	マリ	90
	インドネシア	89
	ウガンダ	89
	ブルガリア	86
	マダガスカル	86
	ルワンダ	86
	南アフリカ	85
	ナイジェリア	84
	ウクライナ	83
	トーゴ	83
	キルギス	83
	中央アフリカ	82
	フィリピン	82
	タンザニア	80
	ニカラグア	80
○	アイルランド	79
	エチオピア	79
	モルドバ	79
	ブルンジ	79
	北朝鮮	78
	タジキスタン	78
	ルーマニア	78
	モロッコ	78
	ガーナ	77
	イラン	76
○	ギリシャ	75
	チリ	74
	ケニア	73
	アゼルバイジャン	73
	エクアドル	73
	ザンビア	73
	ギニア	73
○	イタリア	73
○	ノルウェー	72
○	ニュージーランド	71
	スリランカ	71
	エストニア	71
	マケドニア	70
	モザンビーク	70
○	スペイン	68
	カメルーン	68
	コンゴ民主共和国	68
	ベリーズ	67
	チュニジア	66
	ジンバブエ	66
	エジプト	65
○	メキシコ	64
	東ティモール	63
	ボスニア・ヘルツェゴビナ	61
	エルサルバドル	59
	ペルー	59
	ベネズエラ	58
	セネガル	58
	ガンビア	56
	コートジボワール	55
	ギニアビサウ	55
	グアテマラ	52
	コロンビア	50
	アルバニア	49
○	スイス	49
	ホンジュラス	48
○	ベルギー	48
	グルジア	46
	スロベニア	45
	モンゴル	45
	パナマ	44
	アルジェリア	42
	アルメニア	39
	シエラレオネ	39
	サウジアラビア	35
	レソト	34
	キューバ	33
	ハイチ	32
	ナミビア	31
	スワジランド	31
○	韓国	28
○	日本	27
	ドミニカ共和国	27
○	ポルトガル	27
	マレーシア	27
	コモロ	27
	アンゴラ	26
	モーリタニア	25
	キプロス	25
○	オランダ	24
	リベリア	22
	エリトリア	21
	コスタリカ	17
	ガボン	17
	サントメ・プリンシペ	16
	レバノン	15
	ボツワナ	14
	イエメン	13
	ニューカレドニア	12
	カーボベルデ	11
	リビア	11
	占領下パレスチナ	10
	フィジー	10
	イスラエル	9
	ソロモン諸島	8
	マルタ	7
	ヨルダン	5
	バヌアツ	3
	コンゴ共和国	3
	セントビンセントおよびグレナディーン諸島	3
	トリニダード・トバゴ	2
	ドミニカ	2
	グレナダ	1
	クウェート	1
	バハマ	1
	アンティグア・バーブーダ	1
	ブルネイ	0
	バルバドス	0
	ジャマイカ	0
	モーリシャス	0
	モルディブ	0
	ジブチ	0
	アラブ首長国連邦	0
	バミューダ諸島	0
	仏領ポリネシア	0
○	アイスランド	0
	キリバス	0
	蘭領アンティル	0
	セントクリストファー・ネイビス	0
	セントルシア	0
	セイシェル	0
	サモア独立国	0

資料：農林水産省「食料需給表」，FAO「Food Balance Sheets」（平成 18 年 6 月 20 日現在）
注 1. ○を付した国は，OECD 加盟国である。
2. 米については，玄米換算である。

本書「参考文献」の「オンライン」を参照。

【7-1】生産量の変化（1000 トン）

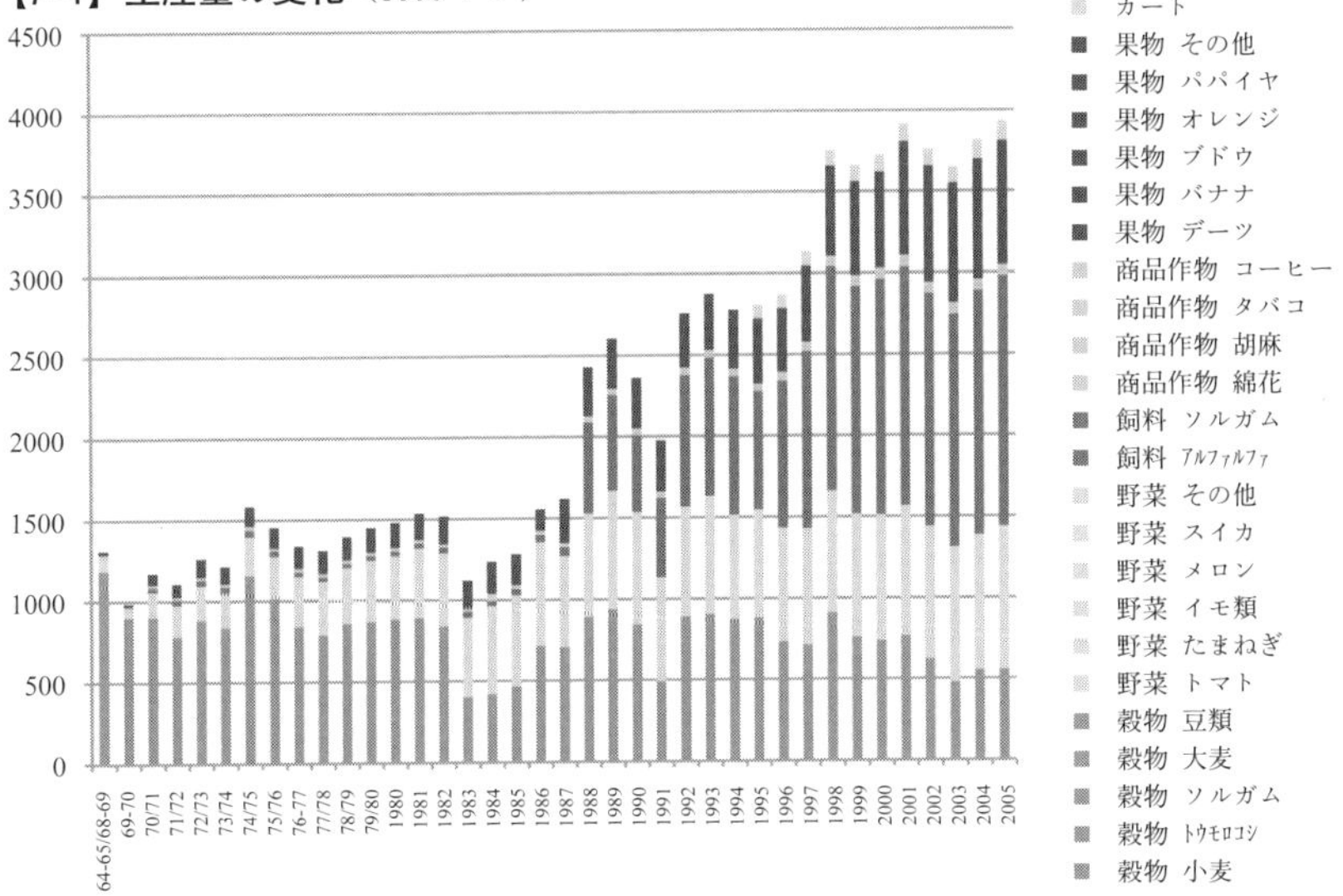

【7-2】作付面積の変化（1000 ヘクタール）

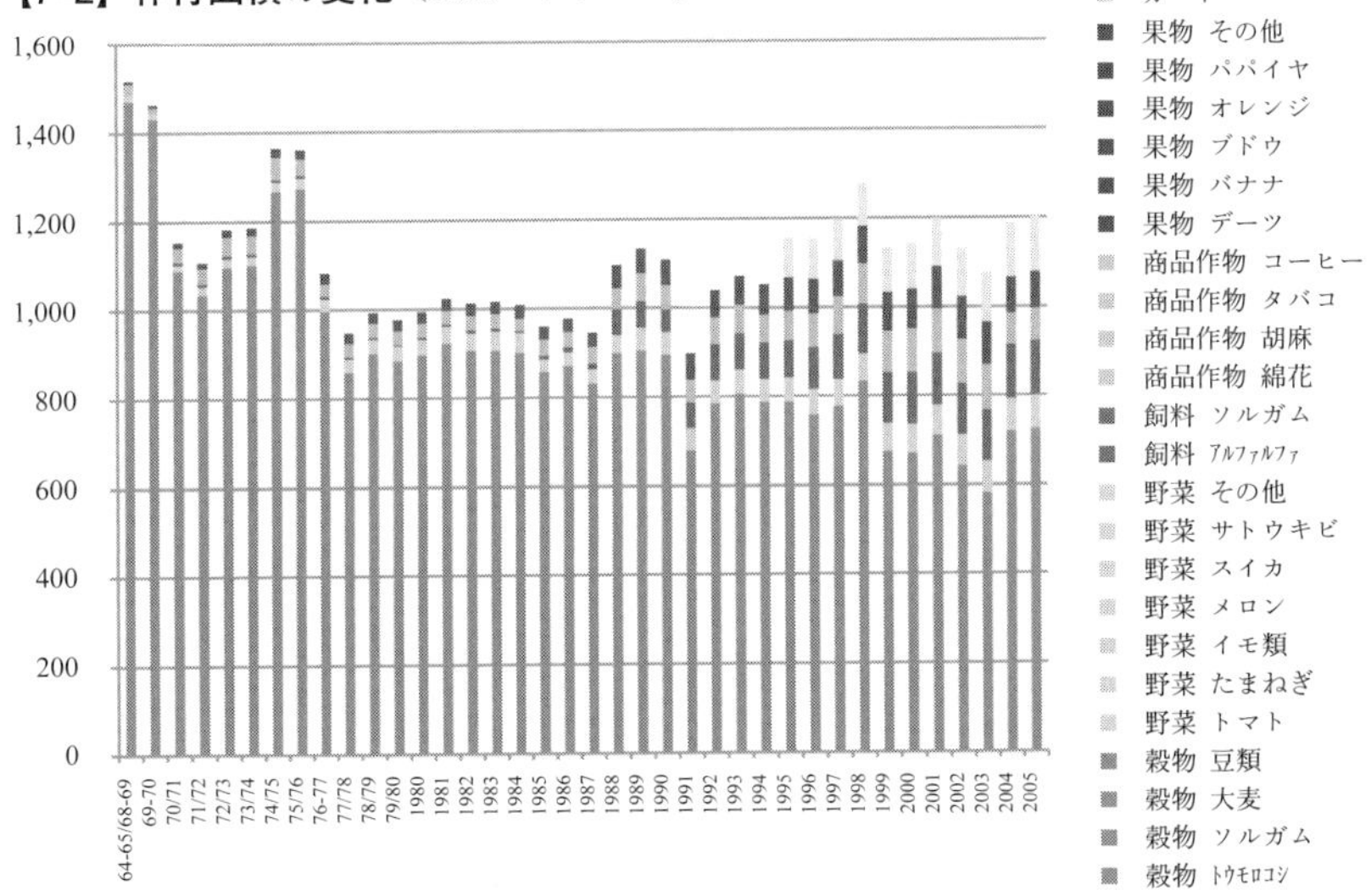

NYSY［1972, 1981, 1982, 1983, 1984, 1985, 1986, 1987］,
UYSY［1992, 1993, 1996, 2000, 2002, 2005］より筆者作成

【7-3】穀物の生産量（1000トン）

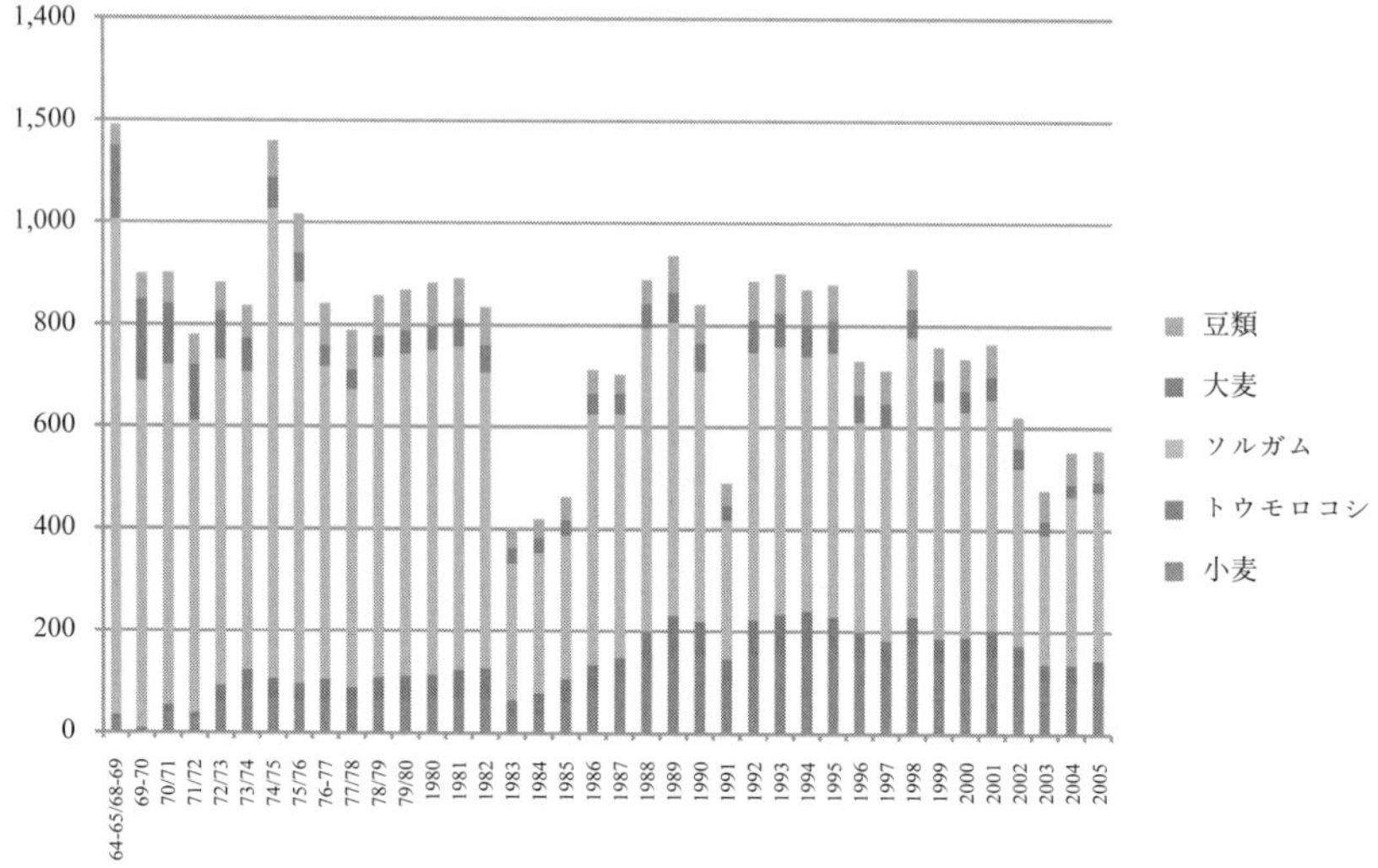

【7-4】穀物の作付面積（1000ヘクタール）

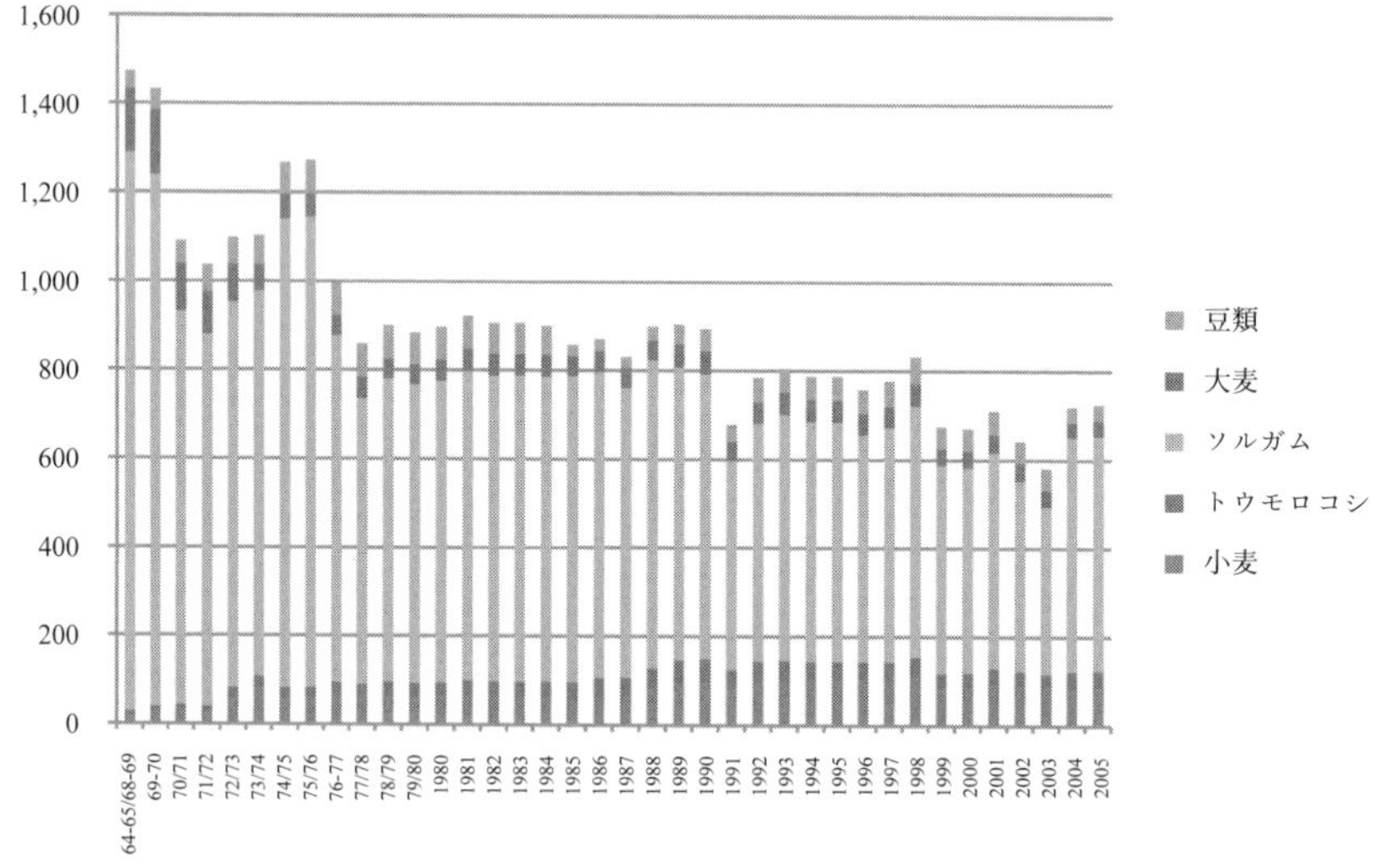

NYSY［1972, 1981, 1982, 1983, 1984, 1985, 1986, 1987］, UYSY［1992, 1993, 1996, 2000, 2002, 2005］より筆者作成

【7-5】ICO 指標価格の推移（US セント／ポンド）

年	2000	2001	2002	2003	2004	2005	2006	2007	2008	2009
指標価格	64.24	45.59	47.74	51.90	62.15	89.36	95.75	107.68	124.25	115.67

http://www.ico.org/historical/2000+/PDF/HIST-PRICES.pdf より筆者作成

【7-6】コーヒーの国別生産量（2005 年）（トン）

1	ブラジル	2,140,169
2	ベトナム	831,000
3	コロンビア	667,140
4	インドネシア	640,365
5	メキシコ	294,364
6	インド	275,500
7	グアテマラ	248,277
8	コートジボワール	230,000
9	ホンジュラス	190,640
10	ペルー	188,611
11	エチオピア	171,631
12	ウガンダ	158,100
13	コスタリカ	125,669
14	フィリピン	105,847
15	エクアドル	102,923
16	ニカラグア	95,455
17	タンザニア	95,390
18	エルサルバドル	87,963
19	パプアニューギニア	76,080
20	ベネズエラ	64,484
21	カメルーン	60,000

http://www.fao.org/faostat/en/#data/QC より筆者訂正

【8-1】カートの流通経路

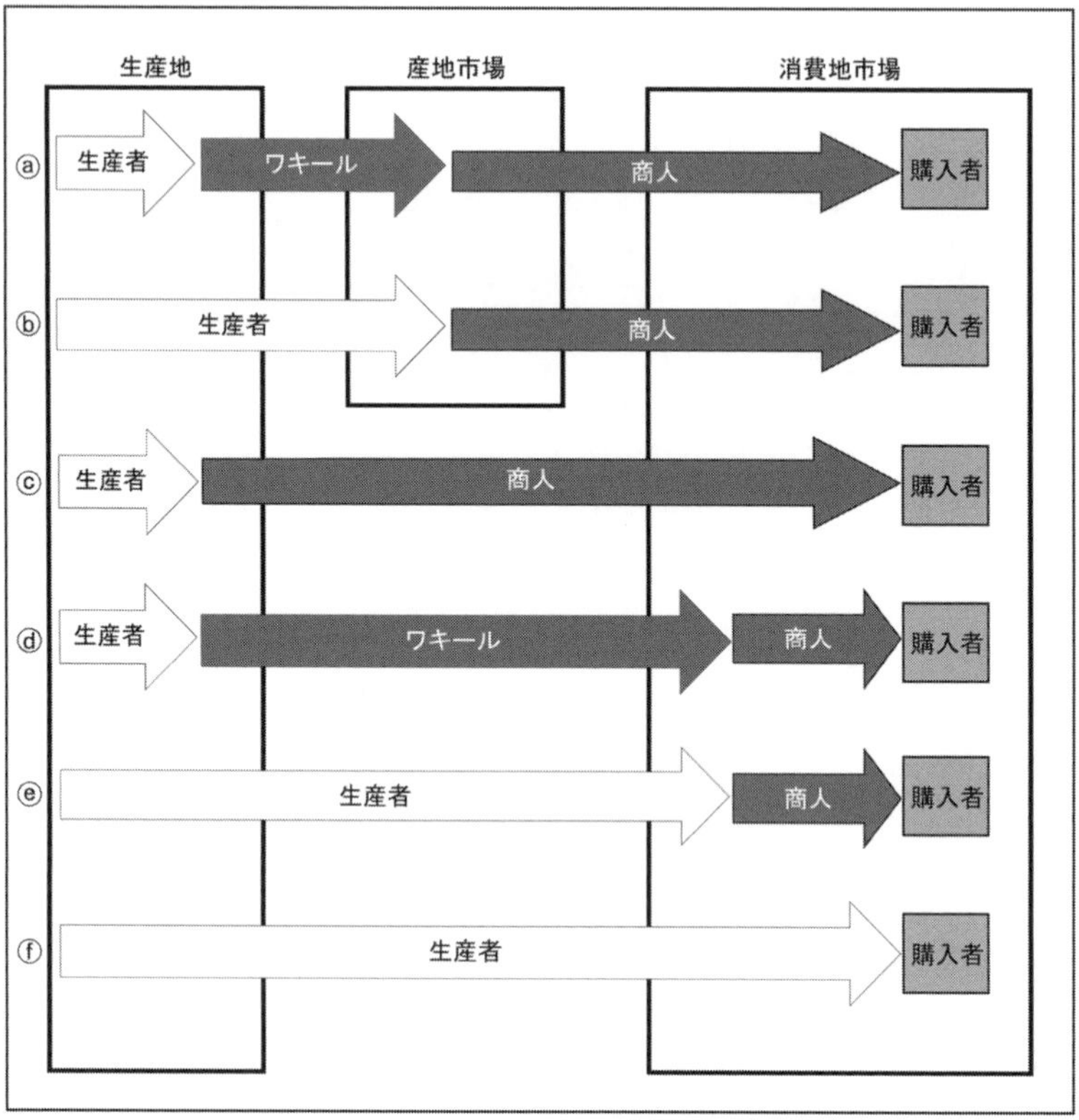
生産地
産地市場
消費地市場
ⓐ
生産者
ワキール
商人
購入者
ⓑ
生産者
商人
購入者
ⓒ
生産者
商人
購入者
ⓓ
生産者
ワキール
商人
購入者
ⓔ
生産者
商人
購入者
ⓕ
生産者
購入者

【8-2】サナアのカート市場

番号	扱うカート	売る場所	場所代（リヤル）／月	カート中心○ それ以外の商品も◎
①	ガティーニー，アハジュリー，ハムダーニー	店舗28軒，ダッカ，ムファッラシュ	大12000， 小7500	◎
②	ガイリー（ホース，ハミル，ジービーン），ハムダーニー，ウンマーリー（ハルフ・スフヤーン）	車上が多い	6000	◎
③	アルハビー，ハムダーニー，バラティ，ハウラーニー，サンハーニー	通り沿いに店舗と，ムファッラシュ	18000や19000	○
④	ゲイフィー（ラダーァ），アンシー（ダマール）中心	店舗大小とムファッラシュ	大10000， 小6000	○
⑤	ハムダーニー，ハウラーニー，シャーミー	店舗大小	大20000， 小7000	○
⑥	サンハーニー，マタリー	店舗60軒とダッカ	店舗10000， ダッカ3000	◎
⑦	アルハビーが多い	店舗とムファッラシュ。店舗は雑貨屋などと混在	3000	◎
⑧	ガティーニー，ドラーイー，ハムダーニー	店舗と車上。卸売も行う	15000や10000	○
⑨	ハムダーニーが多い。ほかにガティーニー，アハジュリー，アルワーディー	店舗20軒，ダッカ，ムファッラシュ	8500	◎
⑩	ハウラーニー（ムサーヒー），マタリー，ニフミー（ジャバリー），ホシェイシー	店舗は高いカートと安いカートに分かれている。ハイラックスに黒い幌をかけて販売	500	○
⑪	ズベイリー（アムラーン），ホシェイシー，ハウラーニー，サンハーニー，ハムダーニー，スレイヒー（アムラーン）	車上売りの方が古い場所。その外側に店舗がある	15000	○
⑫	サァファーニー，スレイヒー，サウティー	大きい店舗と，ダッカ，ムファッラシュ，車上売り	10000	◎
⑬	ドラーイー	通り沿いに店舗が並ぶ	6000など	◎
⑭	ハムダーニーが多い。サンハーニー，アルハビー，スレイヒー，ハウラーニー	店舗	5000	○
⑮	マタリー，アルハビー，ハムダーニー，ハイミー	店舗とムファッラシュ	店舗9000， ムファッラシュ3000	◎
⑯	ハムダーニー，イーヤール・ヤジード，ゼイファーニー	通りに大中の店舗，小屋，ムファッラシュ	大10000， 中9000， 小屋2000	○
⑰	ハムダーニーが多い。アルハビー，ガティーニー	周囲に店舗，中央にダッカ。日傘有	店舗6000， 日傘3000	○
⑱	アルハビー，サウティー	周囲に店舗，中央にダッカかムファッラシュ	5500，6500， 市場の外側は10000	◎
⑲	ハムダーニー，アルハビーのみ	コの字に店舗，中央が空き地で，ムファッラシュはいない	4500や5000	○
⑳	アムラーニーなど	周囲に店舗17軒，中央にダッカ70人	ダッカ10000	○
㉑	スレイヒー，ハイミー，マタリー	通り沿いに小さい店舗，その手前にムファッラシュ	6000	◎
㉒	ハウラーニー，ハムダーニー，ウンマーリー，アンシー，サンハーニー	店舗が両脇，中央にムファッラシュ	店舗5000， ムファッラシュ12000	◎
㉓	ハウラーニー，ウマリー（ダマール）	周囲に店舗，中央にダッカ。サナア最大のカート市場	12000	◎
㉔	ハムダーニー，アルハビー，サァディー（サァダ），ハウラーニー	店舗が2列。ムファッラシュも	4000	◎

【8-3】北イエメンのインフラストラクチャー開発

計画	工事期間	資金提供
ホディダ港	1957–61	ソ連
サナア－ホディダ道路	1957–61	中国
サナア空港	1960	ソ連
サナア－タイズ－モカ道路	1961–66	アメリカ
サナア－サァダ道路	1964–77	中国
ホディダ－マフラク道路	1966–70	ソ連
サナア－タイズ舗装道路	1971–77	西ドイツ
サナア空港	1973–75	西ドイツ
タイズ－マフラク舗装道路	1975–76	IDA／KF／北イエメン
タイズ－トゥルバ道路	1975–78	IDA／KF／北イエメン
ダマール－ベイダ道路	1976–79	SFD／ND／北イエメン
サナア－マーリブ道路	1976–79	ADF
アムラーン－ハッジャ道路	1974–80	中国／北イエメン
サァダ－ザラム道路	1978–81	SFD
ホディダ－ジーザーン道路	1978–82	SFD
タイズ－ラヒダ道路	1977–80	AF／北イエメン

KF: the Kuwait Fund of Arab Economic Development ／ ADF: the Abu Dhabi Fund for Arab Economic Development／AF: Arab Fund for Economic and Social Development／SFD: Saudi Fund for Development／ND: Netherlands Development Finance Company

World Bank［1979-a: 136］より筆者作成

【8-4】南北統合後の舗装道路の総距離

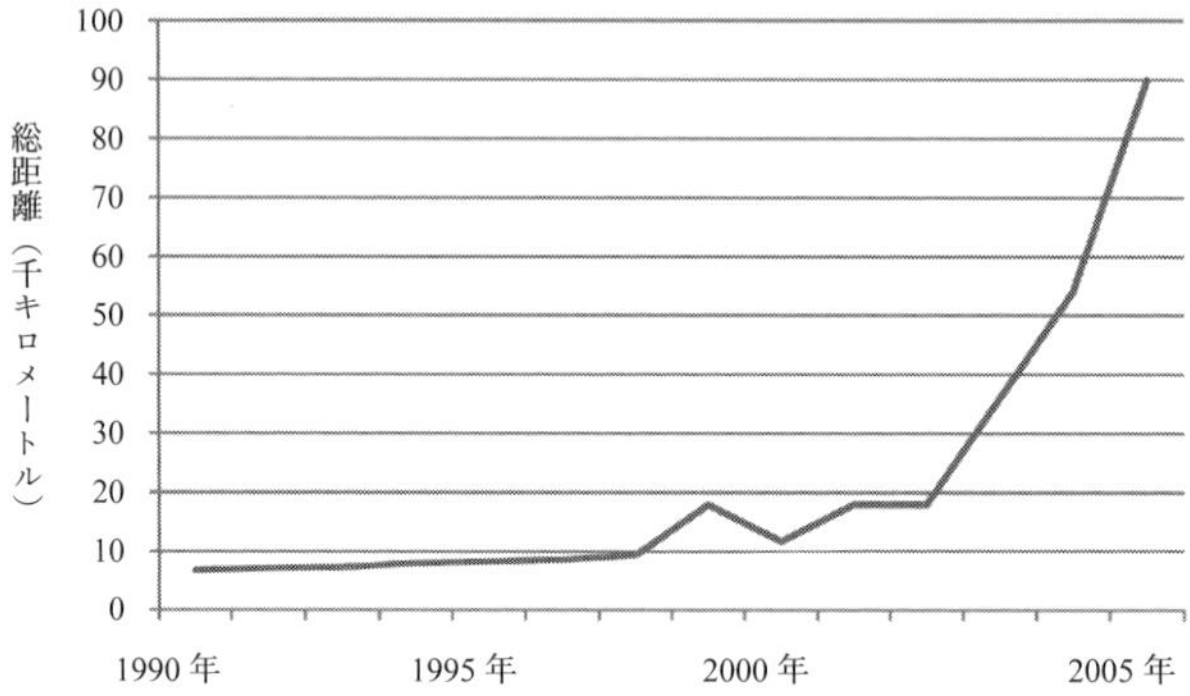

UYSY［1992, 1996, 2000, 2002, 2005］より筆者作成

【9-1】カート市場における売り手と買い手の関係

一見関係 ⇄ 顔見知りの関係 ⇄ 顧客関係

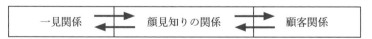